# EL
# CÓDIGO
# MAYA

"La forma inspirada y bien investigada en que Barbara Hand Clow examina el Calendario Maya contribuye significativamente a la comprensión de los mecanismos de la aceleración del tiempo y el proceso de la evolución humana. La autora presenta de manera refrescante un resultado radical y esperanzador con respecto a nuestro futuro más allá del fin de dicho calendario en los años 2011–2012".

Nicki Scully, autora de *Alchemical Healing* [*Curación alquímica*] y coautora de *Shamanic Mysteries of Egypt* [Misterios chamánicos de Egipto]

"A partir de ahora y hasta 2012 estamos transitando por los que los mayas llaman *Xibalba be*, o *'El camino del mal'*. Cualquier medio que nos ayude a examinar a través del lente más poderoso posible del alma la inmensa aceleración y ola evolutiva que estamos experimentando, será de gran utilidad durante estos tiempos de transformación. Recomiendo encarecidamente este libro para ese proceso".

Ariel Spilsbury, coautora de *The Mayan Oracle: Return Path to the Stars* [*El oráculo maya: Regreso a las estrellas*]

# EL
# CÓDIGO
# MAYA

## La aceleración del tiempo y el despertar de la conciencia mundial

## Barbara Hand Clow

Ilustraciones por
Christopher Cudahy Clow

Traducción por Ramón Soto

Inner Traditions en Español
Rochester, Vermont

Inner Traditions en Español
One Park Street
Rochester, Vermont 05767
www.InnerTraditions.com

Inner Traditions en Español es una división de Inner Traditions International

Titulo original: *The Mayan Code: Time Acceleration and Awakening the World Mind* publicado por Bear & Company, sección do Inner Traditions International

ISBN: 978-1-59477-238-2

Impreso y encuadernado en Estados Unidos por Lake Book Manufacturing

10  9  8  7  6  5  4  3  2  1

Diseño del texto por Rachel Goldenberg
Diagramación del texto por Priscilla Baker
Este libro ha sido compuesto con la tipografía Sabon y la presentación, con la tipografía Trajan.

Todas las ilustraciones contenidas en este libro son de Christopher Cudahy Clow, a menos que se indique lo contrario.

Dedico este libro a mi hijo mayor,
Tom, que falleció en junio de 2004.


Tom, tenías una mente admirable. Como no pudiste
hacer este relato en esta dimensión, pero sí lo
trasmitiste a través de mí, lo he escrito por ti.


Siempre me quedaré con el deseo de sentarme
contigo junto al Inukshuk que está a la orilla de la
Bahía Inglesa en Vancouver, Columbia Británica.

# ÍNDICE

# LISTA DE ILUSTRACIONES

# PREFACIO

En las leyendas de los antiguos mayas, desempeñaba un importante papel una encarnación divina a quien llamaban la Primera Madre. Según el Templo de las Inscripciones en Palenque, esta divinidad vino al mundo el 7 de diciembre de 3121 a.C., con el propósito de prepararlo para la creación de lo que hoy llamamos el submundo nacional (se desconoce el nombre original maya). Quizás sorprendentemente, aunque ocurrió primero, el nacimiento del Primer Padre el 16 de junio de 3122 a.C. (exactamente siete años antes del inicio del submundo nacional a través de la activación del Árbol del mundo), fue mencionado únicamente *después* del nacimiento de la Primera Madre. Esto revela la importancia de la Primera Madre, que posteriormente también desempeñó un papel decisivo en la política dinástica de Palenque, donde se sabe que el rey chamán Pacal manipuló la fecha de su propio aniversario para demostrar su descendencia espiritual de ella.

Barbara Hand Clow, la "Abuela Celeste", ha desempeñado literalmente un papel en el mundo moderno correspondiente al de la Primera Madre en la recuperación del conocimiento del calendario maya. Así, por medio de sus actividades relacionadas con publicaciones en la editorial Bear & Company, contribuyó a diseminar por el mundo los libros que sentaron la base de este género. No sólo publicó las primeras obras de Argüelles y Jenkins sobre el calendario maya, sino que sus consejos como reseñadora contribuyeron indirectamente a la ulterior publicación de uno de mis libros por Bear & Company. En todo el tiempo que trabajó como editora, ella misma escribió varios libros, entre los que considero particularmente importantes *The Mind Chronicles* [*Crónicas de la mente*] y *The Pleiadian*

*Agenda* [*El plan de las Pléyades*]. También ha tenido un sinnúmero de discípulos que a través de su obra han llegado a conocer muchos aspectos de los conocimientos de los amerindios y mayas. Ella considera que, al igual que los mayas, las Pléyades son una de las fuentes donde se origina su información. Como ha presenciado el nacimiento y crecimiento de este campo hasta sus presentes dimensiones, en la actualidad es muy provechoso leer la síntesis de sus reflexiones en *El código maya,* no sólo con respecto a la situación actual del estudio del calendario maya, sino a sus amplios conocimientos sobre astrología, esoterismo y chamanismo.

¿Qué queremos decir con la frase "en la actualidad"? Como siempre, cuando se trata de estudios relacionados con el calendario maya, es fundamental observar el momento en que surge un fenómeno y el tipo de energía que éste trae al mundo. La esencia del calendario maya consiste en que no es un calendario lineal que cuenta ciclos astronómicos, sino un calendario que describe las energías espirituales cambiantes del tiempo. En esa perspectiva basada en la energía, *El código maya* hace su llegada a las librerías poco después del comienzo del quinto día del submundo galáctico el 24 de noviembre de 2006. Hoy es fundamental que la información acerca del sentido profético sea accesible al público general en una forma rigurosa pero al mismo tiempo atractiva. En un momento en que la película *Apocalipto* de Mel Gibson ha puesto al alcance de todos el conocimiento de la existencia del calendario maya, es fundamental que trascendamos la pregunta "¿Qué sucederá en el año 2012?" para llegar a la interrogante más profunda de lo que está sucediendo en el momento actual y cuál es la esencia de la creación divina. Creo que sólo podemos comprender lo que sucederá en 2012 si nos damos cuenta de que estamos viviendo un constante proceso divino de creación y si nos percatamos de sus líneas cronológicas. Hasta el momento, sólo una proporción minoritaria de la humanidad es consciente de esto.

Debido a que su misión es reforzar el hemisferio derecho del cerebro, el quinto día del submundo galáctico será testigo de la creación de nuevas síntesis, especialmente la de la ciencia y la espiritualidad. El quinto día está regido también por la energía de Quetzalcoatl o Cristo, energía que en cualquier submundo particular conduce a una aparición decisiva de sus fenómenos particulares. Dado que el submundo galáctico pone fin en esencia a la dominación occidental en el mundo externo, y propicia la integración de los aspectos intuitivo y racional del ser en el mundo interno del individuo, *El código maya* llega en un momento en que es muy necesario. Es fundamental que las personas entiendan los cambios que este submundo traerá en las relaciones existentes en el mundo en la forma en que se están desenvolviendo ahora mismo. En ese sentido, este libro desempeñará un importantísimo papel orientador. Éste es el momento en debe estudiarse y debatirse el calendario maya; definitivamente será muy tarde pensar en hacerlo cuando llegue el año 2012.

Para 2012, habremos vencido los obstáculos y cumplido el plan divino, o habremos fracasado en el intento debido a nuestro desconocimiento de la desinformación que propagan los intereses particularistas. Comoquiera que sea, en 2012 habrá desaparecido nuestra capacidad de influir en el curso de los acontecimientos hacia un salto cuántico colectivo en la conciencia hacia el submundo universal. Es por eso que debemos concentrarnos en lo que nos revela el calendario maya acerca del momento presente y no de 2012. Los estudiantes serios del calendario maya no se quedan esperando a ver qué va a pasar, sino que tratan de potenciar la capacidad de todos de realizar este salto cuántico. Conviene señalar que gran parte de los debates que han tenido lugar a lo largo de los años sobre detalles del calendario y fechas finales no son sólo cuestión de rizar el rizo. Las posiciones adoptadas sobre estas cuestiones clave, que hace no tanto tiempo sólo parecían ser de interés para eruditos en bibliotecas polvorientas, tienen ahora consecuencias decisivas con respecto a nuestra relación con el futuro de la humanidad.

Lejos de esas bibliotecas polvorientas, estoy convencido de que el calendario maya se ha convertido actualmente en la Teoría del Todo (o la "teoría completa") que anticipó Stephen Hawking en sus palabras de conclusión en *Una breve historia del tiempo*:

> No obstante, si llegáramos a descubrir esa teoría completa, sus principios generales deberían ser tan sencillos que deberían entenderlos todas las personas, no sólo unos cuantos científicos. Entonces todos, filósofos, científicos y personas comunes y corrientes, podremos participar en el debate sobre por qué existimos y por qué existe el universo. Encontrar la respuesta a esa interrogante representaría el triunfo ulterior de la razón humana, pues entonces conoceríamos la mente de Dios.

El libro que usted tiene en sus manos es una importante contribución al debate antes mencionado. Así pues, si bien el sistema del calendario maya establece el marco universal para que comprendamos la verdad única sobre Dios y Su creación, debemos reconocer que ningún ser humano puede por sí solo asimilar toda esta verdad en su plenitud. Nuestras perspectivas siempre están limitadas por nuestros precedentes particulares y por el hecho de que somos una parte intrínseca del propio mundo que deseamos comprender. Debido a estas limitaciones, se impone la necesidad de entablar un debate entre las distintas perspectivas individuales. Este libro de Barbara Hand Clow, la Primera madre del mayanismo moderno, puede ser visto como una invitación para que todos participemos en el debate más amplio de por qué existimos y por qué existe el universo. Únicamente en la medida en que los seres humanos modernos hemos sido capaces de integrar la contribución de las antiguas civilizaciones del oeste americano ha sido posible que nuestra visión del mundo vuelva a ser un todo. Aunque reconocemos el valor de la reverencia que los amerindios han tenido en relación con la naturaleza, hace ya mucho tiempo que nos debíamos haber dado cuenta de que, sin su contribución intelectual del sistema del calendario, nunca habríamos podido establecer el marco de la teoría completa. El calendario maya ha sido la pieza que faltaba del rompecabezas y, afortunadamente, cada vez más personas se están percatando de esto.

*El código maya* aporta nuevas perspectivas sobre todos los submundos que conforman el profético sistema del calendario maya. Son insuperables la vivacidad y el carácter palpable de la descripción que hace Barbara Hand Clow de la aceleración del tiempo, que es otra forma de referirse al proceso divino de la creación. Estoy seguro de que el lector disfrutará verdaderamente la posibilidad de emprender con ella un viaje de exploración de las consecuencias que tiene este proceso para nuestras propias vidas y para el universo en general. Sus escritos nos conminan a contemplar muchos misterios sin resolver, que van desde los megalitos neolíticos hasta las comunicaciones intragalácticas y las nueve dimensiones de la conciencia. Mis estudiantes que han quedado insatisfechos al notar que en mis teorías no se hace referencia alguna a la Atlántida ni a civilizaciones perdidas encontrarán también aquí un punto de vista alternativo.

Me resultan especialmente interesantes las explicaciones de la autora acerca de por qué, al menos hasta el momento, el submundo galáctico ha resultado ser "tan poco galáctico". Se ha tratado más bien de la transición hacia el equilibrio en nuestro propio planeta y nuestras mentes que de la expansión hacia la galaxia. No obstante, es lo más natural que los fenómenos totalmente nuevos del futuro sean impredecibles. Nadie fue capaz de predecir, por ejemplo, el descubrimiento de las Américas por los europeos ni el surgimiento de la Internet, y siempre parece ser mucho más difícil predecir los fenómenos completamente nuevos capaces de ampliar y mejorar nuestro mundo que las catástrofes capaces de destruirlo. Tenemos que considerar la probabilidad de que los fenómenos completamente impredecibles enriquezcan nuestro mundo. Tal vez entonces, si Barbara Hand Clow está en lo cierto, nos espera una sorpresa.

El famoso filósofo austriaco Ludwig Wittgenstein dijo una vez que sus tesis eran como una escalera absolutamente necesaria para quien quisiera subir al techo y tener una visión de conjunto pero que, una vez que estuviéramos en el techo, la escalera dejaría de ser necesaria y podía desecharse. El calendario maya es similar. Barbara Hand Clow lo expresa en forma resumida: "Durante 2012, se celebrarán todos los festivales de las estaciones, los equinoccios y solsticios. Y, cuando termine el tiempo y se complete al fin la activación evolutiva impulsada por el Árbol del mundo, los habitantes de la Tierra habrán olvidado todo lo relativo a la historia y al calendario maya. Se encontrarán en el éxtasis de la comunión con la naturaleza y el Creador".

CARL JOHAN CALLEMAN
BELLINGHAM, WASHINGTON
10 CABAN, 7.16.17 DEL SUBMUNDO GALÁCTICO
(31 DE OCTUBRE DE 2006)

---

Carl Johan Calleman es doctor en ciencias en biología física y ha trabajado como experto en cáncer para la Organización Mundial de la Salud. Comenzó sus estudios sobre el calendario maya en 1979 y actualmente imparte conferencias por todo el mundo. Es autor de *El Calendario Maya y la Transformación de la Consciencia* y *Solving the Greatest Mystery of Our Time: The Mayan Calendar* [*Cómo resolver el misterio más grande de nuestros tiempos: El calendario maya*].

# AGRADECIMIENTOS

Quisiera agradecer a Carl Johan Calleman su descubrimiento del factor de la aceleración del tiempo en el calendario maya, y su inquebrantable dedicación a hacer llegar esta información al público. Carl es un investigador dedicado y un amigo que siempre ha encontrado tiempo para mí cuando lo he asediado con preguntas y con montones de papeles. Por si eso fuera poco, ¡encontró tiempo incluso para escribir un maravilloso prefacio cuando terminé el libro! Puedes estar seguro, Carl, de que estás contribuyendo a cambiar el mundo en mayor medida de lo que crees.

Como siempre, fue un gran placer trabajar con mi hijo Christopher. Para una madre, practicar el arte junto a su propio hijo es probablemente una de las mayores alegrías posibles. En mi juventud, cuando disfrutaba las obras de R. A. Schwaller de Lubicz y de su esposa, Isha, me encantaba la manera en que trabajaban con su hija, la ilustradora Lucy Lamy. Siempre esperé tener un hijo que trabajara conmigo de la misma manera, ¡y así fue! Has de saber, Chris, que algo especial sucede cuando utilizas tu ojo interior de artista para dar expresión visible a mis pensamientos. ¡Gracias!

La asistencia editorial de Richard Drachenberg contribuyó en buena medida a mejorar este texto pero, Richard, tu trabajo ha significado para mí mucho más que eso. Escribir este libro fue una tarea descomunal porque disponía de muy poco tiempo, y tenía que ir con demasiada prisa debido a la extrema importancia de los materiales contenidos en él. Sentí que mi tarea era urgente, y a menudo, cuando pensé que no podría terminarla, tus palabras de aliento me hicieron perseverar. Te agradezco muchísimo tus profundas contribuciones.

Doy las gracias a Ian Lungold por haber escrito el códice de conversión del calendario maya (apéndice D), y agradezco al compañero de Ian, Matty, por haberme dado su generosa autorización para utilizarlo. Es el mejor códice que he encontrado hasta ahora, debido a su facilidad de uso. Y agradezco a Gerry Clow que lo haya editado para que quedara perfecto. Gracias también por tu ayuda en relación con otros aspectos de este libro, especialmente la edición de las pruebas de galera. Como siempre, has dado tu apoyo y asistencia con amor y consideración por los lectores. Doy las gracias a Louisa McCuskey por haber ayudado en el diseño gráfico del códice de conversión. Has hecho un trabajo magnífico.

En cuanto a la editorial Inner Traditions/Bear & Company, estoy muy agradecida a Jon Graham por percatarse de la importancia de este libro. Jon, fueron tus palabras de aliento las que me permitieron darme cuenta de que tenía que escribirlo. Gracias, Ehud Sperling, por estar al mando de una de las mejores casas editoriales que existen. Gracias a mi editora Judy Stein y a Jeanie Levitan, Anne Dillon, Peri Champine, Rob Meadows y a todas las demás personas excepcionales que trabajan en Inner Traditions/Bear & Company.

# INTRODUCCIÓN

Desde 1987, tres grandes filósofos modernos han publicado obras maestras sobre el calendario maya: José Argüelles con *El factor maya* en 1987; John Major Jenkins con *Maya Cosmogenesis 2012* [*Cosmogénesis maya 2012*] en 1998; y Carl Johan Calleman con dos versiones de *El calendario maya* en 2001 y 2004. Desde 1986, yo misma he escrito muchos libros que ocasionalmente hacen referencia al calendario maya, y ahora me apresto a entrar en este debate cuando sólo quedan cinco años para que termine el calendario.

Quizás usted sepa que los conquistadores españoles quemaron la mayor parte de la literatura maya, náhualt y azteca. Quizás piense que no queda mucho por investigar sobre los mayas, con la posible excepción de las visitas a sus fantásticos templos y pirámides. En realidad, en los estudios mayas hay tanta mitología, literatura y arte como las culturas antiguas de los egipcios, los sumerios o los griegos. Aún quedan muchos descendientes de los mayas que mantienen muy vivos los recuerdos de la antigüedad, especialmente los relacionados con los calendarios antiguos. La cultura maya es una mina de oro. En este libro, investigaré la ciencia maya de los ciclos temporales, principalmente mediante el calendario maya, que realiza un seguimiento de los últimos 5.125 años de la historia, un período conocido como la cuenta larga, que Calleman denomina también el "gran año".

¿Qué cualidades especiales tengo yo que puedan ofrecer algún aporte válido a estas investigaciones que ya se encuentran en su etapa de madurez? De 1982 a 2000 fui coeditora de Bear & Company, que entonces se encontraba en Santa Fe, Nuevo México. Publicamos las obras de José

Argüelles, John Major Jenkins y otros investigadores mayas. Luego, en 2004, Bear & Company publicó la obra de Carl Johan Calleman. El resultado de todo esto fue que, al verme inmersa en este campo durante los años 80 y hasta el 2000, estuve expuesta a toda una nueva perspectiva sobre el pensamiento maya de hace más de 1.000 años. Esta perspectiva es lo que denomino el legado de la aceleración del tiempo de los mayas, una perspectiva que en la actualidad es muy importante para el mundo entero.

Por otra parte, mi comprensión del calendario es muy intuitiva, pues soy una chamán indígena y occidental preparada para viajar en muchos mundos. Los chamanes mayas me iniciaron en muchos de sus sitios sagrados mientras estudiaba el calendario. Es hora de que comparta lo que aprendí de ellos, lo que se de mis maestros mayas, Hunbatz Men y Don Alejandro Oxlaj, y que mis maestros cheroqui, mi abuelo Gilbert Hand y J. T. Garrett, podrán apreciar. Mi comprensión sobre la relación entre el sistema estelar de las Pléyades y los pensamientos cheroqui y mayas es particularmente valiosa, porque desde mi nacimiento he vivido simultáneamente en la Tierra y en la mente de Alción, la estrella central de las Pléyades. En mi niñez, abuelo Hand me enseñó que la Tierra y Alción son mis hogares. Nunca, ni por un momento, he olvidado mi origen en las estrellas pues los mayas y los cheroqui son los pueblos de las Pléyades.

Dicho esto, hay algo mucho más profundamente personal que me guió en la escritura de este libro. Al igual que José Argüelles, quien perdió a su hijo mayor, Josh, una semana después de la convergencia armónica de 1987, yo he perdido a dos de mis propios hijos en importantes momentos del calendario. Mis hijos Tom y Matthew participaron conmigo en el entrenamiento iniciático maya (que describiré en un momento) y siento que su energía desde el otro lado es parte intrínseca de este libro. Espero que los conocimientos que me han trasmitido desde los reinos del espíritu hayan aportado profundidad a mi trabajo. Al mismo tiempo, esta experiencia con ellos me ha ayudado a superar distintas fases del duelo.

Seguramente habrá oído decir que no hay nada más traumático y desafiante que perder a un hijo y, efectivamente, así es. No obstante, al igual que con otros tipos de pérdidas, si uno es capaz de aprender de ese profundo dolor y trascenderlo, será capaz de llevarse una idea global de lo que es verdaderamente importante en la vida. Los pueblos indígenas de México y Guatemala han sido en muchas ocasiones víctimas de genocidios que casi han destruido sus culturas pero, aún así, siguen esperando a que les prestemos atención. Yo misma he sobrevivido en lo personal la desaparición de la mitad de mi familia, y lo único bueno que he extraído de ello es la capacidad de comprender a quienes sufren en el planeta. Con el sufrimiento diario de las familias en Irak, experimento profundos sentimientos de compasión por sus pérdidas. Antes de hacer algunas observaciones sobre la pérdida de dos de mis hijos, pido a todas las madres y padres que se opongan a que sus hijos e hijas sean enviados a la guerra por hombres de avanzada edad a quienes no les importa si estos chicos mueren.

Si mueren allí, sabremos que no valió la pena.

En sus trabajos respectivos sobre el calendario maya, Argüelles, Jenkins y Calleman concluyeron que la Tierra no sobrevivirá si el paradigma científico, materialista y orientado hacia el progreso que reina en Occidente sigue consumiendo al mundo. Los tres enseñan que el aprendizaje de los secretos de los mayas puede inspirar a los humanos a hacerse más iluminados y descarrilar el tren imperialista occidental para que se vaya al infierno. Como verá en este libro, creo que efectivamente descarrilaremos ese tren, y la manera en que lo haremos será mediante la creación de la paz en nuestro mundo.

Mis hijos mayores Tom y Matthew eran jóvenes de corazones sensibles; eran filósofos y ecologistas. La muerte de mis hijos estuvo estrechamente vinculada con mi despertar a la sabiduría del calendario, por lo que convendría contarle un poco más sobre Tom y Matthew.

Como verá en este libro, la Tierra experimentó una alineación con el centro de la galaxia de la Vía Láctea en 1998, lo que ha modificado radicalmente el campo físico y psíquico de nuestro planeta; esto es un hecho científico. Ocurrió mientras me encontraba en Bali realizando ceremonias de lluvia para extinguir los fuegos en los bosques de Kalimantan en Borneo. Vinieron las lluvias y los balineses me invitaron al núcleo interior de sus templos más sagrados para celebrar. Me encontraba en un estado de éxtasis cuando volví a casa y ahora me doy cuenta de que mi experiencia chamánica en Bali coincidió con la alineación de la Tierra con la Vía Láctea. Hablé de estas increíbles experiencias por teléfono con mi hijo de 29 años, Matthew.

Matthew nunca había leído mis obras porque le parecía que leer mis libros le afectaría su capacidad de pensamiento lógico, lo que lo habría dejado en mala situación durante sus estudios de posgrado en limnología (la ciencia que estudia los lagos). Lo extraño es que durante nuestra última conversación me dijo que acababa de leer mi libro *The Pleiadian Agenda* [*El plan de las Pléyades*], de 1995. Dijo que mi obra era tan importante para el planeta como la suya propia de ecologista en ciernes, lo que significó para mí mucho más que cualquier otra cosa que se haya dicho sobre mis escritos. Un mes después de nuestra conversación telefónica, Matthew se ahogó en el lago Red Rock en Montana mientras estaba colocando jaulas para truchas como parte de un proyecto para el que acababan de darle una subvención. En vista de que Matthew abandonó la Tierra tan poco tiempo después de la gran alineación galáctica de 1998, es posible que él haya sentido ese fenómeno, pues era muy sensible al planeta. Su esposa Hillary y yo creemos que efectivamente estaba respondiendo a ese cambio energético en la galaxia en 1998.

Tres semanas después, recibí un fax de los ancianos indígenas en Yucatán, quienes no sabían que había perdido a mi hijo. Querían avisarme de que 12 Ahau Solar había abandonado la Tierra a finales de junio y había volado hacia la heliosfera para calibrar sus campos de energía, porque la Tierra estaba cambiando en respuesta a una nueva influencia galáctica. Espero que Matthew se encuentre allí, en esa exquisita zona de comunicación entre nuestro sistema solar y la galaxia, o sea, la heliosfera. (La heliosfera es la membrana vital de nuestro sistema solar, la envoltura dentro de la cual nuestro sistema solar viaja a través de las profundidades del espacio.)

Cuando murió Matthew, mi vida cayó en picada y no pude concentrarme más en mi trabajo de adquisición de libros para la editorial Bear & Company. Poco tiempo después, mi esposo Gerry, que era el presidente de la editorial, y yo vendimos la empresa porque ninguno de los dos podíamos seguir adelante. Lo más difícil de dejar mi trabajo era mi temor de no poder hacer llegar a tiempo al público los códigos maya. Los editores académicos no estaban dispuestos a publicar las obras de estos autores altamente especulativos que aportaban oxígeno a un campo académico que comenzaba a estancarse. Como pueden ver, gracias al compromiso de Inner Traditions/Bear & Company y a su disponibilidad de mayores recursos desde 2000, la editorial ya ha llegado mucho más allá de lo que Gerry y yo hubiéramos podido lograr, dado nuestro desasosiego tras la pérdida de Matthew.

En 2004, Bear & Company publicó *El calendario maya*, de Carl Johan Calleman, y me lo envió para que lo evaluara. Quedé sorprendida por las revelaciones de este libro e inmediatamente escribí una entusiasta reseña. Me senté a contemplar las grandes implicaciones de lo que había descubierto Calleman acerca del calendario.

Entonces sucedió algo extraño: inmediatamente envié un ejemplar de *El calendario maya* a mi hermano, Bob Hand. Mi hijo de 41 años, Tom, que trabajaba con Bob, "tomó prestado" *El calendario maya*, es decir, se lo hurtó a Bob. Tom tenía mucha curiosidad sobre el calendario porque nuestro anciano maya, Hunbatz Men, había entregado a Tom los códigos completos de los guerreros quichés mayas durante el "Viaje iniciático maya de 1989", un encuentro de maestros indígenas celebrado en Yucatán. Tom y yo fuimos juntos a ese viaje en 1989, y pude ver que las iniciaciones secretas de los quichés a las que se había sometido lo habían convertido en un guerrero espiritual. Estaba muy orgulloso de ese logro, pero no podía compartir los detalles de su experiencia con nadie, ni siquiera conmigo. Cuando Venus se interpuso entre la Tierra y el sol el 6 de junio de 2004 (un acontecimiento clave en el calendario maya) Tom se colgó de un árbol. Alguien robó su mochila antes de que fuera encontrado su cadáver. Estoy segura de que allí tenía aquel ejemplar de *El calendario maya*, pues Bob nunca pudo encontrarlo.

No puede ser mera coincidencia que justo antes de que Tom se quitara la vida, se encontrara leyendo el importante libro de Carl Johan Calleman, en el que se hace hincapié en la importancia del acceso espiritual a una conciencia superior durante el paso de Venus. He sentido muy intensamente la presencia de Tom mientras escribía *El código maya*, y por eso relato su historia, porque siento que él lo escribió conmigo. De hecho, es posible que su alma haya decidido irse al plano espiritual durante el paso de Venus, para poder ejercer una fuerte influencia desde el otro lado. Como nota personal, soy su madre y lo conocí bien: Tom decidió irse al plano espiritual porque ya había sufrido suficiente dolor terrenal después de haber perdido a su hermano Matthew en 1998 y luego a su padre, John Frazier, en 2001. No obstante, en vista de todo lo anterior, siempre me preguntaré qué reflexiones suscitaron en Tom las observaciones hechas por Calleman en *El calendario maya*, y respeto su derecho a poner fin a su propia vida.

¿Para qué comparto esto con el lector? Usted no leería este libro si no fuera una persona dispuesta a considerar definiciones de la realidad más amplias que las propugnadas por los paradigmas del materialismo científico, la historia dogmática y la religión fundamentalista. Lo que he experimentado mi vida me ha convertido en una persona más profunda.

Como maestra, sé hasta qué punto cada uno de ustedes ha tropezado con sus propias dificultades desde 1998. Creo que cada uno ha sufrido tanto dolor como he sufrido yo. A todos nos llegará la hora de morir, como le ha llegado a Tom y a Matthew, pero eso no cambia el hecho de que tanto usted como yo estamos vivos durante una época extraordinaria, la época de la terminación del calendario maya en 2011. Todos estamos viviendo una era que requiere gran valor y perspicacia.

Desde 1998, a menudo he sentido que estaba a punto de perder la cordura, pero cada vez encontré la manera de recuperarla. Lo que expondré a continuación es una evaluación clara de cómo funcionan las cosas en el plano terrenal, en el que confluyen muchos reinos dimensionales, el más complejo de los cuales es el del tiempo. Como fui quien canalizó *The Pleiadian Agenda* [*El plan de las Pléyades*] en 1995 y analicé sus conclusiones en *Alquimia de las nueve dimensiones* en 2004, me siento particularmente equipada para teorizar sobre los aspectos espirituales del tiempo y los ciclos.

En esas dos obras anteriores, exploré el calendario maya como generador del tiempo y de la fuerza evolutiva procedente de la novena dimensión, regida por el tiempo. Estos hallazgos me resultaron muy extraños e incomprensibles hasta junio de 2005. Pero las ideas siempre tienen vida propia, éstas se originaron en las Pléyades. ¡Los habitantes de las Pléyades dicen que la novena dimensión es el calendario maya! Pues bien, nunca me imaginé que otro escritor, Carl Johan Calleman, aportaría una versión similar, pero mejor desarrollada, de la idea del *tiempo sagrado*.

Es importante desde el punto de vista profesional que indique mi propia opinión sobre la fecha correcta del fin del calendario maya. Muchos investigadores del calendario se disputan si la fecha final correcta es 2011 ó 2012, e incluso Mel Gibson ha añadido su aporte con la película *Apocalipto*. Como verá en este libro, creo que Calleman ha descubierto el propósito del calendario: seguir la aceleración evolutiva del tiempo hasta 2011. Pero también creo que los equinoccios y solsticios de 2012 (además de ciertos factores astrológicos que explico en el apéndice B) tendrán una inmensa influencia en la capacidad de la humanidad de llegar a la iluminación, y por eso he añadido en detalle ese factor.

El descubrimiento hecho por Calleman de la aceleración vigesimal del tiempo es novedoso e importante. Fue en realidad lo que me hizo escribir *El código maya*. (El sistema numérico vigesimal incorpora el concepto de cero y se basa en múltiplos de veinte). Entretanto, mis propios conocimientos de los ciclos astrológicos e históricos me permiten reconocer la necesidad de un análisis de las influencias planetarias durante el año 2012, partiendo del supuesto de que la teoría evolutiva de Calleman sea correcta.

Desde mi punto de vista, el tiempo y la aceleración evolutiva terminarán el 28 de octubre de 2011, pero los mayas tuvieron la capacidad de prever que la cuenta larga terminaría el 21 de diciembre de 2012, debido a la influencia de importantes ciclos astrológicos. La astrología no es mucho más que el "pronóstico del tiempo" en la tercera dimensión, pero no es menos cierto que a todos nos gustaría saber cuando viene un huracán. La aceleración del tiempo como fuerza impulsora de la evolución funciona en las nueve dimensiones, como ya he indicado en *The Pleiadian Agenda* [*El plan de las Pléyades*]. Creo que el tiempo en la novena dimensión es la verdadera fuerza impulsora de la evolución en la galaxia de la Vía Láctea, y también pienso que este concepto es muy cercano a lo que pensaban los mayas clásicos. Tal vez esta idea del tiempo sea la única teoría que pueda explicar por qué el año sagrado maya era de 360 días (igual que en muchas otras culturas sagradas antiguas) mientras que el año agrícola en el calendario solar, denominado Haab, era de 365 días. Debatir estas ideas sólo es posible si se reconocen las considerables contribuciones de las mentes extraordinarias que han venido antes, entre las que figuran todos los arqueólogos que documentaron de forma dedicada los glifos del calendario y descifraron su significado.

Según Calleman, el 2 de junio de 2005 representó el punto medio del período que él llama "submundo galáctico", que comenzó el 5 de enero de 1999 y continuará hasta el 28 de octubre de 2011. En el punto medio de cualquiera de los nueve submundos se hacen visibles los acontecimientos evolutivos correspondientes a ese ciclo. El punto medio análogo del gran ciclo histórico comprendido entre 3115 a.C. y el 28 de octubre de 2011 d.C. fue el año 550 a.C., exactamente cuando aparecieron en el planeta grandes maestros como Pitágoras, Zoroastro, Platón, Isaías II, Lao-Tse, Confucio, Mahavira y Buda. Lo más probable es que los mayas hayan compuesto su calendario alrededor de 550 a.C., lo que significa que sería una pauta de iluminación. Corre el mes de junio de 2005, cuando ya han aparecido los maestros del submundo galáctico. Siga leyendo para enterarse de más detalles.

# 1

# EL CALENDARIO MAYA

## EL DESCUBRIMIENTO

La historia del descubrimiento y la interpretación del calendario maya es un ejemplo de apasionada dedicación a las investigaciones por un grupo de personas de espíritu aventurero. Estos pocos investigadores intrépidos lograron algo que era casi imposible: descifraron la cuenta larga de 5.125 años en el calendario y, al hacerlo, es posible que hayan revelado los designios del Creador para la evolución humana y planetaria. Su legado es quizás la última oportunidad en que cualquiera de nosotros podría interpretar correctamente a una cultura altamente avanzada, antigua y sagrada. Durante los años 30, después de descifrarse suficientes fechas y de establecerse correlaciones entre ellas, los expertos pudieron comprobar que los mayas clásicos (que vivieron desde aproximadamente 200 a.C. hasta 900 a.C.) estaban obsesionados con el cálculo del tiempo y la determinación de su significado.

En su trabajo de descodificación del sentido del tiempo, los mayas inventaron un sistema de cómputos matemáticos que quizás sea el más sofisticado en la historia de la cultura humana. En realidad, los orígenes de este sistema de datación se remontan a antes del período clásico maya y, como verá en un momento, en los sitios clásicos mayas se encuentran muchas inscripciones de fechas que son de miles, millones e incluso miles de millones de años antes. Estas grandes dataciones se calculan por medio de un sistema sencillo pero ingenioso con barras, puntos y un símbolo que indica el cero; o sea, un sistema sumamente preciso de notación de valores posicionales. Los olmecas son la cultura madre de la civilización maya. En sitios olmecas de alrededor de 3.000 años de antigüedad se han encontrado elementos del Tzolkin (la cuenta de 260 días, que aún se usa), lo cual es una indicación más de la antigüedad del sistema de datación maya.

La mayoría de los arqueólogos creen que la cultura olmeca de México central se originó antes del año 2000 a.C. Sépase, sin embargo, que los arqueólogos de los últimos 200 años se han caracterizado por ser excesivamente conservadores en la datación real de los orígenes de las culturas. Los datos arqueológicos muestran que los olmecas estaban usando los vestigios iniciales del calendario; por eso empiezo este libro con la sugerencia de que el primer momento de llegada o de solidificación de la cultura olmeca debe haber sido alrededor de 3113 a.C., fecha del inicio de la cuenta larga. Dado que la cuenta larga describe los orígenes, desarrollo y desaparición de la civilización mesoamericana, y en vista de que los mayas son descendientes de los olmecas, la simiente de los mayas ya tenía que estar sembrada antes del comienzo de la cuenta larga.

En la mitología maya, la domesticación del maíz se vincula con los orígenes de ese pueblo, y el maíz fue descubierto en la región hace 7.000 años.[1] El calendario se denomina calendario maya (no olmeca) porque fueron los mayas clásicos quienes lo perfeccionaron en todos sus aspectos. Calcularon la forma en que el tiempo influye en la historia y nos legaron una crónica clara y compleja de sus descubrimientos. Cuando alcanzaron un nivel suficiente de desarrollo para elaborar mitos sobre sus orígenes, vincularon la evolución del maíz con sus propios orígenes en el tiempo en su relato de la creación, el Popol Vuh. Hoy en día, el maíz sigue siendo un elemento central de la cultura y las ceremonias mayas. La cuenta larga comienza alrededor de 3113 a.C., que es casualmente el momento en que de pronto surgieron varias civilizaciones constructoras de complejos templos y ciudades en el antiguo Egipto, Sumeria y China. Habida cuenta de que los mayas también eran una cultura con pirámides, jeroglíficos, mitología y astronomía, y de que su calendario describe con precisión los ciclos históricos del desarrollo de la civilización, ¿por qué no suponer que sus verdaderos orígenes se remontan al comienzo de su calendario, especialmente en vista de que el maíz fue domesticado incluso antes? Éste es un tema importante porque deben considerarse los trece baktunes, especialmente el baktún originario, cuando empezaron las civilizaciones complejas, o sea, de 3113 a.C. a 2718 a.C. (Un baktún equivale a un período de 394 años; los baktunes son las divisiones principales de los 5.125 años de historia descritos por la cuenta larga.)

No dedicaré mucho tiempo a los factores a favor y en contra de los diferendos entre expertos sobre los orígenes de los mayas, pues lo que más nos interesa es su calendario. Desde mi perspectiva como indígena, suelo estar en desacuerdo con las opiniones de arqueólogos y antropólogos. Encuentro que a menudo se equivocan acerca de los orígenes de las culturas y de sus niveles de complejidad, especialmente por lo que se refiere a las culturas amerindias. En el caso de los mayas, afortunadamente el tiempo ya ha esclarecido muchos de los argumentos iniciales acerca del calendario, lo que me permite añadir mis propias reflexiones. Vale destacar el hecho de que los investigadores del calendario concuerdan sobre las fechas de inicio y fin: 3113 a.C. a 2012 d.C., o 3115 a.C. a 2011 d.C. en el caso de Carl Johan Calleman.

En lo que pocos concuerdan es en el verdadero significado del calendario, por ejemplo, la idea de que describe la evolución cultural histórica en un período de 5.125 años, o la evolución del tiempo en general en un período de 16.400 millones de años, como propone Calleman. Los académicos rara vez hacen especulaciones sobre el significado del calendario, salvo para decir que los mayas estaban obsesionados con el tiempo. Los escritores de los que hablo en detalle en este libro no son académicos, pero sí son estudiosos del tema, y su interés radica en descubrir el significado del calendario maya y determinar por qué los mayas estaban tan obsesionados con el tiempo.

En cualquier caso, todos tenemos libertad de contemplar ideas radicales sobre lo que tal vez pensaban los mayas, porque la cosmología moderna ha avanzado lo suficiente como para hacer que esto sea posible. Hemos pasado de una perspectiva egocéntrica (orientada a la Tierra) a una perspectiva heliocéntrica (orientada al Sol) hace sólo 400 años, exactamente alrededor de la época en que comenzó el último baktún de la cuenta larga. En la actualidad estamos avanzando rápidamente hacia una perspectiva galactocéntrica (orientada a la galaxia) al terminarse este último baktún. Hace muy poco tiempo que la mayoría de las personas se han enterado de que nuestro sistema solar orbita alrededor del centro de la galaxia de la Vía Láctea y que nuestra galaxia es una entre otros miles de millones de galaxias en el universo. La mayoría de los investigadores creen que el calendario maya sigue el desarrollo de la cultura a lo largo del tiempo, lo que explica la gran curiosidad que existe al respecto. Es muy poco lo que entendemos de los antiguos calendarios egipcios porque la mentalidad occidental limitada y materialista controló las primeras interpretaciones de esa gran cultura sagrada. Hay más interpretaciones precisas de la cultura maya porque el descubrimiento de los mayas ocurrió apenas 150 años atrás, y la mayor parte de los estudios en esta esfera han tenido lugar en los últimos 100 años.

El público general conoció los hallazgos de los primeros investigadores del calendario en los años 50, cuando expertos como Sylvanus Morley y Eric Thompson publicaron libros sobre los sistemas numérico y matemático de los mayas.[2] Despertó la curiosidad del público el hecho de que los mayas usaran el sistema vigesimal (basado en el cero y múltiplos de 20) para contar mediante puntos y barras. Pocas personas alcanzaban a comprender la extraordinaria complejidad de las grandes fechas contenidas en el calendario. El hecho es que la ciencia maya estaba sumamente avanzada y que el concepto de cero no existía siquiera en Europa hasta que los musulmanes lo introdujeron en occidente a través de España alrededor del año 1000 d.C.

## LA CONTINUIDAD EN LA CULTURA MESOAMERICANA

Resultó especialmente curioso para el público el hecho de que millones de descendientes de los mayas aún viven en aldeas cerca de pintorescas pirámides en la jungla. Como guardianes fantasmales, los mayas de hoy se mantienen cerca de las ciudades que sus antepasados habían abandonado mil años atrás. Nunca olvidaré mis primeras ceremonias con los mayas de Lacondon cerca de Palenque en Chiapas, México, en 1989. Al igual que los esenios o los gnósticos, los hombres vestían puras túnicas blancas de suave tela tejida a mano que les cubrían hasta por debajo de las rodillas y su largo y lacio cabello negro les llegaba por debajo de la cintura. Sus rostros estaban absortos en un tiempo pasado cuando trajeron calderas recién producidas en la forma tradicional para la ceremonia en el bosque.

Clanes mayas aislados en Chiapas, México, y en los altiplanos de Guatemala siguen contando los días según el calendario original. También han mantenido muchos de los rituales y habilidades curativas de sus antepasados. Afortunadamente, desde los años 60 muchos

eruditos con sensibilidad han ido a convivir con los mayas y han docu-
mentado sus conocimientos antiguos, proceso en el que no hicieron un
buen papel los conquistadores y clérigos españoles. Los eruditos que
han vivido efectivamente con los mayas y han aprendido sus idiomas
han aportado reflexiones muy esclarecedoras sobre el significado de sus
mitos y sistema de datación originales. Estas reflexiones nos han llegado
justo a tiempo, pues contribuyen a refrenar la habitual imposición de
la mentalidad cultural occidental. Los investigadores más especulativos,
como yo, no podríamos estudiar y analizar el calendario maya si no
pudiéramos apoyarnos en los hallazgos de estos eruditos de primera
línea que trabajan en esta esfera.

Resulta impresionante la continuidad del arte y la mitología mante-
nida durante grandes períodos de tiempo por los olmecas, mayas clásicos,
toltecas y aztecas, y por los mayas de hoy. El término que mejor describe
a toda esta cultura indígena es la *cultura mesoamericana*, pues reconoce la participación de personas actualmente vivas en las tradiciones
antiguas. Hacia los años 70, estaba teniendo lugar una convergencia de
los estudios mayas debido al gran número de impresionantes descubrimientos que se habían hecho. Algunos de los pensadores más brillantes
de nuestra época, como Terence McKenna y José Argüelles, cuya mejor
descripción es la de "investigadores del nuevo paradigma", volcaron su
atención en el calendario maya. Han concluido que el calendario maya es
importante para las Américas y para el mundo entero, y yo coincido con
ellos. Algunas personas, entre las que me incluyo, consideran que estos
adelantos mesoamericanos son el eslabón perdido que explica por qué
Occidente ha perdido su alma durante los últimos cuatrocientos años.
Los mayas son los antepasados espirituales de los actuales habitantes de
las Américas (incluidos los indígenas de los Estados Unidos, el pueblo
de la "Primera Nación" de Canadá y los distintos pueblos antiguos de
América Central y del Sur), pero el significado y la viabilidad de sus
tradiciones fueron rechazados y prácticamente erradicados.

Cincuenta años atrás, se estaban abriendo grandes y amplias perspectivas en la historia de las ideas gracias a la divulgación cada vez mayor
de la cultura maya. Por ejemplo, cuando finalmente se descifraron los
glifos mayas, se encontraron fechas en lugares como Cobá, en el sur
de Chiapas, que se remontan a millones, miles de millones e incluso
millones de millones de años atrás. En 1927, después que se establecieron correlaciones entre estas fechas de los mayas y los calendarios (la

denominada correlación "GMT", de Goodman, Martínez Hernández y Thompson) la mayoría de los investigadores coincidieron en que la cuenta larga comienza alrededor de 3113 a.C.[3]

Sorprendió a muchos el hecho de que los mayas hubieran seleccionado la misma fecha que usan los arqueólogos para referirse al surgimiento simultáneo de la civilización, que se supone surgió prácticamente de la nada, con complejos sistemas de escritura y magníficas ciudades de templos. Los escritores del nuevo paradigma han observado con perspicacia que hay demasiados casos de cambios repentinos en los dogmas históricos, y que algo más debía pasar en todo esto. Coincido plenamente. Si uno lo piensa, el surgimiento simultáneo de la civilización en 3113 a.C. resulta un fenómeno orgánico, como si la humanidad hubiera recibido una señal evolutiva hace 5.125 años. Como verá, eso fue efectivamente lo que sucedió.

## LOS CICLOS TEMPORALES EN EL CALENDARIO

Lo que fascina a muchos es que la cuenta larga se divide en ciclos en lugar de avanzar simplemente en el tiempo en forma lineal e infinita. Cuando me adentre en este tema, es posible que los ciclos mayas no le parezcan a usted fascinantes en absoluto; quizás incluso le resulten más impenetrables que los ideogramas chinos. Para ayudarlo a asimilar esta parte más fácilmente, Chris ha elaborado algunos dibujos sencillos, basados en mis esbozos, que representan los elementos básicos del calendario maya. En mi caso, tuve que llegar a entender el calendario para poder escribir sobre él, pero usted puede simplemente llevarse una idea visual para seguir leyendo sobre él. En realidad, así era como lo hacían los propios mayas, y por eso es probable que muchos de ellos tuvieran abundantes conocimientos sobre los símbolos y números (del calendar), como los tienen los mayas de hoy.

La cuenta larga de 5.125 años se divide en trece ciclos de aproximadamente 394 años denominados baktunes; cada baktún se divide en veinte ciclos denominados katunes, que se componen a su vez por veinte ciclos de 360 días denominados tunes. Debido a que la unidad básica, el tun, es de 360 días, el tiempo se desfasa negativamente en unos cinco días durante casi un año solar (un año solar consiste en 365 días), con lo que el observador se ve obligado a usar una perspectiva distinta de la del tiempo lineal.

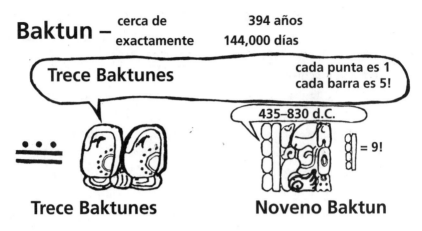

**Baktun** – cerca de | 394 años
exactamente | 144,000 días

**Trece Baktunes**

cada punta es 1
cada barra es 5!

435–830 d.C.

= 9!

**Trece Baktunes** **Noveno Baktun**

**Fig. 1.1.** *Baktunes.*

En los principales sitios del período clásico, como Copán en Honduras, Palenque en México y Tikal y Quirigua en Guatemala, durante el noveno baktún (435 d.C. a 830 d.C., según la cuenta larga) se acostumbraba inscribir fechas de katunes en estelas, junto con representaciones artísticas y mitológicas de acontecimientos históricos y ceremoniales. El noveno baktún es solamente uno de los segmentos de la cuenta larga formada por trece baktunes, pero ése fue el período en que los mayas profundizaron sus concepciones de lo que realmente sucede con el tiempo. Sabemos que en el noveno baktún se celebraban constantemente diversas ceremonias y ritos de presagio durante katunes y tunes importantes. Podría decirse que *los mayas convirtieron el tiempo en una dimensión divina durante el noveno baktún.*

Los mayas clásicos tienen que haber estudiado las cualidades específicas de las fases temporales, pues erigieron estelas e inscribieron en ellas fechas y dibujos con representaciones mitológicas. También plasmaron su mitología en miles de vasijas con inscripciones del calendario. En otras palabras, contaban su historia y presagiaban sobre el futuro. Al parecer intentaban descubrir las cualidades especiales de cada katún (la cifra de 19,7 años representaba aproximadamente una generación), que posteriormente se aplicarían a los katunes de cualquier baktún futuro.

El Tzolkin (la cuenta de 260 días) se basa en trece números y veinte signos o símbolos que representan días. En el Tzolkin, cada uno de los signos de los días posee cualidades especiales, que van siendo modifica-

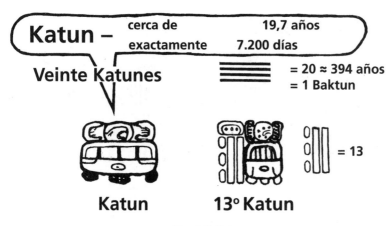

**Fig. 1.2.** *Katunes.*

das por el número correspondiente en cada caso. O sea, 1 Kan es distinto a 8 Kan.

Las divisiones que tienen que ver con *cualidades* son las de los signos de veinte días (cada una de las cuales está moderada por sus números); los mayas las descubrieron inicialmente después de vivir la experiencia de los distintos días durante un período de muchos años. Una vez que comprendieron los veinte días y los trece números (el Tzolkin de 260 días) exploraron luego el año sagrado (el tun de 360 días) para entender sus cualidades en incrementos cada vez mayores en forma vigesimal, es decir, la aceleración del tiempo en múltiplos de 20 × 20. Como verá, la aceleración del tiempo mediante la multiplicación de unidades básicas por veinte es un concepto clave en el calendario, y comenzó con la multiplicación de un tun por veinte para obtener un katún. Luego se multiplica

**Fig. 1.3.** *Tzolkin.*

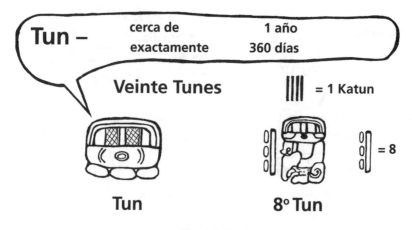

**Tun –** cerca de exactamente    1 año 360 días

Veinte Tunes    ||||  = 1 Katun

Tun    8° Tun    = 8

*Fig. 1.4. Tunes.*

un katún por veinte para obtener un baktún, éste se multiplica por veinte para obtener un piktún, y así sucesivamente. De este modo, *el tun es la unidad básica de la aceleración del tiempo en el calendario.*

La cuenta del tun de 360 días está en resonancia con el Tzolkin de 260 días porque los números primarios en que se basa el Tzolkin (el 13 y el 20) están a su vez en resonancia con los 13 baktunes, más largos (que consisten en 20 katunes), que conforman la cuenta larga. Y, de la misma manera que cada baktún posee una cualidad numérica propia, también la poseen los 13 días numéricos del Tzolkin. Sé que esto se presta a confusión, por lo que lo explicaré con más detalle más adelante. Lo que importa en esta etapa inicial es llevarse una idea de la resonancia en los ciclos temporales. Dicho de otra manera, un tun resuena o vibra con un katún, éste con un baktún, y así sucesivamente. Todo esto lleva a la postre a la teoría de la aceleración vigesimal del tiempo.

Los mayas clásicos llegaron a elaborar una visión muy orgánica y misteriosa del tiempo que hoy en día sigue despertando la curiosidad de millones de personas. Al parecer trataban de determinar la manera en que el tiempo crece y se expande, lo que constituye un intento de captar la naturaleza de la evolución mediante la aceleración del tiempo. Como verá cuando investiguemos las teorías de Carl Johan Calleman, es muy probable que estuvieran investigando el potencial de la aceleración del tiempo. Piense en cuánto tardan las horas y minutos mientras espera a volver a ver a su amante, y en cómo el tiempo vuela cuando ambos están juntos. Creo que el concepto de aceleración del tiempo de los mayas constituye la esencia del amor divino porque da forma concreta a nuestra relación personal con el Creador y describe el potencial de reproducción del universo.

## VISITAS A LOS TEMPLOS MAYAS

Cuando visito los sitios mayas clásicos, siento como si estuviera dentro de una biblioteca viviente inscrita en la piedra. Las estelas e inscripciones parecen hablarme a través de sus cualidades culturales, literarias y matemáticas. Si no alcanzo a darme cuenta de lo que estoy percibiendo, entonces, mientras contemplo estos mensajes, los animales e insectos me revelan los códigos mediante su comportamiento. Por eso siempre busco señales de la naturaleza cuando visito zonas de templos. Las estelas e inscripciones están protegidas en otras dimensiones por seres palpables que gustosamente me dan a conocer sus secretos, o a veces me apartan a empujones sin más miramientos. Ocasionalmente uso incienso o un cascabel para contactar a los espíritus que guardan las piedras. Una vez, mientras hacía sonar mi cascabel de la "Nación Tortuga" en el Templo de la Cruz Foliada en Palenque, dos arqueólogos trataron arrogantemente de interrumpirme. ¡Estuvieron a punto de despeñarse del borde del templo cuando sus guardianes invisibles los empujaron!

Me he sentado durante horas a meditar con las estelas, que a veces cobran vida finalmente para revelar su información. En 1988, mientras me encontraba en Tikal, Guatemala, en un gran patio que contenía muchas estelas, pude sentir los datos ingresar en mi cerebro como si fuera un disco duro de computadora. Esto me sorprendió tanto que ese día pedí una señal que me ayudara a creer en lo que había acabado de experimentar. Más tarde, mientras caminaba por un sendero muy remoto, apareció un jaguar negro cerca del borde del sendero, que me miró a los ojos y luego se retiró lentamente. Esto resultó especialmente insólito porque los jaguares de esta región son dorados con manchas negras; sin embargo, no cabía duda de la presencia física de este jaguar negro. Supe que tenía que confiar en lo que decían las piedras, lo que me llevó a escribir este libro. Me fascina el hecho de que Carl Johan Calleman utiliza la pirámide principal de Tikal como modelo para su calendario basado en los tunes.

Como actores en grandes dramas, hoy las estelas mantienen el mutismo al mismo tiempo que año tras año atraen nuestras miradas, nos producen sensaciones viscerales y despiertan nuestras mentes.

Mientras más investigaban los eruditos las fechas y símbolos de las estelas, más parecía que los mayas clásicos estuvieran representando ciclos culturales en fases del tiempo para indicar los significados que habían descubierto en esas fechas. Entretanto, cuando menos, las estelas son fantásticas obras de arte que comunican un significado con la misma facilidad que lo puede comunicar una excelente pintura de Vermeer o una magnífica escultura de Miguel Ángel. Pero, por supuesto, todo depende de lo que cada uno vea.

## INTERPRETACIONES DE CULTURAS ANTIGUAS SEGÚN EL NUEVO PARADIGMA

Durante los años 80, un nuevo grupo de eruditos comenzó a especular sobre el significado de la cuenta larga y a hacerse preguntas sobre los logros científicos y espirituales de los mayas. Durante ese mismo período, comenzaba a disminuir la férrea dominación del paradigma neodarwiniano, según el cual la humanidad se encuentra en constante evolución hacia un nivel cada vez más avanzado. La teoría y el dogma de que los pueblos de la antigüedad eran menos desarrollados, y que los humanos modernos se están volviendo más y más avanzados, empezaba a desmoronarse a medida que se revelaba el nivel intelectual de las culturas antiguas. También quedó claro que los arqueólogos, durante los últimos 200 años, habían interpretado erróneamente las culturas antiguas. Después de examinar las culturas modernas con los ojos abiertos, muchas personas comenzaban a tener dudas sobre el supuesto progreso en el avance de la humanidad.

Las personas que se resistían a las proyecciones neodarwinianas deseaban encontrar nuevas interpretaciones de las culturas antiguas. Los escritores del nuevo paradigma, como Graham Hancock, John Michell y Peter Tompkins respondían a la curiosidad de ese público y pudieron demostrar con facilidad que muchas de las civilizaciones antiguas era más avanzadas que las actuales.[4] Entretanto, los arqueólogos académicos dedicaban muchos esfuerzos a desacreditar este nuevo paradigma y a sus seguidores en la cultura popular. En las investigaciones mayas, el nuevo paradigma sólo se ha aplicado desde tiempos recientes y ha permitido a los investigadores descubrir que los mayas habían elaborado un avanzadísimo sistema matemático y astronómico.

El concepto del nuevo paradigma de explorar la sabiduría antigua avanzada se abrió paso a medida que el público comenzó a desencantarse con el rumbo que estaban tomando las civilizaciones modernas barbáricas, como la de los Estados Unidos. Muchas personas comenzaron a sentir que la propia supervivencia de la civilización moderna dependería de la sabiduría antigua. ¡Y claro que es así! En los años 90 se desarrolló hasta alcanzar su plena madurez una rica literatura que buscaba imaginar el verdadero potencial de la humanidad sobre la base de los grandes logros de las civilizaciones antiguas. A mi juicio, a eso se debe la importancia urgente del calendario maya en la actualidad.

## EL LEGADO DE LOS MAYAS

Ahora que hemos entrado en el siglo XXI, el calendario maya se ha apoderado de la imaginación del público en parte porque pronto llegará a su fin y, en parte, porque es simplemente fascinante. La comprensión del calendario puede resultar muy intimidante pero, como verá en este libro, nos encontramos en medio de un salto cuántico en lo referente a la descodificación del calendario. Los mayas inscribieron su calendario en la piedra, mientras que de los calendarios de otras culturas antiguas sólo quedan vestigios. Comprobará que los mayas atesoraron meticulosamente un legado que nos puede llevar a un nuevo nivel de comprensión sobre los otros legados excepcionales de los egipcios, minoenses, sumerios, chinos e indios védicos de la antigüedad. Si bien los mayas empleaban efectivamente un calendario solar de 365 días para el uso diario, que llamaban Haab, el calendario maya propiamente dicho se basa completamente en incrementos o elementos de 360 días, denominados tunes.

Si mira detenidamente las culturas antiguas antes mencionadas, algunas de las cuales surgieron de repente hace 5.125 años, todas tienen vestigios de un calendario sagrado de 360 días como el calendario basado en la cuenta larga (especialmente las dinastías egipcias y la cultura védica de la India) aunque muchos de ellos también poseen el calendario solar de 365 días basado en la actividad agrícola.[5] Nadie había conseguido determinar por qué en el pasado distante se usaban calendarios de 360 días, hasta que Carl Johan Calleman comenzó a estudiar el tema. Lo que más nos interesa en este caso es que el calendario que nos ocupa, de 360 días, se conservó en Mesoamérica pero se perdió en otras partes del mundo. En otras palabras, *el calendario de 360 días refleja lo que alguna vez fue una comprensión universal del tiempo.* Como verá creo que esto nos revela algunos detalles muy importantes sobre los últimos 10.000 años de la experiencia humana. Ciertamente vale la pena destacar que los españoles a su llegada hicieron todo lo posible por destruir estos datos pues, claro está, los conocimientos de los aborígenes representaban una amenaza para ellos.

Uno de los propósitos de este libro es determinar la razón de esta división del tiempo en 360 días, en lugar de 365, que tan importante fue para los mayas hace 2.000 años. Por ejemplo, si el trayecto de la Tierra en torno al Sol se ha alargado en cinco días en tiempos relativamente recientes, ¿no podría decirse que esto habría cambiado la relación armónica de la Tierra en el sistema solar y en la galaxia? ¿Habrá en el futuro alguna tendencia a que la Tierra vuelva a la resonancia de 360 días? En caso afirmativo, ¿cómo sucedería eso y cuál sería su resultado? Además, ¿sería ese cambio en la relación armónica lo que se ha tratado de predecir con la fecha del fin del calendario maya?

## LAS CONTRIBUCIONES DE JOHN MAJOR JENKINS

A finales de los años 80, una vez que la información sobre el calendario maya estuvo suficientemente fundamentada y publicada, algunos eruditos no académicos comenzaron a exponer interpretaciones del calendario altamente especulativas, sumamente fascinantes y muy creativas. Como mencioné en la introducción, participé en la publicación de los escritos de muchos de estos autores y gran parte de este libro está dedicada a su obra y también a mis propias especulaciones sobre el calendario.

Comienzo por John Major Jenkins, un brillante erudito del nuevo paradigma, porque hizo que un sitio maya preclásico, Izapa en México, cobrara vida para mí en una forma que se aviene con las intensas sensaciones que he tenido en sitios como Tikal en Guatemala, y Palenque y Teotihuacan en México.[6] Cuando he podido tener acceso a los códigos o enseñanzas centrales de un sitio, me he encontrado de repente en medio de una obra de misterio, y todo cobra vida como en una película: el filme empieza a rodar a medida que los frescos recuperan sus tonalidades originales y los personajes que representan abren sus ojos y mueven sus labios. Las estelas me proporcionan información, mientras que los animales e insectos reaccionan ante el desfile que tiene lugar y me muestran el significado de todo. Una vez, tres quetzales revolotearon sobre mi cabeza mientras me encontraba meditando en el Templo de los Murciélagos en Tikal. En otra ocasión, una serpiente punta de lanza se apareció justo frente a mí cuando comprendí plenamente el significado de Manik, uno de los signos de los días. Así son los grandes éxtasis que he experimentado en sitios sagrados y, en su libro *Maya Cosmogenesis 2012* [*Cosmogénesis maya 2012*], John Major Jenkins hace que Izapa cobre vida de la misma manera. Confío en sus percepciones porque él es una autoridad en la materia cuyos conocimientos suelen ser mejor fundamentados que los de otros expertos publicados por editoriales universitarias, pero no siempre coincido con él.

La primera ocasión en que disfruté de la lectura de *Cosmogénesis maya 2012* fue cuando leí el manuscrito para determinar si sería publicado. El libro representó para mí una invitación a convertirme en astrónoma en Izapa, donde contemplé la posición en el cénit de la Estrella Polar, las Pléyades y el centro de la galaxia de la Vía Láctea en la "fisura oscura". Esto resultó interesante porque yo era entonces astróloga. Podía imaginarme que era uno de los jugadores en el juego de pelota en Izapa o que daba a luz sobre el trono cósmico. Mediante su selección de las estelas más importantes en Izapa, John lleva al lector a través de las distintas fases de iniciación que tenían lugar en Izapa unos pocos miles de años atrás. Nunca he ido a Izapa, pero este libro me transportó y me hizo permanecer allí durante un tiempo suficiente para aprender lo que necesitaba saber.

Jenkins ha elaborado una insólita teoría de que Mesoamérica desarrolló una cosmología dividida en dos partes que funciona con las posiciones que ocupan en el cénit las Pléyades y el centro de nuestra galaxia. Aunque estas ideas no han sido muy aceptadas por estudiosos de los mayas, Jenkins se adentró mucho en el tema antes de trascenderlo. Los expertos harían bien en prestar gran atención a sus conclusiones, que se basan en el meticuloso trabajo de esos mismos expertos. Por ejemplo, antes de que se publicara *Maya Cosmogenesis 2012* [*Cosmogénesis maya 2012*] en 1998, Linda Schele y David Friedel habían intentado dar vida a la astronomía y los ceremoniales mayas en su libro *El Cosmos Maya* en 1993.[7] Desafortunadamente, *El Cosmos Maya* contribuyó a que las especulaciones académicas sobre la cosmología maya tomaran el camino incorrecto debido a que se concentraba en el *anticentro* en lugar del centro de la galaxia.[8]

Ya he teorizado que las culturas sagradas del mundo que aparecieron repentinamente alrededor de 3115 a.C. usaban calendarios basados en sistemas similares al calendario de los mayas. En 1994, junto con mi maestro egipcio, Abd'El Hakim Awyan de Giza, realicé ceremonias en la Tumba Maya, en la sección de la Decimonovena Dinastía correspondiente a Saquarra cerca de la Pirámide de Unas. Hakim creó estas ceremonias porque le parecía importante que yo entendiera que los mayas y los egipcios habían mantenido vínculos alrededor de 1200 a.C., que fue aproximadamente cuando aparecieron en Mesoamérica las fases iniciales del calendario.

Hakim es el portador moderno de las Llaves de Toth, una escuela de sabiduría egipcia cuyo origen se remonta a 5.000 años atrás. Dice que hay

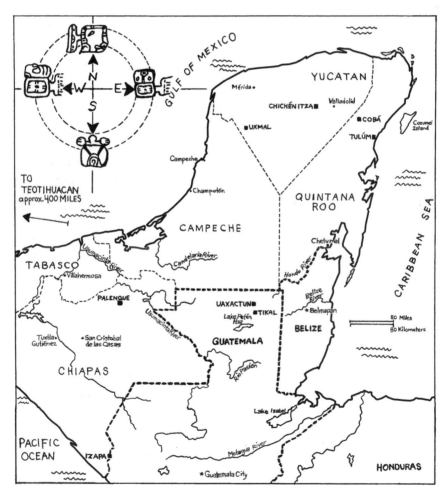

**Fig. 1.5.** Sitios arqueológicos mayas.

exactamente 360 *neter* (guardianes sagrados de los días), o sea, el mismo concepto en utilizado en el año maya basado en los tunes.⁹ Además, esto se relaciona con los símbolos astrológicos sabianos porque, como astrólogos, aún nos basamos en un año de 360 días como método para registrar el tiempo sagrado. No creo que los mayas hayan entendido del todo la división en tunes, katunes y baktunes hasta hace aproximadamente 2.000 años y, como he indicado, sólo llegaron a comprender su significado pleno en los milenios posteriores. La fecha más antigua según la cuenta larga (la fecha más temprana que se ha encontrado hasta ahora en un monumento) es la de 37 a.C. en Izapa, pero los elementos del sistema son mucho más antiguos.

Comenzamos esta sección con el salto crítico efectuado por Jenkins en su comprensión de cómo los mayas establecieron la cuenta larga. En su investigación, Jenkins se valió de la arqueoastronomía, o sea, el estudio de cómo los ciclos celestes reflejan los ciclos terrestres. La arqueoastronomía utiliza el principio hermético "como es arriba, es abajo" para determinar la forma en que las culturas antiguas construyeron sus sitios sagrados valiéndose de las posiciones de las estrellas y las constelaciones como plan maestro. Los sitios sagrados antiguos están orientados hacia posiciones en el cielo durante un período específico. Podemos datar los sitios mediante estas orientaciones y luego teorizar sobre los pueblos que los construyeron si conseguimos determinar lo que más les interesaba; o sea, es posible utilizar sus conocimientos científicos para saber más de ellos. Si bien los arqueólogos reconocen hasta cierto punto la validez de este método, suelen hacer caso omiso de los hallazgos de la arqueoastronomía, tal vez porque la vinculan con la astrología. Pero la arqueoastronomía es simplemente la astronomía antigua. Como indiqué antes, el análisis del espacio y el tiempo mediante la arqueoastronomía permite especular sobre lo que estaban pensando realmente las personas. John Major Jenkins se destaca en esta vertiente de la investigación. Considero que su teoría de cómo los mayas habrían descubierto la fecha final del calendario maya es fundamental para entender incluso cómo ellos mismos habrían determinado el comienzo del calendario.

## LA CAÍDA DEL DIOS POLAR

Jenkins constata que los astrónomos de Izapa se obsesionaron inicialmente con la observación de la Estrella Polar.¹⁰ Dado que la Estrella Polar es apenas visible desde Izapa en el sur de México, esta obsesión sugiere que algunos de sus antepasados, si no todos, habían llegado a Izapa muchos años atrás desde una lejana latitud más al norte. Irónicamente, esta idea se aviene con la teoría antropológica convencional sobre el poblamiento de las Américas, aunque no se riñe tampoco con la teoría de la difusión, según la cual los antiguos habitantes de las Américas habrían llegado por mar a este continente.

Aún en la actualidad, los habitantes de las latitudes septentrionales buscan su centro cósmico en la Estrella Polar y otras estrellas circumpolares. Como la Estrella Polar representaba el centro cósmico original para los antepasados de los izapeños, esto significa que son un pueblo muy antiguo. No obstante, una vez que comenzaron a desarrollar su cultura en los trópicos (entre las latitudes de 23° N y 23° S) en Izapa, los cambios en la situación de las estrellas circumpolares, ocasionados por la precesión, les parecieron muy desconcertantes; *su dios en el cielo había caído.* Al descodificar sus sitios ceremoniales y tener en cuenta la biblia de los mayas (el Popol Vuh), Jenkins luego demuestra cómo los izapeños seguían la posición en el cénit de las Pléyades, y el cénit del Sol, hasta alrededor de 50 a.C.[11] Después de eso, comenzaron a poner su atención en el centro de la galaxia de la Vía Láctea.

¿Qué buscaban? Buscaban en el cielo un centro inamovible, trascendental que fuera su dios, su sentido de la divinidad en el universo. Al ser un pueblo que se había originado mayoritariamente en el norte miles de años antes, su primer dios había sido la Estrella Polar porque todo parece girar en torno a ese astro desde la perspectiva de las latitudes septentrionales.

Al principio, las Pléyades, situadas en un punto alto del cielo nocturno, parecían no moverse. Las Pléyades (que se encuentran cerca del anticentro de la galaxia) dan esa apariencia porque están en un punto *opuesto* al centro de la galaxia. Cuando un observador mira al centro de la galaxia en Sagitario, está mirando hacia la galaxia desde la Tierra y, cuando mira hacia las Pléyades, está mirando en la dirección opuesta de la galaxia, hacia el universo. Como las Pléyades parecían mantenerse inmóviles, se convirtieron en el centro o dios de esta cultura.

## LA FISURA OSCURA DE LA GALAXIA DE LA VÍA LÁCTEA

Con más observación, los astrónomos izapeños pudieron comprobar que las Pléyades no sólo se estaban desplazando debido a la precesión sino que, de hecho, se estaban aproximando al cénit en Izapa. La única parte del cielo que nunca se movía era la fisura oscura de la galaxia de la Vía Láctea, la zona señalada por la flecha de Sagitario y por la cola de Escorpio. Los chamanes habrían viajado mentalmente a esta zona de la bóveda celeste y habrían experimentado reversiones del tiempo en el agujero negro, así como el nacimiento de nuevas estrellas. ¡El centro de la galaxia sería el centro de la divinidad para la Tierra! Desde la perspectiva de nuestro planeta, es la única parte del cielo que se mantiene estacionaria, además de ser un punto de excepcional energía.

El eje terrestre mantiene una inclinación de 23,5° en su órbita alrededor del Sol; ésta es la causa del movimiento del Sol en el horizonte durante las estaciones. Entretanto, el lugar de la salida del Sol en las constelaciones cambia constantemente debido a la precesión. El plano del sistema solar, o sea, la eclíptica, corta al plano galáctico en un ángulo de 60°, lo cual se puede ver desde la Tierra cuando está visible el borde

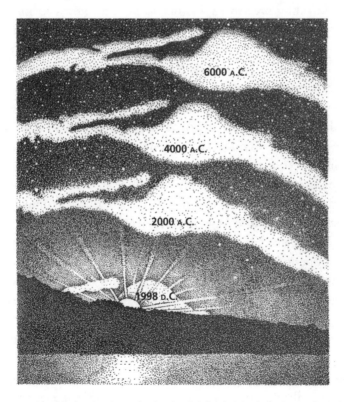

**Fig. 1.6.** *La "caída" de la Vía Láctea hacia el sol del solsticio de invierno de 6000 A.C. a 1998 D.C. vista desde Izapa, México. (Ilustración adaptada de Jenkins,* Maya Cosmogenesis 2012 [Cosmogénesis maya 2012].)

de la galaxia a medida que los planetas y el Sol atraviesan el eje de la eclíptica. Esto forma una impresionante cruz inclinada en el cielo cuando se ve desde la zona tropical, donde vivo parte del año. Los seis ángulos de la famosa Estrella de David son ángulos de sesenta grados, y creo que ese bello símbolo es un símbolo galáctico.

Hace 2.000 años, los izapeños se percataron de que el Sol naciente del solsticio de invierno se estaba acercando a su centro sagrado, el centro de la galaxia en Sagitario. ¡Su dios, el Sol, la fuente de la vida en la Tierra, estaba desplazándose hacia su centro cósmico! Luego, según Jenkins, mediante el cálculo de la precesión, los izapeños determinaron que el Sol naciente del solsticio de invierno iba a entrar en conjunción con el centro de la galaxia aproximadamente 2.000 años después.[12] Esto resultó muy evidente para ellos, como puede apreciarse en la ilustración adaptada de *Maya Cosmogenesis 2012* [*Cosmogénesis maya 2012*]. Los cálculos precesionales de los observadores del firmamento en la antigüedad eran muy precisos, y los mayas no eran la excepción. Jenkins postula que, cuando se dieron cuenta de que esta conjunción tendría lugar aproximadamente en 2.000 años, los izapeños utilizaron su propio sistema numérico (el Tzolkin) para establecer la cuenta larga basándose en esta fecha final.[13] Yo creo que además tenían una idea de la fecha de sus orígenes, y este sentido del comienzo y el fin de la historia les ofrecía sorprendentes revelaciones. Pero me estoy adelantando a los acontecimientos. Una vez que los mayas comenzaron a componer la cuenta larga, empezaron a utilizar ese método para datar las estelas. Pero esas fechas correspondían a la parte intermedia de su calendario. Idearon un calendario cuya fecha final era el año 2012 pero que se remontaba 5.125 años hacia el momento de sus orígenes dentro de ese ciclo. ¡Esto parece increíble! La cuenta larga abarca sus orígenes, desarrollo y terminación durante un período de 5.125 años.

En vista de que muchas otras civilizaciones complejas aparecieron simultáneamente con los mayas, es probable que tanto el calendario como la fecha final de la cuenta larga tengan consecuencias globales. ¿Por qué? ¿Qué puede significar esto para usted y para mí? ¿Se da cuenta de por qué algunos investigadores han estado a punto de perder la cordura tratando de explicarse esto? Como verá cuando examinemos lo que Carl Johan Calleman tiene que decirnos, *¡es posible que esta fecha final se aplique a los 16.400 millones de años de evolución en la Tierra que culminarán en 2011!*

# LA OBSESIÓN DE LOS MAYAS CON EL TIEMPO

Como he estado inmersa desde los años 70 en estas fases finales del calendario maya, un campo de investigación famoso por enloquecer a sus estudiosos, yo también me he obsesionado con el significado del calendario. Lo único que he tenido a mi favor además de mis continuos e intensos estudios ha sido mi labor como curandera y el uso de mi intuición, que a menudo ha sido la mejor guía de todas. Mis conocimientos provienen de horas de meditación con las piedras en Mesoamérica y durante trabajos ceremoniales, y de los descubrimientos de otras personas. Por lo general, lo que he intuido ha sido verificado posteriormente, y por eso me mantengo al tanto de las situaciones o fenómenos que presiento existen y que el resto del mundo desestima. Quisiera ofrecerle una idea más completa de mi propia perspectiva, que en esencia es muy intuitiva, pues en ella se basa este libro. Si está buscando una perspectiva lógica cartesiana sobre el calendario maya, aquí no la encontrará.

En cuanto a mi propia intuición, mis guías principales son mi abuelo Hand, descendiente de cheroqui y celtas, que me proporcionó un *legado codificado en el tiempo* (una descripción de la historia y la evolución basada en los ciclos temporales), y la ulterior verificación de este legado por Hunbatz Men de Yucatán, quien a su vez recibió un legado similar de su familia. Abd'El Hakim Awyan de Egipto recibió su legado como Guardián de las Llaves de Toth. Desde mi niñez y hasta mi edad adulta, me enseñaron que tenía que recordar todo lo que se me legaba. Se esperaba de mí que encontrara una manera de transmitir esta información a la gente durante los tiempos finales del calendario. Se me enseñó a ser obsesiva en cuanto a este calendario desde que era muy pequeña y, durante los convencionales años 50 en los Estados Unidos, a mis padres no les parecía nada buena la influencia de mi abuelo en mí. Mi abuelo me convenció de que, si me desviaba de esta búsqueda, perdería el contacto con mi fuente, el sistema estelar de las Pléyades. Contaba con el apoyo de mi abuela, de origen escocés, y ellos dos representaron las principales influencias en mi vida.

Al igual que los mayas, los cheroqui retienen ciertos conocimientos sobre el calendario, pero no inscribieron esos datos en la piedra ni mantuvieron la cuenta de los días de los últimos 2.500 años. La única pista verdadera que recibí sobre el centro de la galaxia era que los cheroqui tienen una gran tortuga de cristal que enseña a la gente sobre el *anticentro* de la galaxia pues, en el cielo, Orión es el carapacho de la tortuga, de donde provinieron las gentes de la "Nación Tortuga" (de América del Norte). Cuando empecé a trabajar con Hunbatz Men en los años 80, me complació sobremanera oírlo hablar constantemente de la galaxia y de las Pléyades, pues ese tema de conversación había terminado para mí cuando mi abuelo Hand murió en 1961. La constelación de Orión es muy cercana a las Pléyades y al anticentro galáctico. Orión y las Pléyades son como las estaciones de autobús para los viajeros chamánicos que salen de la galaxia, como lo he hecho yo. Mire al cielo nocturno y fíjese en la apertura que hay en el borde de la galaxia cerca de Orión y de las Pléyades.

En mi edad adulta, también me enseñaron a rezar con veinte oraciones, cuatro en cada dirección y una quinta en el centro, dedicadas a todas las plantas, animales, minerales y seres del universo. Estas oraciones cheroqui son similares al sistema de conteo de los mayas. El elemento más importante del legado de mi abuelo que puedo aportar a este libro es su enseñanza acerca de un cataclismo que habría tenido lugar hace 11.500 años y que probablemente fue de hecho lo que impulsó a los seres humanos a mantener calendarios. Ya he explorado plenamente este gran cataclismo en mi libro *Catastrofobia* pero, teniendo en cuenta que tal vez ésa sea la razón de la invención del calendario de 360 días, volveré a referirme a él en forma resumida más adelante en este libro. Contiene una importante información sobre lo que describe el calendario maya, y yo misma no pude darme cuenta de ello hasta que comprendí la obra de Carl Johan Calleman en junio de 2005.

## LA CONVERGENCIA ARMÓNICA: 16–17 DE AGOSTO DE 1987

En los años 80, me encontraba trabajando como editora y ya consideraba que la galaxia era el centro. Entonces el maestro Lakota Tony Shearer me hizo saber lo importante que eran para los pueblos indígenas las fechas del 16 y 17 de agosto de 1987. Me dijo que esas fechas representaban el fin de los Nueve Infiernos y el comienzo de los trece cielos en el calendario azteca, lo que entraña el fin de la erradicación de la sabiduría de Mesoamérica.[14] No me guiaba por el calendario azteca, pero presentí que esto era importante. Poco después, José Argüelles acudió a mi despacho con *El factor maya,* un libro sobre los acontecimientos del

16 y 17 de agosto de 1987, que él denominó "convergencia armónica". La editorial Bear & Company rápidamente lo preparó para publicarlo a principios de 1987, y me dediqué a estudiarlo.[15]

Comenzamos las ceremonias previas a la convergencia armónica cuando Gerry y yo fuimos a Palenque con Argüelles y algunas otras personas en febrero de 1987. En el mismo momento en que la Supernova 1987 depositaba neutrones en la profundidad de la Tierra (efecto cósmico confirmado por los científicos) José, con sus grandes poderes chamánicos, hizo que cobrara vida la Plaza de los Nueve Bolontiku (la principal plaza ceremonial junto al Palacio de Palenque).[16] *El factor maya* se refiere a un "rayo de sincronización galáctica" que, según Argüelles, ha activado constantemente a la Tierra durante toda la cuenta larga de 5.125 años.[17] Era especialmente importante que las personas hicieran ceremonias en los sitios sagrados para conectarse con este rayo los días 16 y 17 de agosto de 1987.

Durante la convergencia armónica, Gerry, nuestro hijo Matthew, y yo fuimos a Teotihuacan ("donde los dioses descienden a la Tierra") la gran ciudad tolteca al norte de Ciudad de México. La culminación fue una hermosa ceremonia para fumar la pipa sagrada con White Eagle Tree (Árbol del Águila Blanca), mi hermano curandero cheroqui, en el Templo de la Mariposa Quetzal. Lo que sucedió ese día con todos los pueblos indígenas cambió para siempre mi comprensión de hasta qué punto está cambiando realmente nuestro planeta. Antes del amanecer del 17 de agosto, nuestro pequeño grupo formado por unas cien personas que participarían en las ceremonias se dirigió hacia los templos. Estuvimos a punto de ser atropellados por más de cien mil mexicas (indígenas mexicanos) que desfilaban con gran entusiasmo hacia Teotihuacan para participar en las ceremonias. Llevaban días de camino desde todos los confines de México.

Los encuentros de convergencia armónica como éste eran un fenómeno global. Y, durante momentos clave desde 1987, los mexicanos han seguido celebrando ceremonias de este tipo. Los medios de información satirizaban este acontecimiento. Por ejemplo, como mi viejo amigo y caricaturista Garry Trudeau pensó que lo que yo estaba haciendo era simpático, usó sus caricaturas de *Doonesbury* para representar a su personaje Boopsie volando sobre Teotihuacan durante la convergencia armónica. El diario *The Wall Street Journal* criticó fuertemente los encuentros y, en la revista televisiva nocturna *The Tonight Show*, Johnny Carson se mofó de la convergencia armónica. Mientras más reían los medios de información, más estadounidenses (que normalmente nunca habrían oído hablar de ceremonias indígenas) se enteraron de esta importante fecha. Millones de personas de todo el mundo reaccionaron espontáneamente ante este acontecimiento. Como yo estaba acostumbrada a ceremonias más bien secretas, este extraordinario suceso puso mi conciencia por primera vez en sintonía con la verdadera potencialidad de la influencia galáctica en el público general. Además de que me ayudó a comenzar a comprender la influencia galáctica, el otro elemento que me impresionó de *El factor maya* fue el análisis histórico realizado por José Argüelles de los trece baktunes de la cuenta larga, las fases de desarrollo de 394 años cada una, desde 3113 a.C. hasta 2012 d.C. Argüelles descubrió que la cuenta larga describe una larga ola de historia que hace un seguimiento del auge y la decadencia de civilizaciones de distintas partes del mundo.[18] Su análisis invita a la reflexión.

Sus conclusiones me hicieron preguntarme por qué los mayas estarían interesados en hacer un seguimiento de la historia de las culturas de distintas partes del mundo. Me contenté con pensar en los distintos ciclos. Definitivamente, los trece baktunes describen ciclos históricos durante los últimos 5.125 años que están culminando en una oleada cada vez mayor de materialismo que amenaza al planeta. Esto parece indicar que, cuando termine este largo ciclo, el materialismo deberá disiparse y dejar espacio a otras formas de crear realidades humanas. Estas ideas me llevaron a escribir mi libro *Catastrofobia,* publicado en 2001, que creo que es un elemento esencial en este debate.[19] La mentalidad creada en la Tierra por el cataclismo sucedido en 9500 a.C. entrañó una importante modificación de la mentalidad y las emociones de la humanidad, y las crónicas más claras de este dolor se encuentran en los relatos de Mesoamérica y de la "Nación Tortuga", el hogar de los pueblos indígenas norteamericanos y en los pueblos de la Primera Nación en Canadá.

En la actualidad, para un número de personas cada vez mayor, las teorías evolutivas de Carl Johan Calleman sobre el calendario maya son muy convincentes. Para poder profundizar en esto, daré por terminada esta exposición sobre las fuentes del calendario maya y pasaremos seguidamente a las especulaciones sobre lo que pudiera significar verdaderamente el calendario. El próximo capítulo se centra en los dos libros de Calleman sobre el calendario maya.

# 2

# EL TIEMPO ORGÁNICO

## LA TEORÍA EVOLUTIVA Y EL CALENDARIO MAYA

Carl Johan Calleman, quien tuvo la gentileza de escribir el prefacio de este libro, es un biólogo sueco que comenzó a estudiar el calendario maya en 1979. Valiéndose del calendario maya como modelo para el estudio de la evolución biológica, se percató de lo que dio en llamar una "pauta muy sencilla y reveladora".[1] Podía ver que el segundo submundo del calendario, denominado "submundo de los mamíferos", contenía una serie de trece fechas (los trece cielos) que describían las principales transiciones de la evolución biológica durante 820 millones de años, el tiempo que tardaron en desarrollarse los animales multicelulares de la Tierra. Sorprendentemente, el ciclo que le antecedió, y que es el primero representado en el calendario, un ciclo de 16.400 millones de años (que es exactamente veinte veces más largo que el de los mamíferos, de 820 millones de años), se aproxima mucho al momento en que los cosmólogos suponen que se habría creado el universo.

Otros se han percatado de que los grandes números registrados por los mayas clásicos en su calendario están en estrecha concordancia con las fechas de transición de la ciencia cosmológica y evolutiva, pero fue necesario un biólogo para ver la increíble significación de este hecho. Para Carl Johan Calleman, descifrar el significado de estos bancos de datos coincidentes se ha convertido en la misión de su vida. Se preguntaba cómo podrían haber sabido los mayas clásicos de la existencia de

| | Submundo nacional | Submundo planetario | Submundo galáctico | Submundo universal |
|---|---|---|---|---|
| **Energía predominante** | 13 baktunes<br>5125 años<br>13 días/noches<br>de 394,3 años | 13 katunes<br>256 años<br>13 días/noches<br>de 19,7 años | 13 tunes<br>12,8 años<br>13 días/noches<br>de 360 días | 13 uinales<br>260 días<br>13 días/noches<br>de 20 días |
| El día 1 es el cielo 1<br>**Siembra**<br>*Xiuhtecuhtli*,<br>dios del fuego y el tiempo | 11 ago. 3115–<br>2721 A.C. | 24 jul. 1755–<br>1775 | 5 ene. 1999–<br>31 dic. 1999 | 11 feb.–<br>3 mar. 2011 |
| La noche 1 es el cielo 2<br>**Asimilación interna<br>de la nueva ola**<br>*Tlaltecuhtli*, dios de la tierra | 2721–2326 | 1775–1794 | 31 dic. 1999–<br>25 dic. 2000 | 3 mar.–<br>23 mar. |
| El día 2 es el cielo 3<br>**Germinación**<br>*Chalchiuhtlicue*, diosa del<br>agua | 2326–1932 | 1794–1814 | 25 dic. 2000–<br>20 dic. 2001 | 23 mar.–<br>12 abr. |
| La noche 2 es el cielo 4<br>**Resistencia ante la nueva ola**<br>*Tonatiuh*, dios del sol<br>y los guerreros | 1932–1538 | 1814–1834 | 20 dic. 2001–<br>15 dic. 2002 | 12 abr.–<br>2 de mayo |
| El día 3 es el cielo 5<br>**Retoño**<br>*Tlazoteotl*, diosa del amor<br>y la maternidad | 1538–1144 | 1834–1854 | 15 dic. 2002–<br>10 dic. 2003 | 2–22 de mayo |
| La noche 3 es el cielo 6<br>**Asimilación de la nueva ola**<br>*Mictlantechutli*,<br>dios de la muerte | 1144–749 | 1854–1873 | 10 dic. 2003–<br>4 dic. 2004 | 22 de mayo–<br>11 jun. |
| El día 4 es el cielo 7<br>**Proliferación**<br>*Cinteotl*, dios del maíz<br>y el sustento | 749–355 | 1873–1893 | 4 dic. 2004–<br>29 nov. 2005 | 11 jun.–1 jul. |
| La noche 4 es el cielo 8<br>**Expansión de la nueva ola**<br>*Tlaloc*, dios de la lluvia<br>y la guerra | 355 A.C.–<br>40 D.C. | 1893–1913 | 29 nov. 2005–<br>19 nov. 2007 | 1 jul.–21 jul. |
| El día 5 es el cielo 9<br>**Brote**<br>*Quetzalcoatl*, dios de la luz | 40–434 D.C. | 1913–1932 | 24 nov. 2006–<br>19 nov. 2007 | 21 jul.–10 ago. |
| La noche 5 es el cielo 10<br>**Destrucción**<br>*Tezcatlipoca*,<br>dios de la oscuridad | 434–829 | 1932–1952 | 19 nov. 2007–<br>13 nov. 2008 | 10 ago.–<br>30 ago. |
| El día 6 es el cielo 11<br>**Florecimiento**<br>*Yohualticitl*,<br>diosa del nacimiento | 829–1223 | 1952–1972 | 13 nov. 2008–<br>8 nov. 2009 | 30 ago.–<br>19 sept. |
| La noche 6 es el cielo 12<br>**Perfeccionamiento de la<br>nueva protoforma**<br>*Tlahuizcalpantecuhtli*,<br>dios de la madrugada | 1223–1617 | 1972–1992 | 8 nov. 2009–<br>3 nov. 2010 | 19 sept.–9 oct. |
| El día 7 es el cielo 13<br>**Fructificación**<br>*Ometeotl/Omecinatl*,<br>Dios dual/creador | 1617–<br>28 oct. 2011 | 1992–<br>28 oct. 2011 | 3 nov. 2010–<br>28 oct. 2011 | 9 oct.–<br>28 oct. 2011 |

**Fig. 2.1.** *Un gráfico de profecías—la matriz de Calleman—ilustra los períodos de preponderancia de las trece deidades en los submundos nacional, planetario, galáctico y universal. (Ilustración de Calleman,* El Calendario Maya y la Transformación de la Consciencia.*)*

los ciclos evolutivos, pues la ciencia moderna sólo llegó a descubrirlos durante los últimos doscientos años y apenas llegó a un consenso sobre estos datos en los últimos cincuenta años.

Antes de que exploremos esta maravillosa interrogante, debo señalar que el calendario maya, que de hecho describe inmensas extensiones de tiempo que pueden coincidir con los datos existentes sobre la evolución, es lo que ha despertado tanto interés en los mayas en la actualidad. No dedicaré mucho tiempo a la cultura y la arqueología mayas en este libro, pues ya se han escrito muchos libros excelentes sobre estos temas. Las fechas largas del calendario son de importancia fundamental porque al parecer describen los procesos evolutivos del universo y también porque quedan apenas unos años para que el calendario llegue a su fin. ¿Qué pasa si este fin nos revela algo sobre el propio proceso de la evolución? ¿Qué pasa si lo que describe el calendario es una fase de la evolución o la terminación de la propia evolución?

Por otra parte, debemos sentir gran respeto por cualquier conocimiento que este pueblo indígena haya retenido frente a los intentos de destrucción de su cultura durante los últimos 400 años. Los descendientes de los mayas en Guatemala y México han protegido lo que queda del calendario porque mantuvieron la cuenta de los días (el Tzolkin) durante al menos 2.500 años. Según tenemos entendido, los mayas contemporáneos no retuvieron el concepto de la cuenta larga (3113 a.C.–2012 d.C.), por lo que nuestro conocimiento de la cuenta larga proviene de las inscripciones y libros creados por los mayas antiguos.

Como podrá darse cuenta en este capítulo, los trece cielos del submundo de los mamíferos de Calleman describen efectivamente la forma en que la fuerza evolutiva se expresa en la naturaleza. En lo que respecta a los nueve submundos, la teoría de Calleman es brillante en el sentido de que explica por qué hemos llegado al punto en que nos encontramos como especie. Mi análisis de la hipótesis de Calleman sobre la evolución biológica y el calendario maya es el tema central de este libro, pues estoy convencida de que él ha descubierto el verdadero significado del calendario. Si usted está interesado en la evolución biológica, o en el calendario, o en ambos, le recomiendo encarecidamente que lea este trabajo para que llegue a comprender plenamente el tema.

## LOS NUEVE SUBMUNDOS DE LA CREACIÓN

En el capítulo anterior, me referí principalmente al sexto de los nueve submundos, o sea, al ciclo histórico de 5.125 años que Calleman denomina submundo nacional. Según los expertos en la materia, este ciclo equivale a la cuenta larga o la serie inicial, que es de 3113 a.C. a 2012 d.C. Los grandes períodos, como el de 16.400 millones de años, son simplemente múltiplos de veinte de distintos elementos de la cuenta larga, lo que significa que el calendario es un sistema vigesimal que utiliza unidades basadas en la cuenta de cero a veinte. Como ya se ha señalado, Calleman llama a la cuenta larga el "gran año" porque en su sistema se corresponde con el ciclo de 5.125 años en todo *excepto* en que comienza en el año 3115 a.C. y termina en 2011 d.C.

En lo adelante en este libro, usaré el sistema de datación de Calleman para referirme a todos los ciclos del calendario maya, en lugar de cambiar constantemente del "gran año" a la cuenta larga. A medida que usted avance en la lectura, se dará cuenta de por qué uso el sistema de Calleman. No obstante, no tiene que preocuparse por esto, pues las diferencias son muy pequeñas, de apenas un año. Como verá, si las fechas de Calleman son correctas, la diferencia en la datación es insignificante en el pasado, pero la diferencia de un año será un gran problema en 2011. En cuanto a por qué Calleman usa una fecha final ligeramente distinta, él cree que los mayas clásicos de Palenque manipularon levemente la fecha unos mil años después de haberse inventado la cuenta larga.[2] En este capítulo, investigaremos los nueve submundos de Calleman, que abarcan un período de 16.400 millones de años. Trataré de encontrar pruebas de que los propios mayas clásicos podrían haber pensado en realidad de un modo similar, o al menos de que hallaron casualmente el "esqueleto del tiempo" por el que se rige la evolución. Parece ser cierto que los mayas eran efectivamente conscientes de los ciclos temporales que se remontan a la creación del universo, una idea que los cosmólogos sólo descubrieron y comprendieron en tiempos muy recientes. Si usted puede aquilatar el alcance y la precisión de las fechas del calendario maya, podrá darse cuenta de que la ciencia moderna sobrepasó hace relativamente pocos años el nivel que habían alcanzado los mayas. Entretanto, la teoría evolutiva de Calleman, *de que la evolución está controlada por una fuerza codificada en el tiempo,* es un pensamiento increíblemente radical. Por eso tenemos que empezar por situar este debate en el contexto de la teoría actual sobre la evolución, lo que representa una cuestión contenciosa en la actual cultura popular estadounidense.

## LA TEORÍA EVOLUTIVA DARWINIANA *VS.* EL DISEÑO INTELIGENTE

Según la teoría darwiniana de la evolución, fuerzas aleatorias y sin control exterior han hecho evolucionar el universo mediante lo que se conoce como mecanismo de selección natural. Por su parte, el diseño inteligente postula que existe una fuerza consciente (que algunos llaman Dios) que creó toda la materia y la controla, incluido el proceso de selección natural. Como todo en la naturaleza exhibe leyes geométricas y un orden dentro de su complejidad, esta posibilidad es perfectamente razonable. Piense en la geometría de objetos o fenómenos como las conchas marinas, los huracanes y los girasoles. Según la teoría del caos, ni siquiera el *desorden* es al azar. Los europeos sólo han llegado a aceptar ampliamente las teorías de Darwin en los últimos cincuenta años, pero se dan cuenta de que la teoría del diseño inteligente no se contradice con las leyes de la selección natural. A la inversa, en los Estados Unidos se libran batallas campales en los tribunales sobre la legalidad de que en las escuelas se enseñen *ambas* teorías evolutivas.

En los Estados Unidos el intenso debate sobre la teoría evolutiva está dando lugar a un movimiento fundamentalista judeocristiano que crece con gran rapidez. Aún aferrada a las teorías teológicas de la creación, quizás la mitad de la población cree que Dios creó el mundo hace apenas 6.000 años. Independientemente de la opinión pública, durante los últimos cincuenta años la mayoría de las escuelas públicas estadounidenses han enseñado la teoría evolutiva darwiniana y, al hacerlo, han creado una fuerte dicotomía mental, con la consiguiente tensión social. Las consecuencias de esto se han manifestado, por ejemplo, en el hecho de que muchos fundamentalistas han retirado a sus hijos de las escuelas públicas y los están educando en casa.

Las reacciones contra la teoría evolutiva de Darwin han ido en constante aumento entre los fundamentalistas estadounidenses, que son de una mentalidad muy literal. Las personas en general, incluidos algunos fundamentalistas, han adoptado la teoría evolutiva del diseño inteligente en una forma plausible desde el punto de vista científico, según la cual ha tenido lugar un proceso estructurado y ordenado de evolución a lo largo de miles de millones de años que tiene que estar guiado por alguna forma de inteligencia. Sin embargo, la mayoría de los fundamentalistas creen que el diseño inteligente equivale al "creacionismo", según el cual el mundo fue creado hace 6.000 años sobre la base de los calendarios judeocristianos.

Las teorías del diseño inteligente del universo durante los grandes períodos descritos por la ciencia son tan válidas como la teoría evolutiva de Darwin, o quizás más aún. Es evidente que el universo ha evolucionado a lo largo de miles de millones de años, pero esto no significa que la teoría darwiniana o todos los elementos de la datación científica sean correctos. Como verá en el capítulo 3, yo difiero en gran medida de la línea cronológica convencional que abarca los últimos cuarenta mil años, y quizás los últimos cien mil años. Independientemente de ello, Darwin y la ciencia moderna están esencialmente en lo correcto en cuanto a los largos ciclos temporales y al hecho de que los humanos hemos evolucionado de los homínidos, que evolucionaron a su vez de los simios. Pero la teoría darwiniana lleva demasiado lejos el concepto de la selección natural, o sea, que la supervivencia del más fuerte es lo que determina el éxito reproductivo. En el proceso de evolución ocurren muchos más fenómenos que la simple supervivencia del más fuerte y la selección aleatoria. Más importante aún, la selección natural se concentra excesivamente en la evolución física y resta demasiada importancia al papel de la conciencia. En la teoría que reconoce la evolución sobre la base del diseño inteligente, la conciencia es la fuerza motriz de la evolución, y los cambios físicos suceden a las intenciones creativas.

Volviendo momentáneamente al creacionismo, sugiero que los fundamentalistas deberían prestar atención a las nuevas teorías evolutivas que Calleman ha descubierto recientemente al estudiar el calendario maya. Sus argumentos proporcionan pruebas contundentes de la orientación divina a lo largo de ciclos temporales muy extensos. Su interpretación del calendario nos conmina a darnos cuenta de que *únicamente una conciencia excepcional podría haber creado el calendario maya y, por supuesto, el universo.* Pienso que lo que incomoda a los fundamentalistas es la idea de que los humanos hayan evolucionado de los animales. Pero, ¿por qué habría de ofenderlos esto, si su Dios recién llegado lo creó todo? Teniendo en cuenta todos los esfuerzos realizados por los mayas antiguos, podrían haberse dado cuenta de que ahora necesitaríamos sus conocimientos sobre el calendario. Quizás pensaron que sus descendientes (o sea, nosotros) podríamos participar como cocreadores en la evolución si trabajáramos con la aceleración del tiempo cerca del fin del calendario, una vez que descubriéramos la aceleración del tiempo y el momento en que ésta ocurre según el calendario. Es decir, que cobraríamos conciencia de nuestra capacidad de ser participantes activos en el propio desarrollo de la vida. Como verá, el calendario maya es la teoría de diseño inteligente más avanzada que existe, pero esa vasta inteligencia no necesita de la existencia del Dios judeocristiano (Yahvé) quien, según los ciclos del calendario, entró en escena hace aproximadamente poco tiempo (durante el submundo nacional de 5.125 años). Si bien el calendario se basa en la premisa de la existencia de un gran Creador, este concepto no es idéntico al concepto de los dioses presentes en el tiempo y en la historia, como Yahvé.

Es posible que las personas que están cansadas de las tontas discusiones públicas sobre la validez del creacionismo o la teoría darwiniana no tengan interés en conocer las teorías de Calleman. Algunos podrían incluso desechar estas nuevas y complicadas posibilidades al concluir que Calleman es un fundamentalista tapado. Por eso trataré de aclarar qué es y qué no es el fundamentalismo. Esto es importante porque algunas personas creen erróneamente que el calendario maya plantea una situación de fin del mundo en 2011 ó 2012. Esperar el fin del mundo es lo que yo llamo *catastrofobia,* o sea, miedo a las catástrofes. Cuando escribí sobre este síndrome en mi libro *Catastrofobia,* demostré cómo esto había hecho que la humanidad se convirtiera en una especie politraumatizada durante los últimos 11.500 años.[3] Esta fobia primaria bloquea la mente humana, reduce la inteligencia y ha retardado profundamente el progreso de la evolución humana. Dado que la mayoría de los fundamentalistas están afligidos por la catastrofobia, su mentalidad temerosa es capaz de eclipsar la gozosa expectativa de millones de indígenas que están a la espera del fin del calendario. Por ejemplo, me produce bastante ansiedad el hecho de que algunos cultos fundamentalistas, como el de los Testigos de Jehová, podrían tratar de hacer suya la fecha final del calendario maya al decretar que los años 2011 ó 2012 representan su próxima fecha del fin del mundo.

# EL FUNDAMENTALISMO JUDEOCRISTIANO NORTEAMERICANO

¿Qué es exactamente el fundamentalismo? Las personas que adoptan el enfoque fundamentalista judeocristiano (en adelante, *fundamentalistas*) en relación con la teología, basan en la Biblia todas sus interpretaciones de la realidad, pero no son tradicionalmente religiosas ni conservadoras. Son radicales que interpretan la Biblia como más les place, y entonces aducen que sus interpretaciones son literalmente ciertas. Tristemente, la mayoría de los estadounidenses tienen tan escasos conocimientos de mitología, teología e historia antigua que se emocionan cuando los predicadores fundamentalistas hablan de los relatos bíblicos sobre los orígenes de la humanidad.

El enfoque arrogante y simplista de los fundamentalistas me ha sacado de mis casillas desde hace años, pues cursé una maestría en teología en el Instituto Matthew Fox de Teología Centrada en la Creación, y siento un gran respeto por la Biblia. Al igual que el Popol Vuh, el relato mitológico de los orígenes de los mayas, la Biblia es un complejo relato mitológico sobre el surgimiento histórico del pueblo judeocristiano. A las personas les resulta muy atractivo este relato porque viven en una cultura basada en el materialismo científico, desprovisto de sentido y desdeñoso del pasado. El resultado en los Estados Unidos es una cultura del agnosticismo tan tediosa que, durante los últimos 30 años, los predicadores fundamentalistas han podido apropiarse fácilmente del mercado de los relatos sobre la creación. Es realmente desafortunado y yo siempre he sentido gran compasión por los fundamentalistas, que suelen estar afligidos por una grave adicción mental a Dios.

En segundo lugar, y lo que es mucho peor, una vez que los fundamentalistas han interpretado la Biblia a su manera, aplican estas interpretaciones a la sociedad contemporánea. Elaboran hipótesis sobre el fin del mundo que despiertan el frenesí apocalíptico y la inseguridad en el público. Las hipótesis apocalípticas se utilizan para justificar guerras contra los "infieles" por el simple hecho de que nos encontramos en el final de los tiempos. El fundamentalismo toca una fibra profunda en los creyentes judeocristianos, pues Jesús nació en una cultura apocalíptica en la que los judíos esperaban al Mesías y el final de la opresión por los romanos. El fin del mundo nunca llegó, Roma triunfó y muchos cristianos y judíos aún están esperando al Mesías. Esta tendencia a vivir al margen de la realidad actual y entusiasmarse con toda clase de obsesiones mitológicas hace que nos sea difícil mantener la cordura, si no ya la inteligencia. El fundamentalismo judeocristiano debería identificarse como una nueva religión, "el Cristianismo Apocalíptico", que es el resultado natural de las reacciones basadas en el miedo ante los rápidos cambios que han acontecido desde mediados del siglo XVIII. Cada vez más personas parecen estar perdiendo sus facultades críticas y se resisten denodadamente a aprender sobre el increíble relato científico del universo que se ha perfilado durante los últimos 200 años. *El fundamentalismo se nutre del miedo al cambio.*

## LA INTEGRACIÓN DEL NUEVO PARADIGMA CIENTÍFICO

En el sistema de Calleman, este período de tensión y de acumulación de datos científicos es el séptimo submundo, o sea, el submundo planetario (1755 d.C. a 2011 d.C.), en el que está teniendo lugar una gran aceleración de la conciencia humana. Según las leyes del calendario interpretadas por Calleman, los cambios evolutivos durante este período son veinte veces más rápidos que los cambios ocurridos durante el submundo nacional (3115 a.C. a 2011 d.C.). Durante los 256 años del submundo planetario, la humanidad ha desarrollado la conciencia planetaria, o globalización, potenciada por el auge de la industria. Este período suele denominarse "la Ilustración Europea" y es el período en el que se desarrolló la democracia, que venía conformándose desde los ciclos iniciales del submundo planetario. Durante esta vertiginosa aceleración, han comenzado a desmoronarse las formas antiguas de rígido control social que se desarrollaron durante los 5.125 años del submundo nacional. Sin embargo, durante el submundo planetario, el verdadero plan no era establecer la democracia, que no fue más que una idea utilizada para distraer a las personas del plan económico más amplio. Lo cierto es que las personas que fueron divididas en castas durante el submundo nacional se convirtieron en los engranajes de la maquinaria industrial durante el submundo planetario. Efectivamente, la democracia introdujo la idea de que las personas deberían tener derecho a la libertad individual independientemente de su condición económica. Lo que resulta irónico para algunos es que este aspecto de la democracia era y sigue siendo una amenaza, lo que ha contribuido al auge del fundamentalismo. La libertad obliga a las personas a pensar con sensatez, lo que es imposible para aquellos que son incapaces de vivir en libertad y que están afligidos por la rigidez mental.

Otra aceleración en un múltiplo de veinte dio inicio en 1999. El octavo submundo (el submundo galáctico) comenzó el 5 de enero de 1999 y está ocasionando una aceleración incluso mayor en la evolución, veinte veces más rápida que en el submundo planetario que, a su vez, iba a un ritmo veinte veces más rápido que el submundo nacional. Pensemos por un momento cómo se ha acelerado el tiempo durante el submundo planetario con el auge de la industria durante un mero período de 256 años. Ahora bien, ese ritmo ha sido veinte veces *más lento* que en el submundo galáctico de 12,8 años (véase más adelante), en el que el ritmo de cambio se mide en miles de millones de ciclos por segundo (gigahertzios) y durante el cual han ocurrido tantas cosas en tan poco tiempo. Mientras escribo estas líneas, acabamos de pasar el punto medio del submundo galáctico, cuando el cambio exponencialmente más rápido está intensificando nuestros temores y emociones sin procesar. Recuerde, los tres submundos tienen lugar simultáneamente, y lo mismo sucede con el conjunto de los nueve submundos, pues todos terminan en 2011. Ése es el gran misterio descubierto por Carl Johan Calleman. Durante el submundo planetario, un período de 256 años, los seres humanos hemos pasado de estar estructurados en un sistema jerárquico de castas a ser engranajes de la maquinaria. Actualmente somos poco más que tarjetas de crédito andantes, constantemente amenazadas por los robos de identidad. Y nadie quiere que le digan que descendió de los monos, pues muchos se sienten peor que si fueran monos cuando tratan de dominar la tecnología moderna.

En el capítulo 6 presentaré información detallada sobre los submundos nacional, planetario y galáctico. En este momento, quizás ya usted esté asimilando la *idea* de estos ciclos, especialmente si tiene algún conocimiento de historia reciente. Para comprender del todo lo que nos dice Calleman, examinaremos primero el submundo más largo y el más lento del calendario. (Si desea saber de dónde provino el término "submundo", es simplemente un término maya adoptado por Calleman para referirse al mundo inferior que rige las fuerzas evolutivas en nuestro mundo). Necesitamos tener una idea de los largos y lentos períodos de nuestra evolución antes de poder ocuparnos de los períodos más rápidos, que tanta confusión producen en la mayoría de las personas de la actualidad. Además, durante los cambios rápidos, la contemplación del pasado puede tener un gran efecto sedante, lo que explica por qué tantas personas están obsesionadas actualmente con el pasado. Examinaremos

16.400 millones de años de evolución durante los cinco primeros submundos. A diferencia de la teoría evolutiva neodarwiniana, el credo del materialismo científico, el calendario no ve la evolución como una serie de acontecimientos aleatorios en un universo carente de dios.

El calendario maya nos insta a reconocer que todo lo que existe es una expresión de una inteligencia profunda y ordenada; en todas partes hay vestigios de una gran mente que hace todo con un propósito. Darwin estaba en lo cierto en cuanto a los grandes intervalos de tiempo, pero sólo tenía razón en parte en cuanto a la forma en que funciona todo esto, especialmente según la interpretan sus seguidores fanáticos, los neodarwinianos. Analicemos algunos períodos largos a través de los ojos de los mayas clásicos de los años 200 a 900 d.C.

## LA ESTELA DE COBÁ Y LOS NUEVE SUBMUNDOS

En Cobá, un sitio maya en Yucatán, se ha encontrado una alta y grácil estela que describe el transcurso de millones de años. Como puede apreciarse en la figura 2.2, sólo se nombra una parte de los tunes (múltiplos de veinte), como los baktunes, piktunes, kalabtunes, etc. Por encima del último ciclo nombrado, los hablatunes, hay catorce potencias de veinte sin nombrar.

Los ciclos nombrados describen los ciclos evolutivos durante 16.400 millones de años. Los cosmólogos plantean que el universo fue creado hace unos 15.000 millones de años, pero serían más precisos si se basaran en la cifra de 16.400 millones de años. Las otras fechas en esta estela son iguales a las fechas postuladas por las teorías científicas con respecto a las principales transiciones evolutivas, o son muy cercanas a ellas. Pero únicamente en los últimos 150 años es que los geólogos y biólogos han comenzado a darse cuenta de que la humanidad tuvo sus comienzos en un pasado muy distante. Darwin publicó su obra *El origen de las especies* en 1859, pero los verdaderos avances en el estudio de la cultura de los homínidos comenzaron durante mediados del siglo XX en la Garganta de Olduvai en Tanzanía con los trabajos realizados por Louis y Mary Leakey. Las fechas de la estela de Cobá fueron descifradas en los años 50, de modo que estas fuentes de datos coincidentes fueron descubiertas en momentos paralelos, lo que me parece fascinante. Éstos son los hechos indiscutibles: los mayas de Cobá tallaron esta estela hace unos 1.300 años, y las fechas contenidas en ella coinciden exactamente

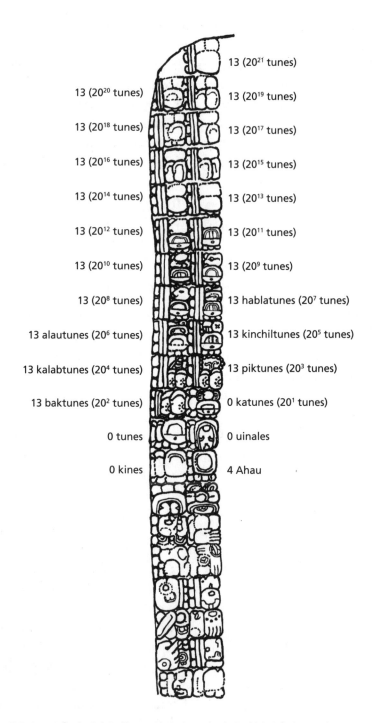

13 (20²¹ tunes)

13 (20²⁰ tunes)                    13 (20¹⁹ tunes)

13 (20¹⁸ tunes)                    13 (20¹⁷ tunes)

13 (20¹⁶ tunes)                    13 (20¹⁵ tunes)

13 (20¹⁴ tunes)                    13 (20¹³ tunes)

13 (20¹² tunes)                    13 (20¹¹ tunes)

13 (20¹⁰ tunes)                    13 (20⁹ tunes)

13 (20⁸ tunes)                     13 hablatunes (20⁷ tunes)

13 alautunes (20⁶ tunes)           13 kinchiltunes (20⁵ tunes)

13 kalabtunes (20⁴ tunes)          13 piktunes (20³ tunes)

13 baktunes (20² tunes)            0 katunes (20¹ tunes)

0 tunes                            0 uinales

0 kines                            4 Ahau

**Fig. 2.2.** *La estela de Cobá. (Ilustración adaptada de Freidel, Schele y Parker,* El Cosmos Maya.)

con las teorías científicas modernas, establecidas hace apenas unos 50 años.

En la estela 1 en Cobá, la cuenta larga (el ciclo de 5.125 años) se colocó en el medio de los ciclos nombrados, cada uno de los cuales se ha multiplicado por veinte, lo que permitió que los mayas calcularan grandes períodos de tiempo anteriores al período que comenzó hace 16.400 millones de años. ¿Qué pueden haber significado estos grandes períodos de tiempo para los mayas? Como dice Calleman, ellos consideraban la creación como una composición de creaciones, o ciclos de evolución, cada uno de los cuales se erige sobre el anterior, como puede ver en la

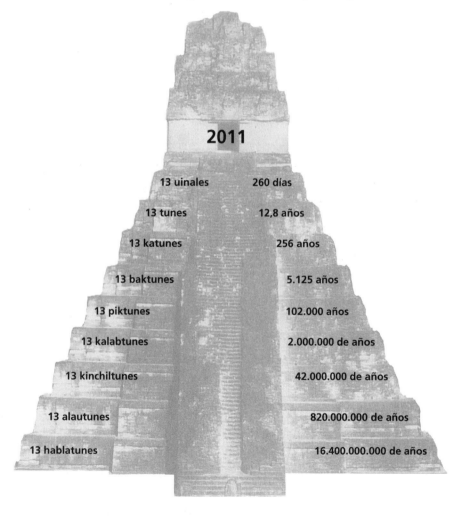

**Fig. 2.3.** *Los nueve submundos de la creación. (Ilustración de Calleman,* El Calendario Maya y la Transformación de la Consciencia.*)*

figura 2.3.[4] Cada uno de estos nueve ciclos o submundos se divide en trece cielos, y la cuenta larga de trece baktunes (que Calleman denomina el gran año) es sólo uno de estos grandes ciclos.

Sabemos muchos detalles de lo que ha ocurrido durante este "gran año", porque comenzó con la súbita aparición de civilizaciones en distintas partes del planeta. En este sentido, ése es efectivamente el momento en que comenzó la historia humana. Quizás esto explica la obstinada creencia de los fundamentalistas de que el mundo fue creado cuando comenzó el calendario hebreo. Pero el calendario hebreo sólo describe el surgimiento de la civilización humana y excluye la gran batalla evolutiva que precedió a la civilización. Obvia a todas las demás especies y el relato completo de la creación, lo cual podría explicar por qué los seres humanos actuales tenemos una actitud tan destructiva en relación con el resto de las especies.

## LA RESONANCIA DEL TZOLKIN

¿Cuáles son exactamente los aspectos esenciales del gran año? (No olvidemos que la cuenta larga y el gran año equivalen al período que Calleman denomina "submundo nacional".) Para dar respuesta a esto, debemos entender que el Tzolkin de 260 días (la cuenta de los días que aún mantienen los mayas contemporáneos) vibra en resonancia con el gran año en factores de trece y veinte, como ya se ha explicado. No tenemos que saber mucho del Tzolkin, lo cual es bueno, porque el Tzolkin es muy sutil. (Para sentir verdaderamente el poder del Tzolkin y encontrar una motivación para profundizar en los números y glifos, le invito a determinar su propio signo del día y reflexionar sobre su significado; puede hacer esto con la información contenida en el apéndice D.) El gran año y todos sus múltiplos son un calendario basado en tunes, porque los tunes se elevan a la vigésima potencia. Recuerde que cada tun dura 360 días, por lo que los tunes no son iguales al año solar de 365 días. Los tunes representan el discurrir de fuerzas divinas, no de ciclos físicos ni astronómicos.

El Tzolkin, que consta de 260 días, es para los mayas un calendario cotidiano, mientras que el calendario basado en tunes fue creado para entender los largos ciclos de la evolución. El Tzolkin está en resonancia con el gran año porque se basa en trece factores numéricos y sus veinte glifos son arquetipos esenciales que se multiplican por veinte. Cuando un objeto está en resonancia con otro, quiere decir que vive en sintonía con él, del mismo modo que un tono en cada octava de un piano vibra cuando se toca ese tono en una sola octava. Los ciclos largos que describen los tunes están en resonancia con los veinte glifos, y esto es un gran misterio que confunde a la mayoría de las personas que intentan profundizar en el calendario.

Quiero hacer hincapié en el factor de la resonancia porque este concepto es muy importante para los mayas contemporáneos, aunque yo no siento mucho su influencia en la vida cotidiana. En lo que respecta a esta capacidad de resonancia, el noveno submundo, o sea, el submundo universal, tiene apenas una duración de 260 días, igual a la del Tzolkin. Esto quiere decir que este último submundo lleva los nueve submundos dentro de cada uno de sus días, según la resonancia de 360/260. No me parece posible comprender una idea tan fantástica como ésta si no nos imaginamos cómo la habrían descubierto los mayas. Por eso usaré por un momento mi propia imaginación. El Tzolkin es probablemente mucho más antiguo que el gran año, quizás incluso 3.000 años más antiguo, y por eso tomaré libertad artística en lo que voy a decir a continuación.

## CÓMO DESCUBRIERON EL CALENDARIO LOS MAYAS ANTIGUOS

*En épocas ya muy remotas cuando la humanidad domesticó el maíz, el año solar de 365 días o Haab era esencial para la agricultura. La humanidad abandonó su modo de vida de cazadores y recolectores y adoptó el de la horticultura, con lo que comenzó a conceder gran importancia a los ciclos del Sol. Cuando los humanos comenzaron a asentarse en territorios, no querían olvidar las extraordinarias habilidades chamánicas que habían desarrollado mientras recolectaban frutos silvestres y se dedicaban a la caza. Después de todo, ya habían aprendido a viajar hacia los mundos inferior, medio y superior para obtener conocimientos, los mundos accesibles por el Árbol Sagrado, el árbol mágico que conecta a todos los mundos. Cuando se convirtieron en plantadores, elaboraron ceremonias especiales que servirían de puente entre el nuevo mundo de asentamientos y los viejos mundos de nomadismo que habían quedado atrás. Descubrieron el Tzolkin, un sistema de presagio basado en la multiplicación de 13 x 20 para llevar la cuenta de los días. Esto los mantuvo en contacto con los mundos espirituales.*

*Ahora que estaban asentados, se preguntaron de qué manera sus aldeas se conectaban con el cielo y por eso desarrollaron la astronomía y los rituales sagrados relacionados con las estaciones. La gente mantuvo la cuenta de los días, que era un regalo sagrado de sus antepasados. Cada vez más, se preguntaban de dónde habían venido y cuándo habían surgido sus antepasados. Hicieron calderas especiales y las colocaron en sus altares en profundas cavernas de piedra caliza, y sus antepasados vinieron a tomar posesión de las calderas. La gente sentía curiosidad acerca de las imágenes de color ocre rojizo de grandes reptiles dibujadas en las paredes de las cavernas. Sabían que eran el pueblo del maíz porque sus antepasados les habían revelado que habían creado el maíz junto con los dioses.*

*Hicieron peregrinaciones a la ermita sagrada de la montaña donde aún crecía el grano original, el teosinte, y se maravillaron de la capacidad de sus antepasados de hacer que este duro grano se convirtiera en maíz. El cielo reflejaba sus vidas en la Tierra, por lo que buscaron un punto central en los cielos. Sabían que este punto central les permitiría viajar con seguridad por cualquier parte del cielo, al ultramundo, mucho más allá de la copa del Árbol Sagrado.*

*Hace mucho tiempo, los chamanes hicieron algo impresionante. El pueblo del maíz, que creó esta planta junto con el Creador y mantuvo fielmente la cuenta de los días, encontró en el Tzolkin olas y ciclos de creación cotidiana. ¡Por eso eran el pueblo del maíz! Toma 260 días concebir y dar a luz a un niño, de modo que la cuenta de los días era como crear a sus propios hijos, y éstos eran los hijos de los dioses. Estaban seguros de que los dos números sagrados, el trece y el veinte, contendrían códigos secretos, por lo que comenzaron a combinarlos. Sus antepasados más remotos les habían dicho que el año sagrado tenía 360 días. Un buen día alguien pensó: ¿qué tal si 360 conforma una unidad, del mismo modo que el Haab de 365 días representa un año solar? Como esta unidad tenía que ser sagrada, le dieron un nombre, el tun, cuya duración era exactamente de 20 días multiplicados por 18. El año solar se refería a su vida y trabajo cotidianos, mientras que los 360 días eran el tiempo divino. Como deseaban conocer el momento de sus comienzos, ¿por qué no usar el tun para crear ciclos más extensos? Entonces multiplicaron los tunes por veinte, del mismo modo que lo hacían con los signos de veinte días que habían contado desde hacía miles de años.*

*En algunos de los 260 días del Tzolkin, los signos o glifos les reve-*

laron que determinado día podía usarse para la curación, mientras que otros días traían muchos problemas. Los períodos más largos tenían que seguir la misma lógica. Del mismo modo que los glifos los orientaban en su vida cotidiana, quizás el calendario los ayudaría a determinar cuándo y dónde construir templos, o cuando debían simplemente vivir en sus aldeas, en sus casas orientadas hacia el cielo.

Así pues, multiplicaron los tunes por veinte, con lo que obtuvieron los katunes, períodos de casi 20 años que equivalían a una generación. Siguiendo la misma pauta de los cambios basados en el número trece en el Tzolkin, dividieron el katún en trece etapas de la creación, los trece cielos. Milagrosamente, resultó que estas trece fases describían los cambios en el desarrollo de su civilización a lo largo de 20 años, lo que les permitió presagiar lo que acontecería en el futuro en su sociedad. Se aprestaron a construir exquisitas ciudades con bellos templos porque ahora sabían cuándo crear y cuándo simplemente soñar.

Se sorprendieron con el descubrimiento de este calendario sagrado porque seguramente así era como los dioses creaban. A fin de ayudar a sus descendientes a recordar este conocimiento, dejaron un registro de los ciclos del calendario sagrado en libros, estelas y muros. Les complacía el hecho de que podían predecir cuándo dedicar los templos a los dioses y cuándo conectar a sus reyes y reinas con los poderes sagrados. Con sus intenciones, hacían que las cosas funcionaran, y sentían un éxtasis casi constante. Los períodos de tiempo más extensos comenzaron a parecerles tan orgánicos como el propio día.

Tras el descubrimiento del katún, multiplicaron los katunes por veinte para obtener los ciclos que describían el comienzo, crecimiento y decadencia de sus ciudades. Posteriormente, dividieron entre trece esta nueva cifra que habían obtenido y descubrieron así los trece baktunes de la cuenta larga sagrada.

El desarrollo de ciudades y de reyes rituales a lo largo de extensos períodos fue como el cultivo del maíz sagrado, el proceso de crecimiento a lo largo de trece días que comenzaba cuando la Luna Nueva era apenas una fina línea en el cielo hasta que estuvo llena como una mujer a punto de dar a luz. Esta sincronía les resultó fascinante. Cuando observaron un baktún completo (de aproximadamente 394 años) pudieron ver que cada baktún describía ciclos históricos más extensos. Como entendían el funcionamiento de los trece números, eran capaces de profetizar los acontecimientos que tendría lugar en el baktún subsiguiente.

*Entretanto, los astrónomos ya habían descubierto el punto final de su civilización, cuando el sol del solsticio de invierno cruzaría su centro, el centro de la galaxia, después de transcurrir unos dos mil años. De modo que usaron los 13 baktunes que habían descubierto y crearon con ellos un calendario que comenzaría en sus inicios como pueblo, el año 3115 a.C., y terminaría en 2011 d.C. Habían hecho ese descubrimiento, pero no se detuvieron ahí. Sus antepasados les habían dicho que nunca olvidaran que antes de su tiempo habían existido otros mundos o "soles". Construyeron ciclos más extensos a partir de los múltiplos de veinte, remontándose así al pasado lejano. Se detuvieron en nueve ciclos que terminarían simultáneamente en 2011, porque sus antepasados les habían dicho que había nueve niveles de desarrollo guiados por nueve Bolontiku, y esto representaba la historia de la Tierra bajo el cielo.*

*Cada uno de estos ciclos tenía trece fases de crecimiento desde la simiente hasta la maduración. Por su leyendas sobre las grandes eras o soles, supieron que antes habían sido un pueblo de simios; por eso los monos sagrados siempre fueron parte de sus ceremonias. Antes de ser simios habían sido reptiles y, mucho antes de esto, habían sido estrellas. Cuando entendieron todo esto, uno de sus grandes maestros y profetas hizo las inscripciones en la estela de Cobá, que se remonta en muchos ciclos antes del ciclo de los hablatunes (16.400 millones de años), pese a que no tenían nombres para esas épocas tan remotas.*

## EL PLAN DE LA CREACIÓN

Es posible que los mayas hayan descubierto por pura casualidad la cuenta larga, una innovación verdaderamente asombrosa basada en el Tzolkin. Pero también pudiera ser un legado de sus antepasados pues, como hemos visto antes, hace cinco mil años la mayoría de las culturas antiguas, como los egipcios y los hindúes védicos, usaban un calendario de 360 días.[5] Dado que el calendario de 360 días era ubicuo hace cinco mil años, es posible que los mayas antiguos hayan retenido el recuerdo de la cifra de 360 como la base del tiempo en su tradición oral.

Frente a increíbles obstáculos, muchas culturas indígenas han usado sus tradiciones orales para conservar conocimientos antiguos, especialmente en las Américas. Comoquiera que sea, probablemente les sorprendió muchísimo comprobar que en los ciclos de crecimiento multiplicados por veinte, un katún funciona como un tun, y deben haberlos dejado perplejos el hecho de que un baktún pudiera funcionar como un katún multiplicado por veinte. Debido a que seguían el crecimiento de su propia civilización mediante estos ciclos temporales, es posible que hayan tropezado casualmente con el factor evolutivo de la aceleración del tiempo, o sea, el propio plan de la creación.

Ésa debe ser la razón por la que los pueblos indígenas se han esforzado por proteger la cuenta de los días durante miles de años, por el hecho de que está en resonancia con el calendario basado en tunes. Dudo que pudieran percatarse de lo que actualmente sabemos gracias a la ciencia moderna, pero tal vez los estoy subestimando. La mitología azteca que se refiere a cinco grandes eras, los cinco soles, se basa íntegramente en la idea de que los seres humanos provenimos de los animales. Este conocimiento viene de sus antepasados, los toltecas, quienes construyeron la gran ciudad de Teotihuacan, que tiene muchas pinturas murales que se me ocurre pudieran ser descripciones de los ciclos evolutivos. En otras palabras, los cinco soles de los aztecas podrían ser análogos a los cinco primeros submundos.

Es probable que, debido a que los mayas clásicos comprendían las cualidades de los ciclos, tuvieran un sentido muy claro de su futuro. En 1989, me encontraba en un consejo con trescientos ancianos mayas en Uxmal, Yucatán. Entré en una conversación con tres representantes tribales; creo que eran tzotziles o tzutuhiles. No estoy segura de a cuál de las dos tribus pertenecían, porque todos estábamos esforzándonos por entendernos con una mezcla de español, náhuatl e inglés, recurriendo además a mucho contacto visual y gesticulaciones. Los representantes de las tribus estaban decididos a averiguar algún detalle específico sobre mí, y me sorprendió el hecho de que estuvieran consiguiendo comunicarse conmigo, por lo que todos insistimos en el intento. Parecíamos monos chachareando. Tom se encontraba conmigo durante ese encuentro, y en ese momento subió a un árbol para apartarse del grupo. No pude evitar reírme cuando los ancianos principales lo reprendieron por haberse elevado por encima de los ancianos y le dijeron que tenía que bajar del árbol. Yo había acabado de pasar dos semanas de intenso trabajo ceremonial durante las cuales nadie hablaba a nadie, y ahora me complacía tener la oportunidad de hablar. Tom, por otra parte, siempre prefirió el silencio.

Los representantes de las tribus querían saber dónde yo vivía y a qué me dedicaba, y les expliqué que trabajaba como editora de libros en Santa Fe, Nuevo México. Cuando se dieron cuenta de que yo había sido la editora de dos de los chamanes que participaban en el encuentro, Hunbatz Men y Alberto Ruz Buenfil, querían saber si estaba enterada de lo que nos pasaría a mí y a mi hijo en los Estados Unidos. Para explicarse mejor, comenzaron a gesticular, hacer ruidos y hablar con gran intensidad, con lo que hicieron rodar frente a mí imágenes que ilustraban . . . ¡el desplome total de los Estados Unidos! Me dieron esa visión porque les preocupaba que yo no supiera lo que vendría, aunque en realidad sí lo sabía, como verá en los capítulos 6 y 7. Todas las predicciones se han ido cumpliendo, y puedo asegurarle que los mayas saben lo que el fin del calendario significa para los Estados Unidos. Son efectivamente visionarios de gran calibre; pueden invocar imágenes del futuro. Más adelante volveré a referirme a estos niveles de trabajo, pero volvamos de momento a la teoría evolutiva de Calleman.

## LA ACELERACIÓN DEL TIEMPO POR MÚLTIPLOS DE VEINTE

Ahora que sabemos un poco sobre el modelo de Calleman representado en la figura 2.3, es hora de sopesar algunas ideas muy radicales: *Las creaciones anteriores han pasado a formar parte de las creaciones posteriores, y esta evolución se genera cada vez por ciclos que son veinte veces más cortos que los del submundo anterior. Dado que cada ciclo se reduce veinte veces en comparación con el anterior, el tiempo se está acelerando por un factor de veinte durante el comienzo de cada submundo.*

Si le produce confusión la idea de los múltiplos de veinte en comparación con los procesos que evolucionan en trece etapas, tenga en cuenta que el tun se multiplica por *potencias de veinte* para obtener la longitud de cada submundo. A su vez, cada submundo se divide en trece fases de crecimiento denominadas días y noches. ¿Qué son exactamente estos días y noches y los nueve submundos? Calleman afirma que los nueve submundos son "estructuras cristalinas activadas en secuencia en el núcleo interno de la Tierra."[6] En la figura 2.4 se indica cómo se multiplican los tunes por potencias de veinte hasta obtener las fechas de los nueve submundos y se comparan las fechas de los submundos con la datación científica de los fenómenos evolutivos iniciales. Como puede ver fácilmente, una estela tallada hace unos 1.300 años, que desde entonces se ha mantenido silenciosamente en pie en Cobá, describe en

| Submundo | Tiempo cósmico espiritual | Tiempo terrestre físico | Fenómenos iniciales | Datación científica de los fenómenos iniciales |
|---|---|---|---|---|
| Universal | 13 x 20 kines | 260 días | ? | |
| Galáctico | 13 x 20⁰ tunes | 4.680 días (12,8 años) | ? | |
| Planetario | 13 x 20¹ tunes | 256 años | Industrialismo | 1769 D.C. |
| Nacional | 13 x 20² tunes | 5.125 años | Lenguaje escrito | 3100 A.C. |
| Regional | 13 x 20³ tunes | 102.000 años | Lenguaje hablado | 100.000 A.C. |
| Tribal | 13 x 20⁴ tunes | 2 millones de años | Primeros humanos | 2 millones de años |
| Familiar | 13 x 20⁵ tunes | 41 millones de años | Primeros primates | 40 millones de años |
| De los mamíferos | 13 x 20⁶ tunes | 820 millones de años | Primeros animales | 850 millones de años |
| Celular | 13 x 20⁷ tunes | 16.400 millones de años | Materia; "Gran Explosión" | 15.000–16.000 millones de años |

**Fig. 2.4.** *Las duraciones de los nueve submundos. (Ilustración de Calleman,* El Calendario Maya y la Transformación de la Consciencia.)

realidad los ciclos de la evolución convenidos por la ciencia en los últimos cincuenta años. Por supuesto, usted tendría que leer por sí mismo la obra de Calleman para acceder directamente a la abundancia de datos y a las múltiples perspectivas en relación con esta idea. Por ejemplo, cómo los humanos pueden entender la estructura cristalina del núcleo de la Tierra.

La figura 2.5 muestra los múltiplos de los tunes de 360 días y la duración cronológica de cada uno. Los tunes siempre tienen múltiplos de veinte, pero el tun propiamente dicho es 18 × 20, el cual es la base del año sagrado de 360 días. Como puede ver, el tun se deriva de multiplicar 18 días (kines) por 20 días (un uinal). Por supuesto, 2 × 9 = 18, y ya hemos indicado que el nueve es un número ancestral del que se derivan los nueve submundos; esto significa que 2 × 9 es el factor de resonancia del tun. Dado que las nueve dimensiones son la cifra clave en mis propios trabajos, más adelante en este libro presentaré otras teorías sobre lo que sabían los mayas acerca de las potencias de nueve. Lo único que usted necesitaría saber antes de pasar al examen de estos ciclos es que cada uno de los nueve submundos está vinculado con fases evolutivas o tipos de conciencia que son *frecuencias de la creación que van acelerándose en factores de nueve, y que los nueve submundos culminan simultáneamente.* Es decir, las nueve frecuencias de la creación se están produciendo al mismo tiempo, como la Novena Sinfonía de Beethoven, según la pauta $20 \times 20 \times 20$, y así sucesivamente. Vuelva a mirar la figura 2.3. En orden ascendente en la pirámide, el tiempo se acelera; en orden descendente, va más despacio, lo que significa que la evolución se acelera exponencialmente. Ahora mismo, nos encontramos en el medio del octavo submundo (el submundo galáctico) que comenzó en 1999, *¡y apenas dura 12,8 años!* Los distintos marcos de conciencia *no se sustituyen uno al otro, ni se añaden uno al otro, y todos culminan simultáneamente.* Ésta es una idea tal vez difícil de entender, pero deliciosa, que va totalmente en contra del concepto del tiempo lineal.

| Nombre maya del período | Tiempo cósmico espiritual | Tiempo terrestre físico |
|---|---|---|
| Kin | 1 kin | 1 día |
| Uinal | 20 kines | 20 días |
| Tun | 1 tun | 360 días |
| Katún | 20 tunes | 7.200 días o 19,7 años |
| Baktún | $20^2$ tunes | 144.000 días o 394 años |
| Piktún | $20^3$ tunes | 2.880.000 días o 7.900 años |
| Kalabtún | $20^4$ tunes | 158.000 años |
| Kinchiltún | $20^5$ tunes | 3,15 millones de años |
| Alautún | $20^6$ tunes | 63,1 millones de años |
| Hablatún | $20^7$ tunes | 1.260 millones de años |

**Fig. 2.5.** *Los ciclos basados en tunes. (Ilustración de Calleman,* El Calendario Maya y la Transformación de la Consciencia.)

## LOS HILOS SIMULTÁNEOS DE LA CREACIÓN

La teoría de la terminación simultánea de las fases de la evolución en 2011 es una idea muy radical, pero es exactamente lo que describen las matemáticas del calendario maya. La idea de los hilos de la creación que interactúan en forma continua entre sí y llegan todos a su fin simultáneamente pudiera ser una excelente descripción de cómo los seres humanos hemos evolucionado a partir de las células, rocas, animales, simios y homínidos, y podría explicar por qué aún estamos evolucionando en todos los niveles y por qué en la actualidad vamos a un paso cada vez más rápido. La rapidez de nuestro avance es de tal magnitud que me parece esencial tener una idea de cómo funciona la aceleración del tiempo de los mayas. De lo contrario, vivir en la época actual es como ir dentro de una canasta giratoria y verse lanzado contra la pared por las fuerzas centrífugas, o como sentirse empujado hacia atrás en una montaña rusa, en un peligroso parque de diversiones. ¡Ésa es la sensación que produce vivir en la Tierra en nuestros tiempos!

La idea de que todas las formas de vida se derivan unas de otras en sucesión progresiva saca a los fundamentalistas de sus cabales. Irónicamente, si el mundo hubiera sido creado hace sólo seis mil años, que es la duración básica del submundo nacional, la humanidad no sería más que una expresión del ego a través del patriarcado sangriento, lo que representaría una profunda ruptura con la creación misma. Esto sería una pesadilla para mí y para la mayoría de los seres humanos sensibles.

La reflexión sobre los nueve submundos nos invita a percatarnos de nuestros orígenes en la galaxia propiamente dicha y a imagina nuestro propio nacimiento como el nacimiento de una supernova. Toco el tema de las supernovas porque a menudo he pensado que los inventores del calendario deben haber viajado como chamanes al centro de la galaxia de la Vía Láctea para obtener su información. Después de todo, yo hago esa travesía habitualmente con los estudiantes durante las nueve activaciones dimensionales, en las que aprenden a viajar en las nueve dimensiones con sus conciencias. En 2003, los científicos determinaron que hay un agujero negro en el centro de la Vía Láctea. En un agujero negro, el tiempo se distorsiona radicalmente, como si fuera deglutido, y parecería que al entrar se acelera o desacelera exponencialmente. Si usted entiende la física de los agujeros negros (objetos cuya razón de ser, según los cosmólogos, es la de posibilitar la existencia del universo),

| Submundo | Duración | Nivel de conciencia<br>Fenómenos que se manifestaron<br>Marco vital |
|---|---|---|
| Universal<br>(Noveno) | 13 uinales | **Evolución de la conciencia cósmica**<br>Sin límites mentales ni temporales<br>Sin delimitaciones organizadoras |
| Galáctico<br>(Octavo) | 13 tunes | **Evolución de la conciencia galáctica**<br>Trascendencia del marco material de la vida,<br>telepatía, luz como alimento,<br>tecnología genética.<br>Organización en galaxias |
| Planetario<br>(Séptimo) | 13 katunes | **Evolución de la conciencia global**<br>Materialismo, industrialismo,<br>americanismo, democracia,<br>repúblicas, electrotecnología.<br>Organización en planetas |
| Nacional<br>(Sexto) | 13 baktunes | **Evolución de la conciencia civilizada**<br>Lenguaje escrito, grandes construcciones,<br>religiones históricas, ciencias, bellas artes.<br>Organización en países |
| Regional<br>(Quinto) | 13 pictunes | **Evolución de la conciencia humana**<br>Homo sapiens capaz de crear herramientas<br>complejas, lenguaje hablado, arte, religiones<br>incipientes.<br>Organización en culturas regionales |
| Tribal<br>(Cuarto) | 13 kalabtunes | **Evolución de la conciencia de homínidos**<br>Seres humanos (Homo) que producen herra-<br>mientas complejas y son capaces de<br>una comunicación oral rudimentaria.<br>Organización en tribus |
| Familiar<br>(Tercero) | 13 kinchiltunes | **Evolución de la conciencia antropoide**<br>Lémures, simios, australopitecos capaces de<br>caminar erguidos y usar herramientas.<br>Organización en familias |
| Mamífero<br>(Segundo) | 13 alautunes | **Evolución de la conciencia de los mamíferos**<br>Evolución de organismos multicelulares, pola-<br>ridad sexual, estructura continental y reino<br>vegetal que sirven de sustento a las formas<br>superiores de vida.<br>Mamíferos superiores |
| Celular<br>(Primero) | 13 hablatunes | **Evolución de la conciencia celular**<br>Evolución gradual del universo físico:<br>galaxias, estrellas y planetas;<br>evolución de los elementos químicos<br>Células superiores |

**Fig. 2.6.** *Fenómenos ocurridos durante cada uno de los nueve submundos. (Ilustración de Calleman, El Calendario Maya y la Transformación de la Consciencia.)*

le será más fácil imaginar la física del tiempo exponencial. Considero que podemos entrar en los agujeros negros valiéndonos únicamente de nuestra conciencia (sería imposible entrar en ellos en estado material) y que el agujero negro que se encuentra en el centro de la Vía Láctea genera los códigos evolutivos del tiempo.

Más adelante nos adentraremos en esas ideas complejas. Ahora necesitamos una mayor comprensión de los nueve submundos de Calleman. Pero no podríamos seguir adelante con todo este debate sin aceptar un paradigma fundamental: *Los ciclos descritos por las fechas del calendario maya son los mismos que los ciclos evolutivos descritos por la ciencia moderna.* De hecho, en los casos en que hay ciertas diferencias entre las fechas, es probable que las fechas de los mayas sean más *exactas,* especialmente con respecto a la creación del universo, la llamada "gran explosión". A los efectos del presente debate, no podríamos descifrar lo que *significa* el calendario mientras no estemos seguros de lo que *describe:* El calendario maya describe los ciclos evolutivos del universo.

## LOS DÍAS Y NOCHES DEL SUBMUNDO DE LOS MAMÍFEROS

Tal vez sea conveniente que se remita a las ilustraciones que preceden a este texto, como referencia para lo que voy a tratar a continuación. El primer submundo, "el submundo celular" de trece hablatunes, abarca 16.400 millones de años. Esto debe describir la creación del universo pues, según los cosmólogos, éste comenzó hace unos 15.000 millones de años. Cada hablatún, una fase de las trece etapas de la presente creación, tiene una duración de 1.260 millones de años.

No hay mucho que decir con respecto a las fases del submundo celular, pues el sistema solar se formó hace solamente unos 5.000 a 6.000 millones de años, durante el quinto día del submundo celular. El segundo submundo, el submundo de los mamíferos de trece alautunes, de 63,1 millones de años, fue cuando evolucionaron los primeros animales. Disponemos de muchos más datos sobre este submundo, que abarca 820 millones de años. Los primeros seres vivientes fueron las esponjas y algas multicelulares. Estos animales luego evolucionaron hasta convertirse en peces, anfibios, reptiles, primates, y así sucesivamente. Los científicos dicen que este proceso comenzó hace 850 millones de años, pero es probable que el calendario maya sea más exacto a ese respecto.

| Alautun | Día | Millones de años transcurridos desde su comienzo | Clases de organismos (cálculo moderno) |
|---------|-----|--------------------------------------------------|----------------------------------------|
| 0 | 1 | 820,3 | Primeros conjuntos celulares (hace 850 millones de años) |
| 2 | 2 | 694,1 | Primeros animales simétricos de tejido blando, Fauna de las colinas ediacarianas (680) |
| 4 | 3 | 567,9 | Explosión cámbrica: Trilobitos, amonitas, moluscos (570) |
| 6 | 4 | 441,7 | Peces (440) |
| 8 | 5 | 315,5 | Reptiles (300) |
| 10 | 6 | 189,3 | Mamíferos (190) |
| 12 | 7 | 63,1 | Mamíferos placentarios (65) |

*Fig. 2.7.* El desarrollo de los organismos multicelulares durante el submundo de los mamíferos. (Ilustración de Calleman, Solving the Greatest Mystery of Our Time: The Mayan Calendar [Cómo resolver el misterio más grande de nuestros tiempos: El calendario maya].)

Para entender cómo el calendario hace el seguimiento de la evolución biológica, tenemos que empezar por conocer sobre los días y las noches, movimientos de onda que alternan entre las creaciones y las integraciones. En cada submundo, hay siete días y seis noches, que hacen un total de trece; la nueva creación tiene lugar durante los días, y la integración de ese crecimiento tiene lugar durante las noches. Como verá en la figura 2.7, las principales transiciones de la evolución de los mamíferos tuvieron lugar justo al comienzo del día correspondiente, y luego estos pasos se integraron durante las noches. Por ahora, observe cuán cercanas están las fechas del calendario maya, correspondientes a las nuevas creaciones durante los días, a la datación científica de las clases de organismos. ¡Es un sorprendente nivel de concordancia! Pero dejo a un lado ahora el submundo de los mamíferos, y le pido únicamente que interiorice la precisión de los mayas en cuanto a la datación de estas transiciones biológicas durante largos períodos que la ciencia ha descrito recientemente con tanto detalle. Es importante ver con claridad esta concordancia, pues los mayas descubrieron una ola de evolución en el tiempo que también es reconocida por la ciencia. Piense simplemente en lo decisivo que sería este factor durante las fases más cortas de la evolución, como la fase en la que estamos actualmente inmersos, el submundo galáctico de 12,8 años. Por esos es que los humanos sentimos tan pronunciadamente la aceleración del tiempo y los rápidos cambios que la acompañan. ¿No le alegra un poco más saber que hay razones que explican la forma en que se están desenvolviendo las cosas?

Para hablar de cualquiera de los submundos, debemos entender el funcionamiento cíclico de las trece divisiones numéricas en días y noches, porque cada una de ellas describe las fases cualitativas de los nueve submundos. Como ya se ha mencionado, el entendimiento de los mayas sobre los trece cielos proviene de lo que habían aprendido de los trece números al trabajar con el Tzolkin de 260 días. Estos trece números van desde la siembra de la simiente el primer día hasta la fructificación durante el último día. A lo largo y ancho de Mesoamérica, se encuentran pirámides con trece niveles: seis niveles en el ascenso, un séptimo nivel en la cima, y luego seis niveles más en el descenso. Estas pirámides utilizan el código

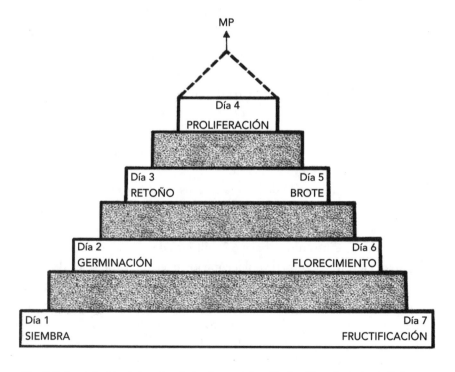

**Fig. 2.8.** *La pirámide de los días de los trece cielos. (Ilustración adaptada de Calleman,* El Calendario Maya y la Transformación de la Consciencia.*)*

del principio de crecimiento basado en el número trece, del mismo modo que las pirámides con nueve niveles, como la de Tikal, reflejan los nueve submundos. Es fácil percibir estos principios divinos en la arquitectura maya. Las pirámides aportan enseñanzas a las personas que interactúan con ellas, aunque esas personas no sean conscientes de esto.

Los ancianos mayas utilizaban esta arquitectura para presagiar y enseñar. Cada nivel de la pirámide está regido por un dios o un principio divino, igual que cada número. Si tenemos en cuenta la naturaleza de cada dios o diosa, podemos determinar las cualidades de cualquiera de los niveles. En el caso de la pirámide de nueve niveles en Tikal, sus enseñanzas se refieren a la aceleración del tiempo. En 1988, pasé la noche en el recinto de esta pirámide. Siento que esa noche tuve acceso a los códigos de la aceleración del tiempo, y es posible que eso explique por qué puedo reconocer los procesos de aceleración de los nueve submundos.

Los principios arquitectónicos mayas son muy importantes porque demuestran cómo funciona lo divino en el reino de lo material; indican la forma en que los números y glifos poseen atributos divinos. Estos magníficos ejemplos de cocreación precisaban de líderes de elevada conciencia, artistas con gran conocimiento de la geometría y trabajadores dedicados que amaban su trabajo. En general, los dioses y diosas que rigen los cielos de números pares son más afectivos y femeninos, y los dioses y diosas que rigen los cielos de números impares son más masculinos y propensos a la guerra. Los seis primeros números representan la creación y conformación de un fenómeno, el séptimo representa una explosión creativa y los últimos seis añaden una complejidad que a la postre produce una nueva creación.

Volviendo al submundo de los mamíferos en el que evolucionaron las plantas y los animales, unas cuantas extinciones masivas deben haber tenido lugar en la proximidad de los cambios de alautunes, como la extinción de los dinosaurios hace 65 millones de años. Justo después de esto, aparecieron los animales placentarios hace 63,1 millones de años, o sea, en el séptimo día del submundo de los mamíferos. Durante el séptimo día de cualquier submundo, culminan los procesos evolutivos y a menudo tienen lugar extinciones justo antes de este punto. Este mismo factor opera durante todos los submundos, pero las fases que culminan durante el séptimo día son las que tienen más probabilidades de estar precedidas por extinciones.

Asimismo, cuando comienza un nuevo submundo, existe la tendencia a las extinciones y a los grandes cambios en el submundo anterior. Por ejemplo, el submundo familiar (de 41 millones de años de duración) es cuando evolucionaron los primeros simios, antepasados directos de los homínidos que aparecieron durante el submundo tribal (de 2 millones de años de duración). El *Australopithecus* apareció durante el séptimo día del submundo familiar, que culminó hace 3,15 millones de años. Entonces, cuando se inició el submundo tribal hace 2 millones de años, el *Homo habilis* simplemente apareció de repente.

Cuando comienza un nuevo submundo, hay formas de vida más evolucionadas que se organizan con cerebros más complejos para recibir mayor información del universo. Aunque continúa la evolución del submundo anterior, *el nuevo submundo aporta grandes cambios debido a la intensidad de la aceleración del tiempo*. Estos saltos críticos producto de dicha aceleración son los cambios que más confunden a arqueólogos y antropólogos porque simplemente parecen salir de la nada. Para entender este proceso, examinemos más de cerca el submundo tribal de los últimos 2 millones de años, puesto que a él corresponde el relato del surgimiento de la humanidad.

## EL SUBMUNDO TRIBAL Y EL *HOMO HABILIS*

La ilustración que sigue ha sido adaptada de la obra *Making Silent Stones Speak* [*Que hablen las piedras*], la excelente crónica de los antropólogos Kathy Schick y Nicholas Toth sobre los últimos 2 a 4 millones de años.

Allí apreciamos una magnífica descripción de lo que sucedió a dos ramificaciones del *Australopithecus afarensis*. Actualmente sabemos que una de las ramificaciones produjo el *Homo habilis*, que llegó durante el primer día del submundo tribal (hace 2 millones de años), y luego evolucionó hasta convertirse en el *Homo sapiens* cuando comenzó el submundo regional (hace 102.000 años).

Seguidamente, encontramos que la segunda ramificación generó al *Australopithecus aethiopicus,* una variedad que carecía de reorganización de la estructura cerebral, cuyos descendientes terminaron por extinguirse hace aproximadamente un millón de años. El *Homo habilis* prefirió usar la mano derecha, lo que probablemente lo indujo a producir herramientas. Según Schick y Toth, "el resultado fue una criatura más inteligente y previsora, con características de comportamiento más complejas, capaz de transmitir más información mediante el aprendizaje. Por primera vez en la evolución de la vida en la Tierra *comenzó a surgir un ciclo de retroalimentación entre la cultura y la biología* [las cursivas son mías]."[7]

Los autores Schick y Toth aparentemente no sabían nada del calendario maya, y por eso les sorprende sobremanera cómo la capacidad craneana pudo aumentar y cómo la lateralización del cerebro apareció "de repente" exactamente hace 2 millones de años cuando el *Homo erectus* adoptó las herramientas. Los autores hacen un seguimiento del desarrollo tecnológico, que al principio fue muy elemental y luego se refinó

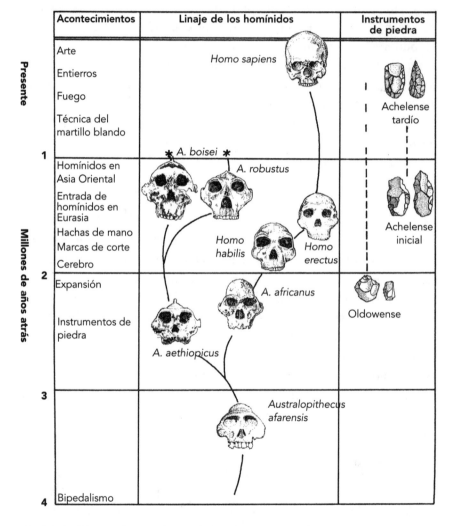

**Fig. 2.9.** *Posibles senderos evolutivos de los primeros homínidos a los primeros humanos. (Ilustración adaptada de Schick y Toth,* Making Silent Stones Speak *[Que hablen las piedras].)*

más durante el resto del submundo tribal. El *Homo habilis* evolucionó hasta convertirse en *Homo erectus* hace aproximadamente 1,7 millones de años, o sea, en el segundo día del submundo tribal. Los hallazgos en la Garganta de Olduvai muestran que durante el mismo período, el *Homo erectus* aceleró su curso evolutivo al adoptar herramientas que ponen de relieve "el pensamiento, el intercambio de información cultural y la planificación para un futuro menos vinculado a su presente inmediato."[8] Esta tecnología evolucionó de forma importante durante cada día subsiguiente del submundo tribal.

El *Homo erectus* comenzó a emigrar a Eurasia, con lo que llevó su cultura a distintas tierras. Sus herramientas evolucionaron hasta el punto de cobrar una dimensión estética, lo que es un indicio de valoración de la belleza artística, y esto a su vez sugeriría cierto nivel de comunicación o lenguaje simbólicos. Schick y Toth observan que durante los 2 millones de años de fabricación de herramientas de estos homínidos, apenas cambió la forma de sus herramientas, las hachas de mano achelenses.

En vista de la capacidad del *Homo erectus* de diseminar su cultura, Schick y Toth señalan: "Este conservadurismo [del *Homo habilis* y el *Homo erectus*] es absolutamente pasmoso. Nunca se ha visto nada similar en nuestra prehistoria o historia recientes."[9] En este caso, "prehistoria o historia recientes" se refiere a los últimos 100.000 años. Por supuesto, a estas alturas de nuestro libro, ya sabemos lo que sucedió. Fueron necesarios los trece cielos del submundo tribal (2 millones de años) para que el *Homo erectus* se inspirara a evolucionar hasta convertirse en *Homo sapiens,* que era muy similar a los humanos modernos. A diferencia de los 2 millones de años que tomó aprender a producir herramientas, una fase que estuvo protegida por el conservadurismo endémico de homínidos anteriores, todo se aceleró repentinamente hace 100.000 años. Este cambio deja perplejos a los antropólogos, pero el principio de una aceleración periódica en múltiplos de veinte en el calendario maya explica perfectamente estas transiciones radicales.

## EL SUBMUNDO REGIONAL Y EL *HOMO SAPIENS*

Hace 102.000 años ocurrieron cambios repentinos y dramáticos: las herramientas se volvieron más pequeñas y más sofisticadas, con muchos rasgos artísticos, y el *Homo sapiens* comenzó a enterrar a sus muertos. Entonces, durante el submundo regional que comenzó hace unos

40.000 años, hubo una innovación abruptamente radical y creativa en todos los aspectos de la vida de los homínidos (que ya han llegado a ser humanos). Luego, hace unos diez mil años, muchos grupos adoptaron la agricultura, dando paso a la revolución neolítica.

El *Homo sapiens* desarrolló rápidamente una anatomía moderna avanzada, con el potencial de una inteligencia mucho mayor que la de la especie prevaleciente de homínidos. Como el *Homo sapiens* era un ser humano moderno desde el punto de vista anatómico, Schick y Toth ven una gran laguna entre la cultura potencialmente sofisticada que el *Homo sapiens* podría haber creado y la cultura relativamente primitiva que efectivamente creó. Como afirman estos autores, "entre 100.000 y 40.000 años atrás, estos homínidos modernos no parecen haber hecho nada dramáticamente distinto a lo que hacían otros homínidos durante este período, incluidas las formas arcaicas del *Homo sapiens* como los Neandertales y homínidos anteriores de la Edad de Piedra Intermedia en África."[10] Teniendo en cuenta los días y noches del submundo regional, hace 37.500 años comenzó el quinto día, el día en que ocurren los grandes avances en el ciclo. El quinto día de cualquier submundo es cuando se puede apreciar el potencial para los años restantes de ese submundo. Los últimos 40.000 años reciben comúnmente la denominación de Paleolítico Superior Tardío, cuando los seres humanos comenzaron a exhibir su nuevo potencial por medio de exquisitas expresiones artísticas en sus cavernas ceremoniales.

Como puede ver hasta ahora, el análisis que hace Calleman del tiempo basándose en los nueve submundos añade más información al relato humano que lo que aportan la antropología, la biología y la arqueología. Realmente he disfrutado la posibilidad de estudiar las investigaciones científicas modernas y usarlas para viajar mentalmente hacia el pasado. Esto me ha hecho volver a sentir respeto por los estudios antropológicos sobre los últimos 2 millones de años de evolución de los homínidos. No obstante, en mi opinión, muchos antropólogos y arqueólogos no prestan suficiente atención a los logros más recientes de la raza humana, especialmente los avances iniciados con la llegada del submundo regional hace 102.000 años.

Con esa observación terminaré este capítulo, pues ahora debo apartarme de la ciencia moderna y favorecer algunas fuentes del nuevo paradigma. En el próximo capítulo, alzaremos el telón del submundo regional. Basándome principalmente en mi propia investigación publicada en 2001 en *Catastrofobia,* revelaré que durante los últimos 100.000 años, los seres humanos desarrollaron una cultura mucho más avanzada de lo que dan a entender la arqueología y la antropología modernas. Además, añadiré nuevas reflexiones fundamentadas en la teoría de Calleman sobre el diseño inteligente en el calendario maya.

# 3

# LA CIVILIZACIÓN MARÍTIMA MUNDIAL

## LA ERA NEOLÍTICA

Según la antropología y la arqueología académicas, la Era Neolítica comenzó hace unos 10.000 años, cuando los humanos comenzaron a manipular sus entornos mediante la agricultura, la domesticación de animales y el asentamiento en aldeas. Esta interpretación ampliamente aceptada presupone que los humanos *no* manipularon en forma significativa sus entornos antes de ese momento, pero eso no es cierto. En este capítulo, presentaré varios ejemplos de una manipulación importante del medio ambiente por los humanos hace más de 10.000 años.

Con la línea cronológica convencional, los investigadores académicos esperan que creamos que hace unos cinco mil años, cuando se inició el submundo nacional (3115 a.C.), la civilización avanzada surgió "repentinamente" en todo el planeta, diríase que de la nada. Pero esas sociedades debían tener una élite que supervisara los planes de construcción, la protección y la economía. Siendo así, ¿de dónde provino esa élite? En este libro sigo, por supuesto, las investigaciones de Calleman y planteo la tesis de que el cambio repentino que tuvo lugar alrededor de 3115 a.C. fue desencadenado por el factor de aceleración evolutiva del submundo nacional. Sin embargo, incluso con esta aceleración del tiempo, el terreno en el que surgió la civilización ya tenía que ser un terreno fértil para que se construyeran ciudades en él. De hecho, en sitios arqueológicos muy avanzados, como el de Çatal Hüyük en la actual Turquía, de 7000 a 5000 a.C., el terreno era fértil como para permitir un avance. El surgimiento radical de la civilización en 3115 a.C. se diferencia de esos sitios del Oriente Medio porque era una civilización patriarcal y jerárquica, lo que representó un cambio significativo en comparación con las anteriores culturas matrilíneas que veneraban a la Diosa, como Çatal Hüyük. Las civilizaciones que poseen formas avanzadas de arquitectura, política, escritura, contabilidad y mitología no surgen simplemente de la nada. Esa premisa arqueológica y antropológica obsoleta carece por completo de sentido, pero de todas formas se sigue insistiendo en ese dogma inane.

Siguiendo la premisa de Calleman, el tiempo al acelerarse en veinte veces hace 5.125 años habría generado un enorme cambio en la lenta e idílica vida que caracterizaba al submundo regional de 102.000 años de duración. Según los antropólogos, los cazadores y recolectores abrieron los primeros capítulos de la historia de la humanidad hace aproximadamente 100.000 años, cuando la vida era lo más cercano a una existencia paradisíaca que los seres humanos han logrado jamás.[1] Dicen que esta armonía empezó a romperse cuando se adoptó la horticultura (el asentamiento de poblaciones en torno a huertos) durante la Era Neolítica temprana.

Exploraré la posibilidad de que algunos seres humanos hayan adoptado la horticultura, o incluso la agricultura primitiva, y quizás hayan construido ciudades marítimas hace 20.000 años y que la armonía de entonces se haya perdido debido a cambios climáticos y planetarios que comenzaron hace 12.000 años. Los cambios planetarios explican por qué los arqueólogos y antropólogos encuentran ahora pocos vestigios de actividad humana avanzada de hace más de 10.000 años. No podemos encontrar muchos vestigios de la agricultura incipiente, ni siquiera de las primeras ciudades, porque un gran cataclismo hace 11.500 años devastó la mayor parte de planeta y destruyó los vestigios de una civilización global paleolítica. Me refiero a un mundo perdido, que algunos llaman la Atlántida, y que recientemente muchos escritores del nuevo paradigma han comenzado a describir como una civilización marítima mundial.[2]

Independientemente de la existencia de un mundo perdido más antiguo, cuando las culturas urbanas se desarrollaron hace cinco mil años, hicieron desaparecer la idílica vida de los cazadores y recolectores y de los primeros horticultores del submundo regional. Esta pérdida o desconexión que acecha en nuestros subconscientes fue ocasionada por la aceleración evolutiva del submundo nacional, y por el trauma residual producido por el gran cataclismo. Esta pérdida es recordada como la "caída del hombre" o el "pecado original", o sea, el momento en que la humanidad fue expulsada del Jardín del Edén.

## EL SUBMUNDO REGIONAL COMO EDÉN

Los relatos sobre la caída del hombre dan a entender que el surgimiento de las culturas constructoras de ciudades de templos fue una experiencia muy desgarradora para muchos. La nueva élite patriarcal recibió muchos privilegios durante ese proceso, pero la inmensa mayoría de los pobladores añoraban el Edén. Durante casi 100.000 años, las mujeres habían sido recolectoras de plantas, hierbas y hongos, y eran expertas curanderas. *Las mujeres eran las maestras y doctoras del Edén.* Algunos antropólogos creen que los hombres sólo dedicaban tres horas por semana a cazar, lo que significa que dedicarían largas horas a las ceremonias, el arte y el sueño.[3]

Si duda de la veracidad de esta proporción en el trabajo de hombres y mujeres, sepa que las sociedades de cazadores y recolectores que todavía existen también siguen el mismo modo de vida. No debe olvidarse que el submundo regional aún está evolucionando en la Tierra, hasta 2011. Las sociedades de cazadores y recolectores, como los pigmeos y bosquimanos de África, los Tiwi de Bathurst y las Islas Melville al norte de Australia y los Jarawa de las Islas Andamán luchan por preservar su modo de vida, que les proporciona tanto tiempo libre y actividades placenteras, además de una existencia mucho más segura que en la civilización moderna.[4] Después del tsunami de Indonesia en 2004, los rescatistas quisieron saber si el pueblo tribal de los Jarawa había sobrevivido. Del mismo modo que los animales salvajes de Sri Lanka que huyeron hacia terreno más elevado justo antes de la llegada del tsunami, los Jarawa supieron leer las señales de la naturaleza. Huyeron hacia las colinas y casi todos sobrevivieron a la catástrofe.[5]

En este capítulo, examinaremos seriamente la posibilidad de que, en algunos aspectos, los pueblos del submundo regional tuvieran un modo de vida más equilibrado que los humanos modernos. ¿Por qué? *Los cazadores y recolectores no controlan su hábitat, sino que son parte de él.*[6] Los humanos modernos estamos radicalmente separados de las fuerzas de nuestro medio ambiente. La mayoría de nosotros hemos perdido nuestras facultades espirituales, que son las que permiten que los humanos colaboren con la naturaleza. Estoy convencida de que, en lo más hondo de nuestras mentes, muchos recordamos el sentimiento idílico y poderoso predominante en el submundo regional. Sin embargo, pocos podemos captar su mentalidad porque nuestro mundo, nuestro hábitat, son percibidos racionalmente. Los humanos modernos suelen guiarse predominantemente por el hemisferio izquierdo del cerebro, el cual bloquea las señales de la naturaleza captadas por el hemisferio derecho. Los pueblos del submundo regional poseían una ciencia de la participación humana en la naturaleza que no excluía la tecnología, y a la que aún podemos acceder en la actualidad. La única forma en que podemos regresar al Jardín del Edén es mediante la plena percepción de la naturaleza. A medida que exploremos algunas de estas ideas, que parecen novedosas pero son muy antiguas, debemos recordar lo que he indicado antes: cada submundo se superpone sobre los anteriores, y todos se están desenvolviendo simultáneamente. En el actual submundo galáctico, estamos experimentando la aceleración del tiempo más rápida que jamás hemos conocido. Es posible descodificar este torbellino temporal sincronizado si analizamos las fases paralelas de los otros submundos.

El submundo regional sigue desarrollándose hoy, y en este capítulo me concentro en él porque creo que la mayoría de nosotros aún estamos procesando la aceleración del submundo nacional hace cinco mil años dentro del Jardín del Edén, cuando empezamos a ser como los humanos modernos. Por supuesto, esa aceleración volvió a intensificarse en 1755 con el advenimiento del submundo planetario, y ahora nos las estamos viendo con la aceleración descontrolada del submundo galáctico que apenas comenzó en 1999. Éste es el momento de examinar un acontecimiento relativamente reciente que distorsionó gravemente nuestra comprensión del tiempo.

## EL GRAN CATACLISMO DE 9500 a.C.

Hace apenas 11.500 años, un gran cataclismo cósmico afligió a nuestro planeta, y este trauma de dimensiones mundiales lo llevamos guardado en los escondrijos más intrincados de nuestras mentes y cuerpos. La catástrofe ocurrió durante una importante fase de maduración del largo y lento submundo regional y, a pesar de todo, los pueblos de distintas partes del planeta retuvieron el relato del día en que la Tierra estuvo a punto de perecer. En casi todas las culturas más antiguas de nuestro planeta existen leyendas similares sobre el día en que tembló la Tierra. Durante los últimos 256 años (del submundo planetario), al examinar las pruebas geológicas y biológicas, los científicos han descubierto importantísimas pruebas físicas de una gran destrucción que modificó radicalmente a nuestro planeta.

Las implicaciones emocionales de reconocer lo que debe haber sucedido son tan abrumadoras que los científicos han tardado mucho en aceptar lo que sus propios datos revelan. Tras examinar las distintas capas de rocas, suelo y fósiles, los geólogos y paleontólogos se sorprendieron al descubrir una cronología tan extensa. Después de todo, según los teólogos de su época, el universo se había creado hace apenas 6.000 años. Seguidamente, muchos científicos adoptaron la teoría de que la evolución había procedido mediante lentos cambios a lo largo de millones de años, aunque algunos señalaron que había pruebas de catástrofes periódicas.

Ya en los años 60 se habían acumulado en distintas partes del mundo tantas pruebas de catástrofes periódicas que algunos geólogos y biólogos plantearon la tesis de que la evolución estaba "puntuada" por desastres periódicos. Durante toda mi vida, he visto cómo la ciencia trata de evitar examinar el cataclismo más reciente e importante de todos, el de las extinciones del Pleistoceno. En lugar de ello, se concentra en extinciones ocurridas en épocas muy remotas, como la desaparición de los dinosaurios hace 65 millones de años. Quizás esto se debe a que sabemos que hace 11.500 años ya había grupos de cazadores y recolectores deambulando por la Tierra. Es decir, nos resistimos a reconocer la existencia del cataclismo reciente porque hubo seres humanos que experimentaron la casi completa aniquilación de la vida en la Tierra. Hay pruebas de esta catástrofe en los cuerpos congelados e intactos de bueyes, bisontes, caballos, ovejas, tigres, leones, mamuts y rinocerontes lanudos que se han encontrado enterrados en el permafrost o subsuelo congelado de Siberia y Alaska.[7]

A medida que se incrementó la actividad minera en el siglo XVIII, fueron descubriéndose muchas pruebas de extinciones masivas que literalmente conmocionaron a la psiquis humana moderna durante la aceleración del submundo planetario. Y ahora que el subsuelo congelado se está derritiendo por primera vez desde el cataclismo, se están encontrando aún más pruebas de esta terrible mortandad masiva. ¿Hasta qué punto ha quedado dañada la conciencia humana con todo ese dolor y muerte tan recientes? Últimamente, el clima está cambiando de forma preocupante, lo que hace que las personas se interesen más en conocer sobre los cambios climáticos y planetarios que ocurrieron hace miles de años. La gente se pregunta cada vez más a menudo de qué manera enfrentaron el estrés climático nuestros antepasados.

Entretanto, los pueblos indígenas conservaron las leyendas antiguas, incluido el conocimiento de cómo sobrevivir en el planeta Tierra. Por ejemplo, como he mencionado antes, la cultura de los Jarawa tiene 60.000 años de antigüedad y proviene de África pero, a la hora de hacer frente al tsunami, supieron lo que tenían que hacer.[8] Este descubrimiento es muy valioso porque rara vez podemos percibir un atisbo de cómo sobreviven las culturas de cazadores y recolectores: fue necesario un tsunami para que se revelaran estas increíbles habilidades de los Jarawa. Hace mucho tiempo, cuando los humanos volvieron a reunirse y a reiniciar sus vidas después del desastre de 9500 a.C., los narradores que recordaban lo que había sucedido fueron tratados como dioses. Se percataban de que la gente sentía la hostilidad del entorno, particularmente del cielo. Oteaban el cielo cada noche para ver si volvería a traerles la destrucción y se reunían en torno a sus hogueras para contar una y otra vez el relato de cuando la Tierra había estado a punto de perecer. "¿Qué pasó? ¿Qué lo habría provocado?", se preguntaban.

El monstruo provino de un punto entre Sirio y Régulo, a través de las Pléyades, llegó al sistema solar y se aproximó a la Tierra. Entonces comenzó la horrible pesadilla. La atmósfera terrestre se cargó de electricidad, y las aguas y el aire se calentaron con tal rapidez que la gente cayó de rodillas, sumida en el terror. El cielo se llenó de serpientes y dragones de fuego, la Tierra se inclinó en dirección al monstruo, y entonces hubo una explosión ensordecedora. La magnetosfera y el monstruo se entrelazaron y se hizo sentir un estrepitoso chasquido. En cuestión de horas, comenzaron a caer sobre la gente bloques de hielo y granizo y gigantescos volúmenes de agua.

Grandes tormentas electromagnéticas trastornaron los campos bioeléctricos de los animales, seres humanos plantas e incluso rocas, lo cual explica por qué aún bloqueamos este acontecimiento en nuestras mentes. Ese día, el miedo dejó una huella indeleble en el cerebro reptiliano y, desde entonces, este recuerdo no ha dejado de influir en nuestra relación con el entorno. Seguidamente, reinó el caos al entrar en erupción los volcanes y hervir las aguas de océanos y lagos. La Tierra tembló y se quebró de forma alucinante.[9]

Las pruebas científicas del gran cataclismo están ampliamente documentadas en mi libro *Catastrofobia*, de 2001, y en el libro de D. S. Allan y J. B. Delair publicado en 1997, *Cataclysm! Compelling Evidence of a Cosmic Catastrophe in 9500 B.C.* [¡*Cataclismo! Pruebas convincentes de una catástrofe cósmica en 9500 a.C.*]. El difunto D. S. Allan era un historiador de la ciencia, y J. B. Delair es geólogo y astrónomo. Ambos me ayudaron a describir el carácter global del cataclismo, para que yo pudiera explorar los efectos de esta catástrofe en la conciencia humana.

Por lo que respecta a la causa del cataclismo, los expertos mencionados encontraron pruebas de que fragmentos de la supernova Vela entraron en el sistema solar y golpearon la magnetosfera terrestre. Es difícil saber con exactitud cuál fue el cuerpo celeste que provocó este incidente, pero definitivamente sucedió. La litosfera terrestre quedó dislocada en sentido vertical y horizontal, y se formaron placas tectónicas que hicieron que el planeta se convirtiera en un poliedro de veinte caras (un icosaedro), como puede apreciarse en la ilustración adjunta.

Este detalle aparentemente increíble y poco conocido es muy impor-

**Fig. 3.1.** *La Tierra icosaédrica. (Ilustración de Allan y Delair,* Cataclysm! Compelling Evidence of a Cosmic Catastrophe in 9500 B.C *[¡Cataclismo! Pruebas convincentes de una catástrofe cósmica en 9500 a.C.])*

tante. Las placas tectónicas tienen efectivamente esa forma, pero fue necesario que Allan y Delair se percataran de ello. Esto me llamó verdaderamente la atención pues, en la tradición cheroqui, la ciencia relacionada con la Tierra se llama "medicina de tortuga", y sucede que los carapachos de las tortugas tienen veinte placas. Estoy segura de que esto representa un recuerdo antiguo del quebrantamiento de nuestro planeta. En 1986 escuché a una curandera iroquesa referirse de esta manera a la medicina de tortuga. Durante el período clásico, suele representarse al Primer Padre saliendo de la parte trasera de una tortuga que, según la tradición, está formada por las tres estrellas del cinturón de Orión.[10]

## EL HÁBITAT Y EL SÍNDROME DE ESTRÉS POSTRAUMÁTICO

Es importantísimo comprender la magnitud de este acontecimiento porque implica que los cambios planetarios más violentos son cosa del pasado y que actualmente la Tierra está asumiendo gradualmente un patrón más armónico. Al darnos cuenta de que ya pasó lo peor y que la Tierra está recuperando su equilibrio podemos mitigar el temor de que el fin del calendario maya entrañe la destrucción de nuestro planeta. Por supuesto, esto no significa descartar la posibilidad de nuevos cambios planetarios, pues la Tierra aún está asentándose.

En cuanto a si la humanidad moderna sería destruida en alguna forma en 2012, eso dependerá de nosotros, pues somos quienes estamos librando guerras contra nuestros coterráneos y contra el medio ambiente. Una de las razones de que haya escrito este libro es para hacer ver que los bloqueos mentales y emocionales humanos impiden que recordemos y asimilemos el reciente cataclismo, y también explican por qué la humanidad actúa de forma tan destructiva con su propio hábitat. Un desastre cósmico expulsó a nuestra especie del Jardín del Edén, pero no eliminó la vida humana en la Tierra. Como insistimos tanto en no procesar nuestro propio dolor, tenemos la tendencia a proyectar hacia el futuro próximo un acontecimiento que ya sucedió; por eso algunos dicen que el mundo se acabará en 2012. Una de mis contribuciones a las investigaciones sobre el calendario consiste en dirigir la atención del público a esta idea. En *Catastrofobia* postulo la tesis de que los seres humanos modernos no podemos conectarnos con este acontecimiento, ni recordarlo, porque estamos usando una línea cronológica inexacta, que pone en orden incorrecto los datos del pasado reciente. Esta idea se basa en la premisa de que conservamos en lo más profundo de nuestro ser un recuerdo del pasado, gracias a la memoria racial, genética o de vidas anteriores. Los aborígenes protegen los relatos antiguos de su propio pueblo porque los humanos nos volvemos menos inteligentes cuando perdemos nuestros recuerdos del pasado. Mi abuelo Hand, portador de las crónicas de los cheroqui, insistía en que el recuerdo del gran cataclismo sería necesario en nuestros tiempos. *Todo tiene más sentido si adoptamos el año 9500 a.C. como punto de dicotomía en la evolución humana.* La idea básica es que la humanidad estaba atravesando la fase evolutiva regional de 102.000 años, una fase que fue bruscamente interrumpida hace 11.500 años cuando nuestro planeta estuvo a punto de ser destruido. Nuestra incapacidad de comprender lo sucedido ha hecho que nuestra conciencia se haya deteriorado gradualmente desde entonces. Es fundamental recuperar este recuerdo.

Si recuperamos y reconocemos la línea cronológica correcta, creo que podríamos volver a la normalidad en la evolución craneana. ¿Cómo sería esto? Para sobrevivir, debemos volver a abrir el hemisferio derecho del cerebro sin perder los adelantos logrados por el hemisferio izquierdo en los últimos cinco mil años. Simplemente no podemos evolucionar ajenos a la naturaleza; nuestro hogar es la Tierra, no otro planeta. Este proceso podría ser mucho más fácil si los humanos, especialmente los científicos, dejáramos de resistirnos a él. Si uno es capaz de abrir sus mente, ver la verdad se convierte en una búsqueda, un viaje. Por ejemplo, hay grandes evidencias de que, poco tiempo después del desastre mencionado, el conocimiento humano estaba aún en algunos sentidos más avanzado de lo que estuvo hasta hace relativamente poco. Andrew Collins, Graham Hancock, una servidora y otros hemos escrito sobre una "cultura de los ancianos" que existió hace 11.000 años y que enseñaba a sociedades humanas selectas a conservar la sabiduría antigua para la posteridad.

## LA CIVILIZACIÓN MARÍTIMA MUNDIAL

Se pueden encontrar relatos sobre los ancianos en las crónicas védicas, egipcias, amerindias y aymará, así como en muchas otras. Los ancianos ayudaron a la humanidad durante miles de años después del cataclismo; luego se asimilaron en los pueblos indígenas y los seres humanos actuales llevamos su información genética. Aún quedan pruebas de la existencia de esta cultura en muchas plataformas continentales, que se encontraban

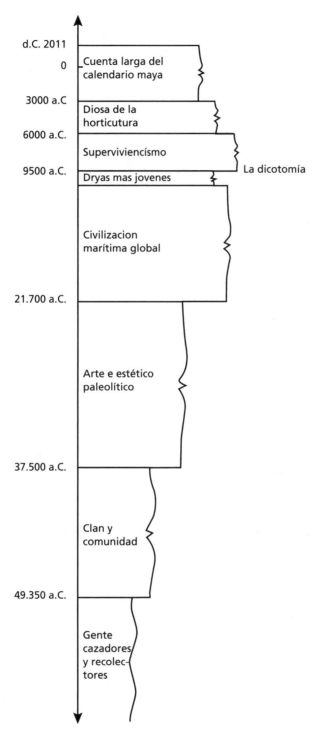

**Fig. 3.2.** *Se propone una nueva línea cronológica.*

sobre el nivel del mar hace 20.000 ó 12.000 años.[11] También se han encontrado pruebas de esta civilización mundial en mapas del planeta que se remontan a miles de años atrás. Estos mapas fueron compilados por Charles Hapgood en el libro *Maps of the Ancient Sea Kings* [*Mapas de los antiguos reyes de los mares*], donde concluye que trece mapas que datan de hace miles de años eran las herramientas de una civilización de gran adelanto científico que surcó los océanos hace más de 6.000 años.[12]

Platón nos legó algunas crónicas históricas sobre culturas marítimas globales, como la Atlántida, Egipto, Grecia y la cultura magdaleniense.[13] Según la arqueología, hace 20.000 a 12.000 años, la cultura magdaleniense dominaba en el suroeste de Europa.[14] Ya me he referido en detalle a estas pruebas en *Catastrofobia;* me limitaré a mencionar aquí algunos elementos que son pertinentes a este debate.

Algunos escritores del nuevo paradigma ofrecen sugerencias de nuevas líneas cronológicas basándose en el reconocimiento de una civilización marítima mundial avanzada en el pasado. Pero la mayoría de ellos no prestan suficiente atención al efecto que tuvo para la civilización mundial el cataclismo de 9500 a.C., que creó condiciones precarias para la supervivencia, a menudo peores que la misma muerte. Aunque estos escritores (y también yo) están seguros de que la humanidad tuvo una fase de mayor avance, no proporcionan explicaciones adecuadas sobre la colosal regresión de la civilización que tuvo lugar entonces, porque no usan el año 9500 a.C. como dicotomía en la línea cronológica. Sin esta divisoria, es mucho más difícil ver lo que estaba sucediendo: *Es necesario que comprendamos la regresión de nuestra propia especie, o la humanidad corre el riesgo de cometer el ecocidio.*

Para organizar la línea cronológica, deben tenerse en cuenta algunos cataclismos menores que sucedieron al cataclismo principal, pues en las crónicas se mezclan indistintamente tres importantes acontecimientos posteriores. En 5600 a.C. hubo una inundación, la del Mar Negro, que tuvo una enorme influencia en las culturas humanas porque provocó la dispersión de las sociedades avanzadas iniciales de la región del Mar Negro.[15] Obligados a abandonar sus aldeas debido a las rápidas inundaciones, los pobladores huyeron y llevaron sus culturas a muchos confines del Oriente Medio, Europa Oriental y, ulteriormente, al resto de Europa y las Islas Británicas. Poco tiempo después, se construyeron complejos sitios megalíticos, como el de Carnac en Bretaña. Para estas personas, y para las que experimentaron la gran inundación de los ríos Tigris y Éufrates (la inundación de Noé, alrededor del año 4000 a.c.), estos sucesos circunscritos evocaron el recuerdo del gran cataclismo. Estos tres acontecimientos se han mezclado indiscriminadamente en el relato del diluvio universal en la Biblia, pero sus tramas complejas se dilucidan en *Catastrofobia*. He indicado en la descripción del cataclismo que los campos bioeléctricos humanos quedaron abrumados durante el fenómeno, y esto afectó a nuestras mentes y cuerpos. Me he dado cuenta de que, cuando las personas reciben la línea cronológica correcta, estos sistemas neurológicos se reorganizan. Muchos terapeutas que han leído *Catastrofobia* o que han asistido a mis charlas me han dicho que, cuando hacen que sus clientes se centren en estas profundas reservas de recuerdos, dichos clientes se vuelven menos temerosos y paranoicos. El cataclismo y el período de supervivencia representan un profundo núcleo de trauma en el cerebro humano, y las experiencias traumáticas subsiguientes parecen acumularse en capas sobre este nudo y lo amplifican.

Entretanto, hasta donde yo puedo ver, la aceleración del tiempo está dando lugar a una recuperación colectiva de la amnesia producida por el cataclismo. Durante el submundo planetario (1755–2011 d.C.), esto condujo a la recuperación de la historia física de la Tierra desde el punto de vista científico, y ahora durante el submundo galáctico (1999–2011) las personas están buscando el verdadero relato de las culturas humanas. La curiosidad obsesiva del público sobre el pasado oculto está dando lugar a un salto cuántico en la inteligencia humana. La teoría evolutiva de Calleman sobre la aceleración del tiempo sirve de complemento a la dicotomía que propongo en la línea cronológica.

La fusión de estas dos teorías podría representar un enorme potencial para detener la regresión y comenzar a avanzar. Por otra parte, el gran cataclismo es un acontecimiento evolutivo clásico que abrió un espacio para la próxima fase de la evolución. Ocurrió justo antes del punto medio de la sexta noche del submundo regional, y casi destruyó la civilización marítima mundial, de la que aún quedaban algunos vestigios dispersos después de 9500 a.C. Esto dejó algún espacio libre para la nueva evolución, que se puso en marcha al comienzo del séptimo día del submundo regional en 5900 a.C. Hay algunos indicios correspondientes a los años 6000 a 3000 a.C. que avalan la idea de que algunas culturas ilustradas veneradoras de la deidad femenina, como la de Çatal Hüyük alcanzaron un notable progreso después del desastre. Estos indicios se examinan en detalle en *Catastrofobia*.

Lo que importa en este caso es que la humanidad *no* fue exterminada como los dinosaurios, pero sí perdimos el acceso a algunas funciones del cerebro. Creo que gran parte de estos recuerdos y de los datos de los submundos anteriores se conservan en bloques de traumas emocionales y en lo que los científicos llaman "ADN basura". Según los científicos, únicamente entre el 10 y el 15 por ciento del ADN humano se usa en procesos biológicos; el resto se denomina ADN basura. En este punto de nuestra evolución, dada la convergencia de los factores de aceleración del tiempo de los nueve submundos, nuestros cerebros se están reestructurando rápidamente. Si aceptáramos la idea que propongo de que los bloques de traumas emocionales están guardados en el ADN basura (junto con recuerdos del pasado), parecería que las aceleraciones del tiempo estuvieran activando este ADN para que lo usen nuestros cuerpos y mentes. Si mis ideas parecen presuntuosas, puedo decir que he notado la activación del ADN en nuestros estudiantes. A veces simplemente se les ilumina el rostro al acceder a una nueva conciencia que está mucho más allá de su alcance ordinario. En otras palabras, se está produciendo el despertar de los grandes conocimientos que todos llevamos por dentro, y Gerry y yo usamos a sanadores cuando impartimos nuestras lecciones porque, para la mayoría de las personas, despertar implica romper en primer lugar los bloques traumáticos.

Como verá en este libro, los pueblos del submundo regional avanzado mantenían una increíble relación con la naturaleza. ¿Qué pasaría si el ADN de esos pueblos estuviera plenamente activado y si eso fuera un requisito para la armonización de los seres humanos con la naturaleza? ¿Qué pasaría si estuviéramos recuperando esas facultades? Después de todo, nos encontramos ahora en el séptimo día del submundo regional: la fase de la fructificación.

Ahora que hemos sobrevivido y hemos vuelto a cubrir el planeta con nuestra especie, nos toca evaluar e integrar los logros de la civilización marítima mundial perdida, o sea, de la fase avanzada del submundo regional. Debemos comprender nuestra decadencia y la pérdida de la memoria que ésta entraña. Quizás lo que nos hemos visto obligados a hacer para sobrevivir después de perder una vida hermosa ha lastimado de veras nuestras mentes y corazones. ¿Será por eso que los humanos son tan repulsivamente violentos y se comportan como perros desesperados y agresivos?

Los fundamentalistas suelen ser muy agresivos, hostiles y ciegos a la realidad. ¿Será que no pueden tolerar la idea de que los humanos en su pasado andaban en manadas, comían carroña y a veces recurrían al canibalismo? Como todo lo anterior es cierto, se trata de experiencias horrendas que acechan en lo profundo de la mente y el alma humanas. Ciertos parajes oscuros y recónditos de la mente humana se me hicieron visibles cuando pasé una temporada con los tana torajanos de Sulawesi, Indonesia. Nuestra familia fue invitada a un funeral, que resultó ser una ceremonia de sacrificio de toros. Por respeto, pues ya habíamos hecho una ofrenda de tabaco al familiar fallecido, tuvimos que ser espectadores durante horas mientras a nuestro alrededor se sucedían los sacrificios de toros vivos, que luego eran cortados en pedazos. Después de someternos a este ritual, nuestro hijo Chris se sintió muy mal en la noche y el espectáculo tuvo tal efecto en nuestra hija Liz, que de golpe decidió ser vegetariana. Esta experiencia me ayudó a reconocer que algunos elementos de las culturas arcaicas pueden ser muy opresivos. Durante el ritual de sacrificio de toros, renuncié a muchas de mis ideas excesivamente románticas de que el pasado fuera mejor que el presente o el futuro.

La mayoría de los torajanos habían sido cazadores y recolectores hasta hacía apenas cincuenta años, cuando los cristianos fundamentalistas, que estaban decididos a poner fin a sus prácticas antiguas, comenzaron a infiltrar su cultura. Los círculos y sepulcros megalíticos de los torajanos esculpidos en inmensas rocas se cuentan entre los más sofisticados del planeta. En los primeros años del siglo XX los torajanos todavía sabían cómo erigir columnas de piedra que pesaban muchas toneladas. No obstante, en los años 70, cuando debieron erigir un megalito para la instalación del nuevo rey de Toraja, habían olvidado este arte. Hicieron traer una inmensa grúa, pero ni así pudieron hacer la tarea, por lo que el megalito aún está tendido a lo largo en medio del círculo real de piedras. Se habían olvidado de cómo habían erigido todos los demás megalitos y, quizás de modo significativo, este rey para quien estaban tratando de erigirlo resultó ser a la postre el último rey de Toraja.[16]

Entretanto, aceptar la idea de que los seres humanos efectivamente alzaban piedras que pesaban muchas toneladas hace que uno abra la mente a la posibilidad de que los pueblos antiguos fueran capaces de hacer cosas que hoy simplemente no podemos hacer. En Tana Toraja en 1997, descubrí que las actividades culturales atávicas, como los rituales fúnebres de sacrificio de toros, representan puntos de entrada a los bancos de traumas de la mente humana. Me sentí literalmente impulsada a escribir *Catastrofobia* después de lo que presenciamos en Tana Toraja.

¡El ritual que observamos es del mismo tipo que los rituales de sacrificio de toros en la Atlántida descritos por Platón, que habrían tenido lugar hace 12.000 años![17] Todavía hay vestigios de este ritual en las plazas de toros en España cada año. Tana Toraja es un importante sitio sagrado de la antigüedad. Actualmente es parte de Wallacea, una zona de Indonesia separada de Sundalandia por una línea trazada por Alfred Russell Wallace, naturalista del siglo XIX. Wallace trazó esta línea para separar Sulawesi (donde se encuentra Toraja) de Sundalandia, el continente indonesio, la mayor parte del cual quedó bajo el mar hace 8.000 años. Toraja no fue afectada por esta sumersión, y su cultura, que aseguran proviene de las Pléyades, es una de las más antiguas sobre la faz de la Tierra.[18] Si nos guiamos por lo que queda de Sundalandia en Tana Toraja, debe haber sido una cultura increíble con vívidos rituales que datan de tiempos arcaicos. El gran terremoto y tsunami de 2004 frente a las costas de Sumatra hizo despertar un recuerdo antiguo de Sundalandia, que es en esencia un continente perdido, a excepción de las grandes islas restantes, como Sumatra, Sulawesi, Borneo y Java.

Abuelo insistía en que el relato del quebrantamiento de la Tierra es la verdadera clave para la sanación de nuestra especie en la actualidad. Tenía un globo terráqueo de Rand McNally con una luz por dentro, y solíamos pasar veladas reflexionando sobre cómo habría sido la Tierra antes de aquel momento terrible. Cuando vi por primera vez la reconstrucción hecha por Allan y Delair del mundo antediluviano en 1996, se me cortó la respiración, porque era un complemento de lo que yo había aprendido de pequeña. Me ayudó a recordar muchas cosas que Abuelo Hand me había enseñado. Mi educación escolar me resultó dolorosa porque en todos esos años nunca oí decir nada sobre la verdadera historia del tiempo que había quedado impresa en mi mente. Ir a la escuela me hizo olvidar por unos años la historia del tiempo. De algún modo, mi abuelo sabía que el verdadero relato volvería a aflorar durante mi vida porque la ciencia se pondría finalmente a la par de las crónicas indígenas. Que yo sepa, mi abuelo no había retenido la fecha final del calendario maya. No obstante, de algún modo entendió que tenía que legar a su nieta el relato que había sido conservado por los depositarios de las crónicas cheroqui, en lugar de legárselo a uno de sus cinco hijos, por ejemplo mi padre, que murió en 1982. Además, mi abuelo era masón de alta jerarquía; a menudo me he preguntado si por eso tenía tantos conocimientos sobre el pasado y sabía que durante mi vida habría un despertar. En todo caso, hay muchas cosas en común entre las crónicas de los mayas y de los cheroqui, con la diferencia de que aquéllos conservaron el calendario.

Lo que está sucediendo de veras a medida que despertamos durante la etapa final del calendario es realmente asombroso, y será necesario todo este libro para llegar a revelar esta hermosa visión. De momento, expondré brevemente una de mis suposiciones más radicales: la tectónica de placas de la Tierra demuestra que nuestro planeta flota en el espacio en forma de icosaedro esférico lo que, según Allan y Delair, es una forma muy reciente.[19] Los icosaedros son uno de los cinco sólidos de Platón, es decir, las formas geométricas que sirven de base a la formulación de la materia. En otras palabras, *la Tierra se transmutó en geometría sagrada hace 11.500 años.* Durante el submundo regional, los humanos eran iluminados porque estaban en armonía con la naturaleza. Pero aún debía sobrevenir una mayor aceleración en la evolución. Es posible que el cataclismo no haya sido un accidente aleatorio, sino un impulso para entrar en un estado armónico superior. Quizás el hecho de que la Tierra se convirtiera en un icosaedro esférico era fundamental para llegar a la iluminación y, por ese motivo, era importante para toda la galaxia.

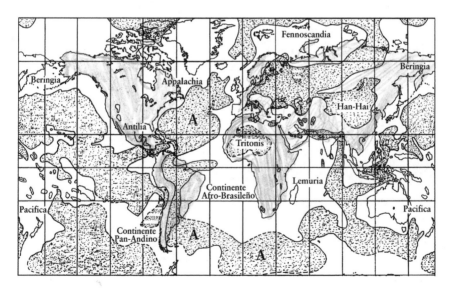

**Fig. 3.3.** *Reconstrucción tentativa del mundo antediluviano por D. S. Allan y J. B. Delair. (Ilustración de Allan y Delair,* Cataclysm! Compelling Evidence of a Cosmic Catastrophe in 9500 B.C. *[¡Cataclismo! Pruebas convincentes de una catástrofe cósmica en 9500 a.C.])*

## VESTIGIOS DE LA CIVILIZACIÓN MARÍTIMA MUNDIAL

Es poco lo que se sabe acerca de la evolución de la humanidad durante el submundo regional, pues el cataclismo destruyó las pruebas. Estoy convencida de que tienen que haber sobrevivido algunos edificios de la civilización marítima mundial y de que tienen confundidos a arqueólogos y antropólogos. Son ejemplos de esto el Osireión de Abidos y el Templo del Valle de Giza en Egipto, que son mucho más antiguos que los monumentos cercanos de hace cinco o seis mil años, como la Gran Pirámide.

Estos dos templos ciclópeos sin bajorrelieves (el Osireión de Abidos y el Templo del Valle de Giza) se encuentran cerca de los sitios arqueológicos dinásticos o forman parte de ellos. Los arqueólogos han determinado su antigüedad basándose en las ruinas más recientes, pero es evidente que ambos templos fueron construidos por pueblos mucho más antiguos. No hay ninguna razón de peso para agruparlos indiscriminadamente con los templos circundantes que corresponden a las primeras dinastías. Según algunos investigadores, las capas del suelo en torno a ellos tienen al menos 12.000 años, e incluso el respetado geólogo Robert Schoch les ha asignado fechas muy anteriores a las que señalan los arqueólogos convencionales.[20] Son miles de años más antiguos que los sitios dinásticos.

Mi hijo Chris hizo estos dibujos para ayudar al lector a darse cuenta de que las culturas anteriores al cataclismo eran avanzadas desde los puntos de vista estético y tecnológico. Hace más de seis a doce mil años atrás, había pueblos capaces de construir templos de gran exquisitez

**Fig. 3.4.** El Osireión de Abidos, Egipto.

arquitectónica mediante la talla y manipulación de piedras que pesaban muchas toneladas. ¿Cómo lo lograban? ¿Cómo pudieron los torajanos antes mencionados erigir enormes megalitos hace menos de cien años?

El Osireión está construido con piedras ciclópeas que pesan muchas toneladas, y algunos investigadores afirman que fue construido *hace más de* doce mil años.[21] En *Catastrofobia,* presenté pruebas de que el Templo del Valle y el Osireión quedaron enterrados en el cieno del Nilo

**Fig. 3.5.** *El Templo del Valle en la altiplanicie de Giza, Egipto.*

durante el cataclismo y que fueron redescubiertos y restaurados por las dinastías faraónicas.[22] Como tenían conocimiento de la existencia de la civilización anterior junto al Nilo, estas dinastías restauraron el Templo del Valle y el Osireión de Abidos para que sus súbditos recordaran a sus antepasados. Las dinastías faraónicas fueron los orgullosos herederos de la cultura de los Ancianos de las civilizaciones marítimas globales, los Shemsu Hor, y mantuvieron una actitud reverente hacia esos vestigios de aquella civilización anterior. Pues bien, si hay en la Tierra siquiera una sola edificación que fue creada por una civilización avanzada hace más de 12.000 años, esto quiere decir que debemos reinterpretar la historia de los últimos 40.000 años. Si hay siquiera un solo mapa del mundo que represente a la Tierra antes del cataclismo, debemos reinterpretar la geología y la geografía. Existen de veras mapas de este tipo, por ejemplo, el mapa de Piri Reis que Charles Hapgood analizó en *Maps of the Ancient Sea Kings* [*Mapas de los antiguos reyes de los mares*]. Quedan también las enigmáticas Piedras de Ica, a las que me referí abundantemente en *Catastrofobia,* con ilustraciones hechas por Chris.[23] Brevemente, las Piedras de Ica son un grupo de piedras grabadas que fueron halladas en 1961 cerca del Valle de Nasca en Perú. Las piedras fueron encontradas en una caverna junto al río Ica, que había quedado expuesta durante una inundación. Datan de hace mucho más de 20.000 años. ¡Alguna de ellas están grabadas con mapas de la Tierra vista desde el espacio y con seres humanos en coexistencia con los dinosaurios!

Cuando el faraón Seti I comenzó la construcción del Templo de Abidos alrededor de 1200 a.C., se descubrió el Osireión a cincuenta pies por debajo del nivel del nuevo templo que había diseñado. Dando uno de los mejores ejemplos de excelente preservación histórica, Seti restauró el templo antiguo y lo conectó con el nuevo templo que tiene siete salas contiguas muy inusuales. Estas siete salas, que son una prueba de la existencia de conocimientos antiguos muy avanzados, son el lugar donde Abd'El Hakim Awyan me enseñó el "principio del siete". Esta experiencia me ayudó a entender la pirámide de siete niveles, la base de los trece cielos del calendario maya, porque esas salas representan los siete días de cada submundo. El legado que me transmitió Hakim tiene como mínimo 50.000 años de antigüedad, y me ha permitido penetrar en el submundo regional.

## DESCODIFICACIÓN DEL SUBMUNDO REGIONAL

Los días y noches de los trece cielos pueden utilizarse para descodificar el submundo regional, que comenzó hace 102.000 años. Si los vemos de esta manera, nos damos cuenta de que el submundo regional fue una época de grandes adelantos creativos para la humanidad. El punto medio del cuarto día, hace unos 50.000 años, debe haber marcado el momento en que los pueblos del Paleolítico penetraron profundamente en su hábitat, consolidaron su cultura y se prepararon para diseminarse por el mundo. Entonces tuvo lugar el gran avance en el arte simbólico durante el quinto día del submundo regional, en el Paleolítico Medio justo después de 40.000 a.c., cuando ocurrió una explosión de creatividad que deja perplejos a arqueólogos y antropólogos. Los antropólogos Schick y Toth observan que éste fue el momento en que surgió la "expresión simbólica plenamente moderna."[24]

Para empezar, ¿cuál era esta nueva cultura que surgió con el comienzo del período del submundo regional hace 102.000 años? Sabemos por la antropología que, repentinamente, hace unos 100.000 años, los grupos de nómadas comenzaron a integrarse en clanes y a delegar funciones entre sus distintos miembros.[25] Gracias a este nuevo nivel de comunicación,

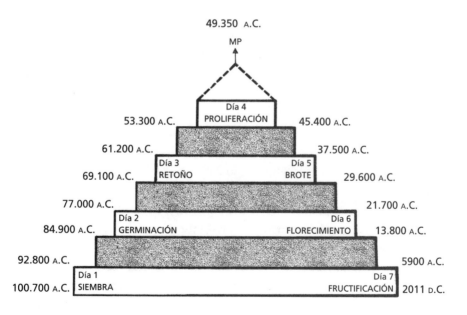

**Fig. 3.6.** *Los días del submundo regional. (Ilustración adaptada de Calleman,* El Calendario Maya y la Transformación de la Consciencia.)

deben haber descubierto el amor, la ética, la lealtad y la creatividad. Después de 50.000 años de desarrollar este nuevo y conveniente modo de vida, era natural que se establecieran nuevas relaciones con los demás clanes. Cada clan había adoptado formas artísticas y creencias especiales, y les había llegado el momento de comerciar entre sí para aprender y compartir la sabiduría de todos los pueblos. Estos clanes curiosos deseaban encontrarse con otros clanes, por lo que construyeron grandes embarcaciones para desplazarse a grandes distancias en busca de otros lugares sagrados y de nuevos pueblos. Según Calleman, los avances más importantes de cualquier submundo tienen lugar durante el quinto día que, en el caso de este submundo, fue 37.500 años atrás. De este modo, si pensamos en la "fase de brote" del quinto día señalada en la ilustración adjunta, el arte y la estética surgieron en las exquisitas pinturas rupestres del Paleolítico y en las estatuillas de diosas, que dan a entender que en esos días las mujeres eran muy respetadas por su capacidad de crear nueva vida.

Los antropólogos se quedan perplejos ante este avance estético porque subestiman los niveles de cultura que en realidad se habían alcanzado en esas épocas. En *Catastrofobia* planteo la tesis de que las grutas y las ocasionales capas iniciales de sitios habitados de la antigüedad representan lo poco que sobrevivió al cataclismo, mientras que las ciudades marítimas infinitamente más sofisticadas quedaron totalmente destruidas e inundadas por el aumento del nivel del mar.

Coincido en casi todo lo que plantean los arqueólogos y antropólogos acerca de la evolución humana, hasta el momento de este avance estético que comenzó aproximadamente en 37.500 a.C.[26] A partir de entonces, creo que la ciencia convencional realmente interpreta en forma errónea la actividad de las culturas humanas de aquellos tiempos. Por supuesto, la creatividad y el desarrollo del pueblo del submundo regional no seguían las mismas pautas que hemos seguido nosotros durante los submundos nacional y planetario. Si se examinan las tecnologías de trabajo con las piedras en las eras ciclópea y megalítica, resulta evidente que *la gente del submundo regional disponía de tecnologías que aprovechaban las fuerzas de la naturaleza.*

En la época moderna existe una barrera mental que nos impide entender esa tecnología, porque los seres humanos modernos, que estamos regidos por el hemisferio izquierdo del cerebro, establecemos distinciones entre el trabajo y las invenciones por una parte, y la naturaleza, por la otra. Los pueblos del submundo regional empezaban por crear la realidad con el pensamiento, y luego procedían a la manifestación de los objetos en el mundo sólido. No creaban nada que, a su juicio, pudiera dañar su hábitat. Sabían que si lo hacían, de todos modos no funcionaría, porque al hacerlo perderían su contacto con el poder de la naturaleza.[27]

Durante el submundo nacional surgió una nueva fe, la de la supremacía de la materia sobre el espíritu, y fue perfeccionada durante el submundo planetario. Por eso resulta tan difícil a los seres humanos modernos imaginar lo que hacían los pueblos del Paleolítico; ni mucho menos sentir respeto por ellos. Los pueblos antiguos sabían que la naturaleza siempre reafirma su poder. Llegará un momento en que los seres humanos modernos nos la veremos con el restablecimiento del equilibrio, especialmente cuando se agote el petróleo. Durante la rápida aceleración del tiempo del submundo galáctico están aflorando muchas nuevas ideas sobre la forma de vivir de los pueblos de la antigüedad.

## CONCIENCIA DE LA UNIDAD Y LA DUALIDAD

¿Por qué estamos los seres humanos modernos tan radicalmente divorciados de la naturaleza? El concepto de Calleman sobre la "ronda planetaria de la luz" representa un interesante intento de dar respuesta a esta pregunta. Calleman cree que cada uno de los nueve submundos tiene una polaridad específica de luz/oscuridad o yin/yang cuyo propósito es conducir a la humanidad por el camino de la iluminación.[28] Cada uno de los submundos favorece a un hemisferio específico del cerebro humano, y estas perspectivas cambiantes del acceso al cerebro están influenciadas por la geografía terrestre y la ubicación del Árbol del mundo, el principal impulsor de la dinámica de la aceleración del tiempo según Calleman.[29] Este autor dice textualmente: "Debido a que los cerebros y mentes de los seres humanos se encuentran en resonancia holográfica con la Tierra, a medida que se asciende en la pirámide cósmica [de nueve submundos], los marcos de conciencia resultantes serán dominados sucesivamente por las polaridades correspondientes del yin y el yang."[30] Se trata de una idea muy compleja y curiosa, por lo que es preciso leer toda la obra de Calleman para entender plenamente lo que está diciendo. Más adelante, me referiré a la forma en que el Árbol del mundo y las polaridades cambiantes influyen en la Tierra. Lo importante en este caso es que el concepto de la polaridad del yin y el yang es muy antiguo y no se limita a una cultura, lo que avala las conclusiones de Calleman en el sentido de que es un detalle importante desde el punto de vista de la percepción humana y la función cerebral.

La idea básica es que, a medida que los submundos avanzan a lo largo del tiempo, la conciencia va desde un estado de unicidad a un estado de dualidad y luego vuelve a la unicidad, y de este modo se generan los procesos transformativos. Conocer este factor nos permite ir con la corriente y ser más capaces de prever lo que podría venir luego. Esta capacidad parece ser decisiva a medida que se acelera el tiempo. La conciencia del submundo nacional, que actualmente es la influencia más intensa para la humanidad, funciona en la total dualidad. Por eso es que nos hemos divorciado tan radicalmente de la naturaleza durante los últimos cinco mil años, porque la dualidad favorece una dominación excesiva de lo masculino. Durante el submundo celular de 16.400 millones de años, el submundo regional de 102.000 años, y el submundo universal de 260 días, *la conciencia se vuelve unitaria y se vale de ambos hemisferios del cerebro,* sin separación entre el cosmos divino (la naturaleza) ni entre lo masculino y lo femenino; los seres humanos alcanzan una mayor iluminación durante estos períodos.[31] Como ya sabemos, nos encontramos actualmente en distintas fases de los ocho primeros submundos, y todavía falta por llegar el submundo universal en 2011. No obstante, todos los aspectos no unificados de la conciencia, como el desarrollo dualista y centrado en el hemisferio izquierdo del submundo nacional, están desenvolviéndose simultáneamente. En este caso concentro mi atención en los tres submundos unitarios que aprovechan la capacidad de ambos hemisferios cerebrales para determinar cómo la iluminación podría manifestarse en una forma más compleja en personas cuyo hemisferio cerebral izquierdo está relativamente más desarrollado. Es decir, la iluminación será distinta en el caso de los humanos del submundo universal de lo que era para las personas del submundo regional. De esta manera, nunca es posible retrotraerse en el tiempo.

Durante el submundo celular, la iluminación se concentra en las células, y por ese motivo la sanación a nivel celular es la forma más potente de que disponemos. Por ejemplo, a cierto nivel no es posible vencer una batalla contra el cáncer, pero lo que sí se puede hacer es alinear las emociones y pensamientos con las células para inducir la sanación de todo el cuerpo, y esto es lo que a la postre vencerá al cáncer. Como ya hemos visto, durante el submundo regional, la naturaleza y los seres humanos son cocreadores iluminados y por eso es que es necesario sanar a la naturaleza para sobrellevar la última aceleración del tiempo multiplicada por veinte en 2011. Por muy maravillosa que haya sido la vida en el submundo regional, aún tenemos fases mucho más avanzadas que alcanzar.

Durante el submundo universal de 260 días en 2011, la conciencia unitaria y basada en ambos hemisferios del cerebro volverá por tercera vez a la Tierra, al alinearnos con la galaxia. Este período llegará cuando hayamos retenido todos los conocimientos que hemos acumulado durante los submundos nacional y planetario; en este momento debemos tratar de integrar todos estos conocimientos para alcanzar la iluminación en 2011. Esta "integración cerebral" tendrá lugar en un período de menos de un año, cuando experimentemos otra aceleración del tiempo multiplicado por veinte. Para ser absolutamente claros, *los submundos primero, quinto, y noveno son los momentos en que todo lo que existe en la Tierra se encuentra en plena resonancia holográfica con el cosmos.* Afortunadamente, me he percatado de que muchas personas nacidas después de los años 70 están muy sintonizadas con la conciencia de la unidad; quizás por eso les resulta tan difícil sobrevivir entre las brasas moribundas de nuestra civilización dualista.

## TECNOLOGÍAS DE TRABAJO CON LAS PIEDRAS EN LAS ERAS CICLÓPEA Y MEGALÍTICA

En la ilustración que sigue, fíjese en las dimensiones de las piedras que conforman este hermoso templo (cuya escala se puede comparar con la figura del indígena peruano que aparece en el centro) y las técnicas sofisticadas que fueron necesarias para colocarlas en su lugar. Teniendo esto en cuenta, trate de imaginarse cómo es posible que ese templo haya sido construido más de 10.000 años antes de la era de la Grecia Clásica.

Quienes construyeron este templo deben haber descubierto una tecnología avanzada para desplazar grandes piedras, quizás mediante la aplicación de vibraciones sonoras a las piedras para aligerarlas. Debo recordar a los lectores que quisieran desestimar estas realidades sobre la tecnología de trabajo con la piedra que sus argumentos no serán válidos mientras no puedan demostrar con alguna tecnología moderna cómo estos constructores antiguos habrían desplazado y colocado las piedras. Las dimensiones de las piedras que ellos debieron levantar son a veces inconcebibles. Entre los ejemplos más fantásticos que se han visto se encuentran los *dólmenes*. Éstos consisten en una gran piedra que descansa sobre tres piedras de apoyo, que también son enormes. Hay dólmenes por todas las Islas Británicas, la región occidental de Francia y España, y los he encontrado incluso en los Estados Unidos.[32]

Un día Gerry y yo estábamos paseando en auto por Bretaña y vimos un cartel que decía "Hotel de las Piedras". Como éste es el tipo de oportunidad que nunca dejamos pasar, nos dirigimos al estacionamiento. A lo lejos se veía un acogedor hotel antiguo, al final de un bucólico sendero entre jardines. Entonces miramos a un lado del estacionamiento. ¡Una inmensa piedra oscura y ovalada, del tamaño de un autobús grande, estaba tendida sobre otras tres piedras, cada una de las cuales pesaba varias toneladas! ¡La piedra gigantesca debía pesar trescientas toneladas o más! He visto una de estas grandes piedras al lado derecho de la Carretera 6 de Connecticut, apenas al otro lado de la línea divisoria con Rhode Island.[33] Según mi experiencia, al ver estos objetos la mayoría de las personas no hacen caso a lo que están viendo sus ojos. Conozco a una persona del norte del estado de Nueva York que tiene en su propio patio un pequeño dolmen (de diez toneladas), y su mente controlada por el hemisferio izquierdo del cerebro le impide reconocer lo que tiene ante sus ojos. ¡Lo cierto es que hace 8.000 años alguien alzó estas piedras como si fueran más ligeras que una pluma! A veces me da por pensar que lo hicieron para jugarnos una broma a los humanos modernos, ¡y creo que lo lograron!

***Fig. 3.7.*** *El templo de Sacsayhuamán en Perú.*

El ingeniero Chris Dunn exploró la naturaleza de la tecnología avanzada en su libro *The Giza Power Plant* [*La planta eléctrica de Giza*], en el cual plantea la teoría de que la Gran Pirámide era originalmente una planta eléctrica.[34] Dunn comenzó por demostrar que las dinastías faraónicas cortaban las piedras con herramientas eléctricas hace más de cinco mil años, conclusión a la que también llegó hace un siglo el renombrado arqueólogo Flinders Petrie. La arqueología no investigó más profundamente los descubrimientos de Petrie, porque ello significaría que las dinastías faraónicas tenían desarrollo tecnológico, por lo que fue necesario que un ingeniero moderno retomara esta investigación. Después de hacer su hallazgo, Dunn se preguntó de dónde provendría la energía eléctrica necesaria para el funcionamiento de estas herramientas. Probó de manera convincente que la pirámide era una planta eléctrica construida de forma que funcionara como oscilador acoplado que pudiera aprovechar la energía de la Tierra una vez que se echara a andar.[35] La figura 3.8 le da una idea de cómo funcionaría esto.

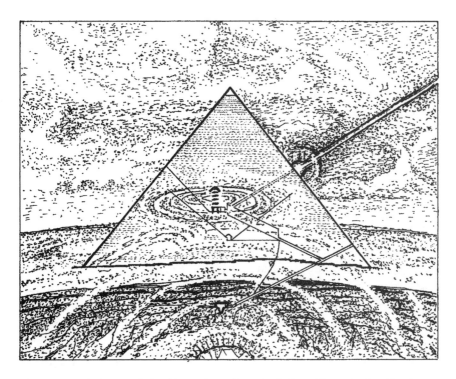

**Fig. 3.8.** *Oscilador acoplado. (Ilustración adaptada de la cubierta de* The Giza Power Plant *[La planta eléctrica de Giza], de Christopher Dunn.)*

Luego Dunn necesitaba pruebas modernas de que esta tecnología pudiera haber existido efectivamente en aquella época tan lejana. Fue a la Florida a investigar los laboratorios de Edward Leedskalnin, quien aseguraba conocer los secretos de los métodos de trabajo con la piedra de los egipcios antiguos. En los años 30, Leedskalnin construyó en la Florida un Castillo de Coral, para lo que levantó piedras que pesaban más de treinta toneladas y las colocó en las paredes de su castillo.[36] Dunn concluyó que Leedskalnin había logrado construir un dispositivo antigravitatorio y que seguramente así mismo se habían alzado los dólmenes.[37]

Quisiera añadir que las primeras dinastías faraónicas egipcias también hacían otras cosas muy sorprendentes. Una de ellas era que construían inmensas criptas y enterraban en ellas gigantescos veleros de cedro a un costado de la Gran Pirámide, junto al camino empedrado de Saquarra, y como parte de los primeros sitios dinásticos cerca de Abidos. Puede verse una de ellas en un museo justo al lado de la Gran Pirámide. Estas embarcaciones son un recordatorio de los pueblos de la civilización marítima mundial que viajaban por todo el mundo hace más de 12.000 años y que, hace 6.000 años, volvieron a la tierra sagrada a la orilla del Nilo. Son las embarcaciones de los Ancianos, quienes deben haber enseñado a los egipcios ciertas habilidades tecnológicas, como las de levantar grandes piedras y utilizar acopladores resonantes y dispositivos antigravitatorios, que los inventores modernos están volviendo a descubrir ahora. Creo que las dinastías egipcias enterraban las embarcaciones junto a la Gran Pirámide y en Abidos como recordatorio de la civilización marítima mundial para la gente de su época y para la posteridad.

## EL SEXTO DÍA DEL SUBMUNDO REGIONAL

Valiéndonos de la pirámide de siete niveles de Calleman que aparece en la figura 3.6, pongamos más en contexto a la civilización marítima mundial. Como ya sabemos, muchos investigadores del nuevo paradigma están convencidos de que existía una civilización marítima mundial avanzada en distintas partes del mundo en el espacio de hace 10.000 a 20.000 años. El florecimiento de esta civilización marítima mundial habría tenido lugar principalmente durante el sexto día del submundo regional, de 21.770 a 13.800 a.C., que es cuando, a mi entender, fueron construidos el Osireión y el Templo del Valle.

Una vez obtenido el avance del quinto día en el arte y la estética del Paleolítico durante el quinto día del submundo regional (37.500–29.600 a.c.), los humanos pasaron al nivel siguiente durante el sexto día: navegaron por el mundo, construyeron ciudades en torno a sus puertos e intercambiaron alimentos y productos con los habitantes de las cercanías. Como mismo nos gusta hacer en la actualidad, los antiguos construían sus ciudades junto al mar, lo cual les facilitaba la navegación a lugares distantes para comerciar. Recogían los frutos del mar y cultivaban sus alimentos en los ricos suelos aluviales de los valles ribereños donde se acumulaban los sedimentos arrastrados desde las montañas. Entre sus prácticas religiosas, seguramente visitaban las antiguas grutas rituales de sus antepasados.

Como estas ciudades marítimas y aldeas agrícolas fueron destruidas durante el cataclismo ocurrido hace 11.500 años, las cavernas sagradas son prácticamente lo único que queda de su cultura. Por eso los arqueólogos creen genuinamente que se trataba de pueblos artísticos pero primitivos. Creo que una vez que pasaron a vivir en forma más sofisticada en ciudades y se dedicaron a la navegación, comenzaron a proteger este arte visionario, el cual ofrece instrucciones sobre cómo mantenerse en equilibrio con la naturaleza. Por ejemplo, durante los tiempos megalíticos, época que nos resulta más accesible, el sinnúmero de espirales y círculos grabados en la piedra nos proporcionan enseñanzas sobre el equilibrio en la naturaleza.

Como verá más adelante en este capítulo, las posturas corporales rituales descubiertas por la Dra. Felicitas Goodman dan a entender que había continuidad en la cultura desde hace 40.000 años hasta hace 10.000 años. Sin embargo, durante años después del cataclismo, el nivel del mar subió en decenas de metros, algunas costas continentales se alzaron y otras se hundieron, y los ríos y valles se inundaron y se llenaron de lodo. Las ruinas de la civilización marítima mundial yacen bajo estos mares y también en profundas capas de sedimentos en valles ribereños inundados por todo el planeta, lo que hace que sea muy difícil reconstruir esta cultura. Por eso fue que Seti I se entusiasmó tanto cuando descubrió el Osireión bajo quince metros de lodo del Nilo. En la actualidad, el arte rupestre en las cavernas del Paleolítico es de gran interés para los europeos porque se sienten emparentados con los artistas, quienes son en realidad sus antepasados.

## CAVERNAS DEL PALEOLÍTICO

En el período de hace 20.000 a 12.000 años, Europa suroccidental estuvo dominada por la cultura magdaleniense, el florecimiento principal del submundo regional. Se han encontrado vestigios de esta cultura en cavernas cercanas a ríos que desembocan en el Atlántico en la España y Francia actuales, como la gruta de Lascaux. En las profundidades de estas cavernas se encuentran exquisitas pinturas de toros y caballos, y muchas personas han señalado su nivel de sofisticación artística y su misteriosa belleza.[38] En algunas de estas cavernas se han encontrado incluso pruebas de que los magdalenienses ponían riendas a los caballos.[39] Como verá más adelante, una de las posturas rituales a que se hace referencia en este libro fue descubierta en una pintura rupestre en Lascaux.

En 1991, un buzo descubrió una caverna intacta, la gruta de Cosquer, cuando encontró una entrada a más de 40 metros bajo el nivel del mar en la costa mediterránea de Francia.[40] La gruta de Cosquer fue usada hace entre 27.000 y 18.000 años, cuando su entrada debía encontrarse justo por encima de una llanura descendente que terminaba en un puerto. En la época actual, esa llanura se ha convertido en una plataforma continental bajo el mar frente a las costas de esta área. Éste habría sido un sitio ideal para un puerto marítimo mundial, como mismo lo es hoy la cercana ciudad de Marsella.

Chris dibujó su propia versión artística de una ciudad marítima que todavía podría yacer en ruinas en la amplia plataforma continental que se extiende por debajo de la gruta de Cosquer. En la ilustración, fíjese en el gran templo que se asemeja al Partenón en Atenas. Miles de años atrás, las entradas a la gruta habrían estado justamente por detrás de este templo. Actualmente la superficie del mar está a un nivel de 42 metros por encima de estas entradas y, quizás, a más de 90 metros por encima de la ciudad imaginaria. Como se trataba de una cultura de navegantes, algunos lograron escapar en embarcaciones cuando ocurrió el cataclismo. (Hubo un escape similar de un desastre natural en 2004, cuando el tsunami de Sumatra arrastró a quienes se encontraban en la playa, mientras que otras personas en Sri Lanka sobrevivieron en botes.)

Platón comprendió la importancia de los recuerdos anteriores al cataclismo. En la época de Platón hace 2.500 años, sólo quedaban algunas piedras dispersas y recuerdos fragmentados de un mundo perdido, pero incluso entonces muchos de sus propios contemporáneos no creían que el

***Fig. 3.9.*** *Ciudad marítima mundial imaginaria bajo la entrada de la gruta de Cosquer, en Francia.*

relato del cataclismo fuera cierto. Por eso decidió escribir el relato real de la Atlántida, el cual se convirtió en la fuente de todas las especulaciones sobre ese continente perdido. Ahora dispondríamos de muchas más fuentes sobre la Atlántida si la biblioteca de Alejandría en Egipto no hubiera sido quemada parcialmente por Julio César en el año 48 d.C., y luego completamente por fanáticos cristianos. Platón constituye la fuente histórica más importante con respecto a la civilización marítima mundial, pero los académicos consideran que sus crónicas históricas son mitología.

Lo cierto es, sin embargo, que el relato de Platón sobre la Atlántida es la descripción histórica más antigua de una civilización anterior al cataclismo, y ése es el punto en el que deben comenzar los historiadores. Platón describe una guerra entre los atlantes, los griegos y los egipcios, quienes practicaban la navegación por el Mediterráneo y el Atlántico hace 11.500 años. Platón relata que la Atlántida controlaba la región magdaleniense, un detalle que establece un vínculo entre las culturas que florecían durante el período de hace 30.000 a 11.500 años. Esto significa que los magdalenienses formaban parte de la civilización marítima mundial, junto con los griegos, egipcios y atlantes.[41] Todo lo que nos queda de ésta representa un vínculo directo con nuestro pasado del submundo regional, por lo que hemos de profundizar en ello.

## LITÓFONOS DEL PALEOLÍTICO

El arqueólogo inglés Paul Devereux hizo recientemente un descubrimiento realmente extraordinario en relación con las cavernas del Paleolítico. Ha demostrado que en esas cavernas no sólo se practicaban las artes visuales y los ritos, sino que también se tocaba música. Devereux estudió las propiedades acústicas de las cavernas del Paleolítico que se usaban en el período de hace 40.000 a 12.000 años.

Las cavernas más importantes del Paleolítico tienen distintos puntos, líneas y símbolos de colores ocre rojizo y negro que han despertado la curiosidad de muchos. Devereux descubrió que estos símbolos toscos indicaban las propiedades acústicas de las estalactitas y estalagmitas, como si éstas fueran tubos acústicos abovedados, similares a los de un órgano. Las marcas indican cuáles estalactitas y estalagmitas debían golpearse para producir distintos tonos dentro de las cavernas. A estas estalactitas y estalagmitas, Devereux les ha dado en llamar *litófonos*.[42]

Uno de los acontecimientos rituales más asombrosos que he presenciado en mi vida fue cuando formé parte de una danza del fuego en la gruta de Lol Tun en Yucatán mientras los participantes daban golpes sobre inmensas estalactitas, que producían deliciosos sonidos que resonaban en el interior de la caverna.[43] Parece ser que los pueblos del Paleolítico utilizaban sus cavernas rituales como dispositivos avanzados de sonido o instrumentos musicales, y aún hoy persisten esas prácticas.

Devereux también encontró abundantes pruebas de técnicas acústicas avanzadas en los interiores de templos de piedra construidos por el hombre, como los túmulos y tumbas de transición de la época megalítica. Devereux descubrió que estas construcciones estaban diseñadas para realzar el rango vocal del hombre adulto, con lo que se intensificarían los efectos de los cantos masculinos.[44] Pudo darse cuenta de esto porque había partido del supuesto de que los artistas originales eran personas inteligentes. Trato esta información con mayor detalle en mi libro de 2004 titulado *Alquimia de las nueve dimensiones*.

**Fig. 3.10.** *Litófonos en la caverna paleolítica de Cougnac, Francia, con estalactitas y estalagmitas que parecen ser tubos acústicos.*

## LA UNIVERSIDAD GEOLÓGICA MEGALÍTICA DE CARNAC EN FRANCIA

Los pueblos del Paleolítico usaban tecnologías de sonido avanzadas, y hay abundantes pruebas de que los sobrevivientes del cataclismo (durante la fase megalítica) mantuvieron la práctica de estos principios científicos. El ingeniero francés Pierre Mereaux estudió los complejos megalíticos de Carnac y los que se pueden encontrar en torno al Golfo de Morbihan en la Bretaña francesa. Estos complejos se remontan a 7.000 años atrás y eran utilizados hasta hace aproximadamente 4.000 años.

Aunque pocas personas tienen conocimiento de las investigaciones de Mereaux, éste ha demostrado en esencia que los constructores de Carnac la utilizaron como universidad geológica megalítica donde una élite formada por sacerdotes impartía lecciones sobre el poder de las ondas sonoras y el movimiento tectónico.[45] Concluyó que estos pueblos de la antigüedad sabían valerse el magnetismo para potenciar la inteligencia humana, la genética, la reproducción y los poderes de curación, y plantea la hipótesis de que los megalitos fueron erigidos debido a los efectos de sus campos sobre el cuerpo humano.[46] Por mi parte, he sugerido en *Alquimia de las nueve dimensiones* la posibilidad de que los habitantes de Carnac usaran la tecnología de curación de los megalitos para eliminar el estrés postraumático ocasionado por el cataclismo y por la elevación del nivel del mar.[47] Si hay una ciudad sumergida en la plataforma continental frente a Marsella, también podría haber una en el Golfo de Morbihan. Los arqueólogos han descubierto muchos otros círculos de piedra, tumbas de transición y túmulos en la plataforma marítima junto al Golfo de Morbihan.

**Fig. 3.11.** Carnac, Francia.

Gerry y yo pasamos una hermosa velada en la playa cerca de Carnac, mirando la puesta de sol por detrás de un hermoso sepulcro de transición a medio sumergir en un islote que se está hundiendo gradualmente en el golfo. Podríamos haber pagado a barqueros para que nos llevaran a otros sitios que también están perdiéndose en el mar. Carnac tiene algunos túmulos exquisitos y espero que Paul Devereux pueda estudiar sus propiedades acústicas para determinar si los primeros constructores de Carnac utilizaban el sonido con fines de curación. He sentido esta posibilidad en muchos sitios megalíticos, lo que me lleva a creer que tal vez existía una ciencia acústica y magnética avanzada en la civilización marítima mundial, aunque sólo encontramos vestigios desgastados en los sitios megalíticos. ¿Será posible que seamos sensibles al magnetismo porque pone al cerebro en sintonía?

Conozco un poco de las técnicas modernas de curación con sonido. Gerry y yo cursamos en el año 2000 el seminario de sonido y curación impartido por John Beaulieu.[48] Éste es un gran maestro de muchas técnicas de sanación, y desarrolló las técnicas de curación física valiéndose de diapasones. En el seminario, aprendimos a armonizar las frecuencias de los órganos humanos mediante el uso de diapasones calibrados para ajustar las frecuencias descompensadas de cualquier órgano. Cuando trabajé con los diapasones sobre los cuerpos de otras personas, ¡podía oír a sus órganos vibrar con distintos tonos! Eran unos sonidos impresionantes.

Con este método es posible obtener una sanación casi instantánea a nivel celular, pero los clientes suelen evitar esta forma de sanación porque las vibraciones correctas tienen el efecto de liberar rápidamente los bloqueos emocionales. Por ejemplo, una persona verdaderamente enojada puede sentir una gran liberación emocional cuando recibe las vibraciones en el hígado, pero la sensación no es nada agradable debido a la intensidad de la liberación. Creo que en muchos casos los diapasones liberan traumas del cataclismo prehistórico (y también bloqueos emocionales de la vida actual). Según lo que sabemos de los vestigios megalíticos, es probable que los chamanes del submundo regional hayan usado rocas, cavernas y túmulos con fines de sanación y para ayudar a la gente a mantenerse en equilibrio con la naturaleza, y ahora estamos comenzando a retomar algunos aspectos de esta tecnología.

El hecho de que un número tan reducido de personas estén enteradas de estos increíbles hallazgos se debe a que, cuando los arqueólogos tratan de deducir la verdad relativa a los vestigios antiguos, a veces presentan la misma tendencia al *rigor mortis* mental que experimentan los fundamentalistas acerca de los largos ciclos de la evolución. No obstante, a pesar de los dogmas prevalecientes, hay investigadores del nuevo paradigma como Pierre Mereaux, Paul Devereux y Graham Hancock que han logrado fantásticos avances en el análisis de datos durante aproximadamente los últimos veinte años. Pero muchos de ellos dedican demasiado tiempo a tratar de enfrentarse a los ortodoxos, quienes simplemente les hacen caso omiso o tratan de desacreditarlos. Creo que las discusiones sobre el viejo paradigma son hoy por hoy una gran pérdida de tiempo porque la aceleración del tiempo está despertando a las personas y, mientras más jóvenes sean éstas, más les sorprende que semejantes ideas limitadoras hayan podido ser la filosofía dominante en algún momento. Si los arqueólogos nunca han podido determinar para qué se usaba un sitio como Carnac y no tienen la curiosidad necesaria para examinar las geniales ideas que Mereaux plantea al respecto, ¿por qué hemos de perder el tiempo con su mentalidad estrecha? Es más fácil, más entretenido y más productivo seguir a los investigadores del nuevo paradigma. Veamos entonces lo que dice una de mis maestras favoritas, la Dra. Felicitas Goodman.

## LAS POSTURAS CORPORALES RITUALES Y EL TRANCE EXTÁTICO

La difunta Dra. Felicitas Goodman fue una brillante antropóloga que se valía de las facultades intuitivas femeninas para explorar el submundo regional. Los cursos de antropología basados en una filosofía dominantemente masculina en la universidad me resultaban insoportables, pero entonces conocí a Felicitas. En este momento necesitamos ciertas revisiones radicales en el campo de la antropología, y la sabiduría femenina es esencial a este respecto. Goodman ha abierto una nueva y refrescante perspectiva en la antropología y, como usted habrá adivinado, la antropología ortodoxa simplemente insiste en marginar sus descubrimientos.

Estudié con la Dra. Goodman desde 1994 hasta su muerte en 2004, a los noventa años de edad. La Dra. Goodman descubrió una serie de posturas rituales que, por lo menos en los últimos 40.000 años, eran utilizadas por las personas como un medio para mantenerse en sintonía con la naturaleza. Actualmente soy instructora en su centro de estudios de antropología, el Instituto Cuyamungue de Nuevo México,[49] donde imparto seminarios sobre el trance extático, una técnica chamánica que se utiliza para entrar en estados de conciencia alterados. Esta técnica me gusta, entre otras razones, porque permite que cualquier persona de cualquier cultura experimente otros mundos. Mi trabajo con las posturas rituales me ha proporcionado las mejores reflexiones sobre los pueblos del submundo regional.

Goodman descubrió que algunas figurillas y pinturas rupestres antiguas representan "instrucciones rituales" para ingresar en la "realidad alterna", término con el que ella se refiere a los otros mundos.[50] Goodman describe que, cuando una persona asume una postura específica combinada con una estimulación rítmica, como la producida por cascabeles o tambores, y entra en trance, "el cuerpo sufre temporalmente grandes cambios neurofisiológicos y surgen experiencias visionarias que son específicas de la postura particular en cuestión".[51] En condiciones normales de aprendizaje, la carga negativa del cerebro es de 250 microvoltios pero, en estado de trance, muchas personas registran aumentos de 1.000 a 2.000 microvoltios en esa carga negativa.[52] Yo encuentro que la experiencia de trance activa la conciencia del hemisferio derecho del cerebro. Las pruebas de las ondas cerebrales también parecen sugerir esto, pues la actividad eléctrica del cerebro pasa al espectro de las ondas zeta.[53] Quizás esto se debe a que el hemisferio izquierdo del cerebro se equilibra con el hemisferio derecho cuando estamos en ese espectro.

En el Instituto Cuyamungue, denominamos a esta experiencia "trance extático". Francamente, esta práctica es la que me ha dado el valor necesario para tratar de penetrar en la conciencia del submundo regional. Me encuentro en medio de un proyecto de investigación en el que

**Fig. 3.12.** *Pintura en la gruta ritual de Lascaux, Francia. El hombre itifálico demuestra una postura corporal ritual que data de hace 15.000 años.*

exploro los submundos por medio del trance extático, y algún día podré presentar mis conclusiones. Lo que sucede durante el trance puede proporcionarnos acceso directo a la conciencia del mundo regional cuando usamos posturas de hace más de 12.000 años. La mayoría de las posturas rituales descubiertas por Goodman datan de apenas mil años atrás, pero algunas de ellas son de cazadores y recolectores, pues algunas de las culturas que las inventaron se encontraban en la fase de cazadores y recolectores y otras las recibieron como legado de los grupos hortícolas de hace mucho tiempo. Sospecho además que muchas de las posturas de los últimos 3.000 años son en realidad versiones cuidadosamente conservadas y más recientes de posturas más antiguas. Hemos encontrado algunas que datan directamente del Paleolítico, como la postura de la Venus de Galgenberg de hace 32.000 años, la postura de la Venus de

**Fig. 3.13.** *La Venus de Galgenberg.*

Laurel, que data de 25.000 años atrás, y la postura de la caverna de Lascaux, de hace 15.000 años.[54]

Fíjese en la ilustración de la Venus de Galgenberg e imagínese que puede retrotraerse al mundo de ella. Al asumir posturas del Paleolítico, encuentro que la energía del cuerpo de una persona es mucho más intensa que cualquier otra cosa que haya experimentado antes. Muchas personas no pueden siquiera mantener estas antiquísimas posturas durante más de unos pocos minutos. Los pueblos del submundo regional tenían seguramente elevadísimos niveles de energía en el cuerpo y en el entorno, cosa que ya no sentimos en la actualidad. Definitivamente, los descubrimientos de Pierre Mereaux y Paul Devereux nos llevan en esa dirección.

Usted se preguntará adónde lo llevaré en el próximo capítulo. Hay muchas más pruebas de la existencia de una conciencia avanzada durante la civilización marítima mundial y en el submundo regional, así como de la existencia de culturas avanzadas de 9000 a 3000 d.C. Me resulta difícil no presentar más datos de esta índole, pues son en extremo fascinantes. Si desea saber más, puede leer algunos de mis libros anteriores y de las obras de los escritores del nuevo paradigma. Es probable que siga presentando datos sobre los conocimientos antiguos obtenidos a través de la arqueología y la antropología, y del uso de posturas rituales, a medida que éstos vayan dándose a conocer.

En el próximo capítulo, examinaremos la influencia de la sincronización galáctica de 1998, que está impulsando a todos los seres humanos a evolucionar veinte veces más rápidamente durante el submundo galáctico que comenzó el 5 de enero de 1999. Como evolucionaremos veinte veces aún más rápido durante el submundo universal en 2011, es hora de que todos nos pongamos al día y aprendamos a vibrar de nuevo con la naturaleza.

# 4

# LA ENTRADA EN
# LA GALAXIA
# DE LA VÍA LÁCTEA

## LA ALINEACIÓN DEL SOL DEL SOLSTICIO
## DE INVIERNO CON EL PLANO GALÁCTICO EN 1998

En algún momento en 1998, el sol del solsticio de invierno pasó a alinearse con el plano de la galaxia de la Vía Láctea. Como expliqué en el capítulo 1 y resumiré aquí, según la hipótesis de John Major Jenkins, ya desde 100 a.C., los astrónomos mayas en Izapa calculaban la posición del sol del solsticio de invierno y su aproximación al centro de la galaxia. Después de aproximadamente 100 años de observar la posición que el sol del solsticio de invierno ocupaba en la eclíptica, estos astrónomos calcularon que el sol cruzaría el plano galáctico cerca del centro de la galaxia en aproximadamente dos mil años, o sea, alrededor de 2011 ó 2012. Jenkins propone que los mayas, tomando el fin de su calendario como punto de referencia final, compusieron el calendario de la cuenta larga basado en el comienzo de la civilización y su próximo fin.

En vista de que la alineación más cercana del meridiano del solsticio con el plano galáctico (el cruce del plano de la eclíptica de la galaxia) ocurrió realmente en 1998, es sorprendente comprobar que los astrónomos de Izapa tenían un error de apenas catorce años. Pero resulta que si tenemos en cuenta la teoría de Calleman de la aceleración del tiempo, esos astrónomos eran mucho más listos de lo que imaginamos: ¡La alineación de 1998 creó en realidad cambios físicos en la Tierra que podrían ser necesarios para la próxima aceleración evolutiva multiplicada por veinte durante el submundo galáctico! El comienzo del submundo galáctico el

5 de enero de 1999 fue el momento en que nuestra conciencia se aceleró veinte veces más que durante el submundo planetario (1755–2011 a.C.). Exploraré la posibilidad de que los mayas hayan sabido que sería necesaria la alineación con el centro de la galaxia para que la humanidad pasara a este rápido nivel de cambio que vendría al final del calendario.

Como verá dentro de un momento, cuando tuvo lugar la alineación en 1998, se registraron monumentales cambios geofísicos y astrofísicos en la Tierra y el universo. Si se usa el año 9500 a.C. como dicotomía en la línea cronológica evolutiva, es posible que algunos de los cambios ocurridos en 1998 hayan modificado pautas en la Tierra que se habían establecido hace apenas 11.500 años. En otras palabras, *la alineación galáctica tiene ya un enorme efecto en el ajuste gradual de nuestro planeta ante el cataclismo,* especialmente en lo que respecta a nuestra conciencia. Aún más allá, exploraré la posibilidad de que este período comprendido entre 9500 a.C. y 2011 d.C. encuentre referencia en las escrituras sagradas de la India (los Vedas) y que el conocimiento maya y védico sean de la misma fuente. Se trata de ideas radicales, pero el submundo galáctico es una época muy radical; es casi imposible que la mente vaya demasiado rápido.

## SÉPTIMO DÍA DEL SUBMUNDO NACIONAL

El séptimo día de cualquier submundo es cuando se experimenta la fructificación de ese submundo, el momento en que la esencia de toda esa aceleración se vuelve muy visible. El cuadro adjunto muestra las creaciones durante el séptimo día de los siete primeros submundos. Por supuesto, hasta el año 2011 no sabremos cuáles serán las creaciones del séptimo día de los submundos galáctico y universal.

En el caso del submundo nacional de 5.125 años de duración, el séptimo día comenzó en 1617 d.C. En 1648 se firmó el Tratado de Paz de Westfalia, que puso fin a la Guerra de los Treinta Años, la que estalló al comienzo del séptimo día. Esta guerra y el posterior tratado representaron la gestación del Estado-nación moderno al reconocer el *principio de la soberanía,* o sea, la supremacía de los derechos de cada país, lo cual fue el fruto de la evolución histórica de la civilización en los últimos 5.125 años. Al mismo tiempo, la ciencia moderna despertó en el siglo XVII. Justo antes de iniciarse el séptimo día del submundo nacional, Giordano Bruno fue quemado en la hoguera en 1600 d.C.

Bruno era uno de los nuevos científicos que estaban convencidos de que la Tierra giraba alrededor del Sol y, por lo tanto, propugnaba la teoría heliocéntrica. Y en 1619, Johannes Kepler publicó *De Harmonie mundi* que, según Calleman, fue el primer momento en que se usaron las matemáticas superiores para formular las leyes de la naturaleza.[1]

Esta perspectiva novedosa pero al mismo tiempo antiquísima significaba que los seres humanos tenían que darse cuenta de que su comprensión actual del firmamento era completamente ilusoria, que el centro no era la Tierra, sino el Sol. Además, este reconocimiento representaba los primeros pasos para llegar a recordar conocimientos mucho más antiguos, pues hay abundantes pruebas de que los mayas clásicos, los egipcios, la civilización védica y otras culturas antiguas sabían que la Tierra giraba alrededor del Sol. Estas culturas sabían incluso que nuestro sistema solar gira alrededor del centro de la galaxia y consideraban que nuestra posición en relación con la galaxia tenía una influencia en lo que acontecía en nuestro planeta, como verá en este capítulo.

Durante el séptimo día del submundo nacional, los europeos despertaron de la Era del Oscurantismo, que fue una época de gran regresión para

| Comienzo del ciclo de máxima expresión en el séptimo día (fecha científica) | | |
|---|---|---|
| Universal | 2011 d.C. | ? |
| Galáctico | 2011 d.C. | ? |
| Planetario | 1992 d.C. | Redes computacionales (1992) |
| Nacional | 1617 d.C. | Naciones modernas (1648) |
| Regional | hace 8.000 años | Agricultura (hace 8.000 años) |
| Tribal | hace 160.000 años | Homo sapiens (hace 150.000 años) |
| Familiar | hace 3,2 millones de años | Australopithecus africanus (hace 3 millones de años) |
| De los mamíferos | hace 63,4 millones de años | Mamíferos placentarios (hace 65 millones de años) |
| Celular | hace 1.260 millones de años | Células eucarióticas (hace 1.500 millones de años) |

**Fig. 4.1.** *Séptimo día de los nueve submundos. (De Calleman,* Solving the Greatest Mystery of Our Time: The Mayan Calendar *[Cómo resolver el misterio más grande de nuestros tiempos: El calendario maya].)*

muchos pueblos occidentales. Imaginemos por un momento cómo eran sus vidas. Después del desmoronamiento del Imperio Romano durante el siglo V d.C. y la regresión de Occidente, imagínese la sensación de seguridad y permanencia que sentirían las personas en la Era del Oscurantismo al creer que vivían en el mismísimo centro del universo de Dios.

Cuando Europa despertó durante el siglo XVII, unos pocos científicos comenzaron a darse cuenta de que la Tierra giraba alrededor del Sol, el cual se desplazaba por el espacio en un universo en increíble expansión. Debido que esta idea representaba una gran amenaza para el Vaticano, Giordano Bruno fue utilizado como chivo expiatorio para que otros científicos supieran que podrían correr la misma suerte de morir asados. Esto significó que, cuando Copérnico, Kepler, Galileo y otros hacían sus cálculos correspondientes a la nueva astronomía (la mecánica celeste) estaban completamente solos en su nueva búsqueda. Les entusiasmaban mucho los cálculos y el estudio de las esferas celestes, pero tenían que comunicarse entre sí en secreto.

A consecuencia de lo sucedido a Bruno, las teorías de estos visionarios eran potencialmente heréticas y, por lo tanto, fueron rechazadas de plano por la ortodoxia intelectual y cultural de la época. Actualmente sabemos que esas teorías radicales eran correctas. Y si bien los humanos se adaptaron gradualmente a la idea de que la Tierra no era el centro del firmamento, resulta irónico que lo único que hacían con esto era recuperar antiguos conocimientos científicos, de hace muchos miles de años.

## LA CONCIENCIA GALÁCTICA DESDE 1998

Los físicos, astrónomos y astrofísicos han ido registrando en mapas los distintos confines del universo desde los años 50. El público actual en general sabe que el Sol gira en torno al centro de la galaxia de la Vía Láctea en una órbita de 225 millones de años, y que se encuentra a unos veintisiete años luz de ese centro. Nuestra galaxia es parte de un conjunto de galaxias denominada Superconjunto de Virgo, y hay muchos otros superconjuntos similares en el universo.[2]

Misteriosamente, *los cosmólogos descubrieron en 1998 que la expansión del universo había comenzado repentinamente a acelerarse.* Es posible que este cambio constituya en última instancia la demostración de la teoría de las supercuerdas (la idea de que el universo está compuesto por cuerdas vibrantes que funcionan en diez dimensiones) porque sugiere que la *quintaesencia*, una extraña forma de energía que puede ejercer una fuerza antigravitacional, sufrió algún tipo de cambio en 1998. O sea, los cosmólogos consideraron la posibilidad de que *la quintaesencia haya empezado a acelerar la expansión cósmica en 1998*.[3] Esto tiene que ser un efecto proveniente de otra dimensión, que en mi modelo sería la novena, o sea, la dimensión del calendario maya.

Los cosmólogos se han adentrado justo a tiempo en la verdadera naturaleza de nuestra galaxia y de nuestro lugar en ella, pues el propósito del submundo galáctico es la recuperación de la conciencia galáctica. Parece ser que ciertas fuerzas cosmológicas fundamentales cambiaron en 1998, lo que me ayuda a entender cómo es posible que exista la aceleración multiplicada por veinte, que comenzó el 5 de enero de 1999. ¿Qué cambios ocurrirán en el universo cuando empiece la aceleración del submundo universal en 2011? Si la ciencia es el lenguaje de nuestra época, mientras más información científica obtengamos sobre, la Vía Láctea, mejor. Como verá en este capítulo, es muy probable que los mayas y otras civilizaciones altamente desarrolladas supieran más sobre la galaxia de lo que ahora sabemos. En cuanto a la aceleración evolutiva multiplicada por veinte, éste es el momento de comprender las distorsiones temporales del submundo galáctico superpuestas sobre el submundo planetario (1755–2011 d.C.), a su vez superpuestas sobre el submundo nacional (3115 a.C.–2011 d.C.), y así sucesivamente. El submundo planetario aceleró nuestra salida de la lentitud relativa del submundo nacional mediante la aceleración del tiempo en veinte veces. Esta recuperación de una perspectiva científica precisa del universo ha pasado a ser omnipresente desde 1992 gracias a las redes computacionales. Entretanto, durante el séptimo día del submundo nacional y durante todo el submundo planetario, *la perspectiva científica materialista ha eliminado la comprensión espiritual de la ciencia.*

Este enfoque no será válido durante el submundo galáctico porque ahora el enfoque materialista y el enfoque espiritual sobre la ciencia son necesarios por igual. En cuanto al concepto de Calleman sobre la "ronda planetaria de la luz" mencionado en el capítulo 3, el submundo galáctico representa una fase dualista que favorece el acceso al hemisferio derecho del cerebro, que es muy espiritual.[4] A eso se debe que haya un interés cada vez mayor en la ciencia espiritual en nuestra cultura. Es ejemplo de ello la increíble popularidad del libro del Dr. Masaru Emoto *Los mensajes ocultos del agua.*[5]

Como señalé anteriormente, me pareció fascinante que la estela de Cobá haya sido descifrada en los años 50, cuando también se conformó la línea cronológica científica de la evolución. Casualmente, la fase de florecimiento del submundo planetario en el sexto día tuvo lugar entre 1952 y 1972: ¡de nuevo los años 50! Podemos comprender más sobre la convergencia de tantas teorías científicas en la actualidad si examinamos más de cerca el submundo planetario, lo que nos ayudará a comprender la naturaleza de la aceleración multiplicada por veinte dentro del submundo nacional.

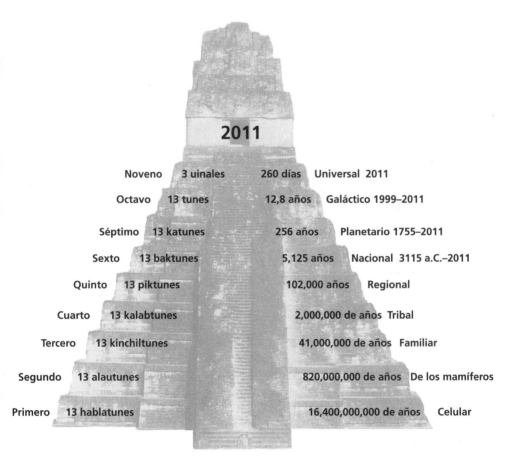

**Fig. 4.2.** *La pirámide cósmica de nueve niveles que simboliza los nueve submundos de la creación. Cada uno de estos niveles desarrollan cierto tipo de conciencia y todos alcanzan su punto culminante el día 13 Ahau, 28 de octubre de 2011. (Adaptado de Calleman,* El Calendario Maya y la Transformación de la Consciencia.*)*

## LA ACELERACIÓN DEL SUBMUNDO PLANETARIO: 1755–2011 d.C.

Calleman observa que la mejor forma de ver la influencia de la aceleración multiplicada por veinte en 1755 (en medio del séptimo día del submundo nacional) consiste en seguir el desarrollo de las telecomunicaciones, como se aprecia en la figura 4.3.

Como mismo ocurrió en el submundo de los mamíferos de 820 millones de años, la creación en el submundo planetario tiene lugar durante los días y la integración, durante las noches. Como puede ver en el cuadro, el telégrafo apareció en 1753 y, al cabo de años de evolución hasta 1952, al inicio del sexto día, se realizaron las primeras transmisiones públicas de televisión. Nunca olvidaré ese momento. Teníamos un piano de cola en la sala de la casa. Yo había empezado a recibir clases de piano cuando tenía cuatro o cinco años de edad y, cuando tenía nueve años en 1952, estaba estudiando piano con un maestro excelente. Pero no hubo miramientos con nada de eso cuando la televisión irrumpió en la escena: quitamos el piano de la sala para poner en su lugar un flamante televisor.

¿Hay algo que haya cambiado nuestro modo de vida básico en mayor medida que la televisión? Pensemos también en los cambios que han acarreado las computadoras. Como señala Calleman, el submundo planetario representó el inicio de la industrialización, y la comunicación por mensaje escrito durante el submundo nacional ya no era lo suficientemente rápida.[6]

Debido a la aceleración, hubo un movimiento dirigido a desarrollar la tecnología, y fue necesario establecer una red común de comunicación: la Internet. Este movimiento que comenzó con el telégrafo entrañó una evolución que desembocó en la creación de Internet y que es la fuerza impulsora de un nuevo nivel de creatividad humana. Creo que para 2011 dispondremos de tecnologías cuánticas. En la figura 4.3 se verifica realmente la aceleración durante los días del submundo planetario, del mismo modo que se había visto en los días del submundo de los mamíferos; las concordancias son sorprendentes y significativas.

En vista de que los años 50 y 60 son parte del sexto día del submundo planetario (el florecimiento de los sistemas de comunicación), podemos ver por qué tantos bancos de datos complejos se estaban formulando durante los años 50. Esta explosión de creatividad exigía fuertes vínculos entre toda la humanidad; la televisión permitió hacer llegar la novedad a todo el planeta. ¿Recuerda los buenos tiempos cuando era posible obtener información importante a través de la televisión? Ahora sólo la Internet y los teléfonos celulares proporcionan la libertad deseada. No obstante, del mismo modo en que la televisión se convirtió en un medio controlado en los años 90, en este mismo instante las élites mundiales están estableciendo controles sobre la Internet y los teléfonos celulares.

Sin embargo, a diferencia de la televisión, actualmente la aceleración del tiempo es demasiado rápida para detener las corrientes de información y lo próximo será el advenimiento de las comunicaciones cuánticas,

| Fase de crecimiento<br>N° de día y de cielo<br>Deidad preponderante | Período | Invención<br>o<br>Acontecimiento |
|---|---|---|
| **Siembra**<br>Día 1, Cielo 1<br>dios del fuego y el tiempo | 1755–1775 | **Principios teóricos del telégrafo**<br>Anónimo (1753)<br>Bozolus (1767) |
| **Germinación**<br>Día 2, Cielo 3<br>diosa del agua | 1794–1814 | **Telégrafo óptico**<br>Chappe, Paris-Lille (1794)<br>Suecia (1794) |
| **Retoño**<br>Día 3, Cielo 5<br>diosa del amor<br>y el alumbramiento | 1834–1854 | **Telégrafo eléctrico**<br>Morse (1835)<br>Línea Washington-Baltimore<br>(1843) |
| **Proliferación**<br>Día 4, Cielo 7<br>dios del maíz y<br>el sustento | 1873–1893 | **Teléfono**<br>A. G. Bell solicita la patente (1876)<br>Primera estación telefónica<br>(en E.U., 1878) |
| **Brote**<br>Día 5, Cielo 9<br>dios de la luz | 1913–1932 | **Radio**<br>Primera transmisión regular<br>(en E.U., 1910; en Alemania, 1913) |
| **Florecimiento**<br>Día 6, Cielo 11<br>diosa del nacimiento | 1952–1972 | **Televisión**<br>Primera transmisión pública<br>(en Inglaterra, 1936)<br>Primera transmisión de TV en colores<br>(en E.U., 1954) |
| **Fructificación**<br>Día 7, Cielo 13<br>Dios dual/creador | 1992–2011 | **Redes computacionales**<br>Internet (1992)<br>Canales mundiales de TV<br>Telefonía móvil |

**Fig. 4.3.** *La evolución de las telecomunicaciones durante el submundo planetario. (Ilustración de Calleman,* El Calendario Maya y la Transformación de la Consciencia.*)*

pues los seres humanos estamos desarrollando más nuestras capacidades telepáticas. Esto se debe al carácter dualista y orientado al hemisferio derecho del cerebro del submundo galáctico y a lo que sucede a la conciencia humana cuando nos volvemos galactocéntricos. Como mismo sucedió con la increíble genialidad del calendario maya, la humanidad está atravesando ahora mismo un abrumador proceso de despertar intelectual. Profetizo que en 2011 durante el submundo universal todos seremos síquicos, tal como eran los seres humanos hace miles de años durante el submundo regional.

Para entender realmente la aceleración del tiempo, la aceleración multiplicada por veinte en 1755 durante el séptimo día del submundo nacional es la forma más clara de que disponemos para sentir cómo funciona la aceleración del tiempo. Esto se debe a que muchos de nosotros sabemos bastante sobre los submundos planetario y nacional y la mayoría de las personas han sentido que sus vidas desde 1999 han tomado visos muy peculiares. Piense en el nivel de intensidad y eficacia del cambio que comenzó apenas en 1755 con la industrialización; piense luego en la rapidez con que ha transcurrido la vida desde 1755 en comparación con el siglo XVI, por ejemplo. Remóntese entonces a 1999, cuando el mundo se convirtió en un lugar muy extraño después de fortalecerse la energía del submundo galáctico.

En enero de 1999 en la ermita Kripalu en Lenox, Massachusetts, llevé a cabo junto con mis estudiantes la primera activación del plan de las Pléyades con música original compuesta por Michael Stearns. Después de eso todos disfrutamos un concierto en la ermita con un grupo llamado Galactic Gamelan, del Instituto de Tecnología de Massachusetts, cuyos integrantes habían sido entrenados por un maestro balinés de gamelán. Ninguno de nosotros sabía que el grupo musical aparecería inmediatamente después de nuestra activación, por lo que tuve que extender la lección para dar cabida al concierto. Me quedé muy conmovida al ver que detrás del altar de la ermita, que estaba repleto de estatuas de santos indios, ¡había una inmensa composición en mosaico que representaba a San Ignacio de Loyola de pie sobre un promontorio y señalando hacia las Pléyades! Fue un momento mágico y todos sentimos que estaba sucediendo algo completamente nuevo. Estas reflexiones que se remontan a principios de 1999 parecen indicar de veras que se están cumpliendo las previsiones sobre las convergencias que están sucediendo en la ciencia y en las investigaciones sobre el calendario maya. Actualmente se está registrando una explosión virtual de creación que está impulsada por el "diseñador inteligente", y encuentro que el factor evolutivo de la aceleración del tiempo de Calleman es la única explicación que ayuda con el vertiginoso ritmo de las cosas. Es buena idea que vuelva al 5 de enero de 1999 y reflexione sobre lo que usted ha hecho a partir de ese momento, sobre la base del sistema de tunes de 360 días de los mayas. En el apéndice C he incluido una pirámide relacionada con ese proceso, con instrucciones para su uso.

## LA ASTRONOMÍA Y LA ASTROFÍSICA GALACTOCÉNTRICAS

Como este capítulo está dedicado a entender lo más posible sobre la idea de que la humanidad se vuelva *galactocéntrica* durante el submundo galáctico, volveremos a la contemplación de la astronomía y la astrofísica. Si bien esta nueva cosmología es incluso más radical y difícil de aceptar que la idea del heliocentrismo, los antiguos sabían que *el verdadero secreto de entrar en el universo consiste en penetrar en el centro de la galaxia.*

Como probablemente sabe, cuando un observador mira hacia la inmensidad del cosmos, está mirando hacia el pasado. Hasta la fecha, los astrónomos con sus telescopios modernos han podido remontarse hasta 15.000 millones de años hacia el pasado y, en 2011, podrán remontarse a 16.400 millones de años atrás. O sea, mientras más lejos lleguen los astrónomos en el espacio con sus telescopios, más atrás van en el tiempo. Cuando he tratado de entender el verdadero significado de poder mirar hacia atrás hasta el comienzo de la creación, el concepto me ha resultado difícil de asimilar, pero lo que sí entiendo es que se basa en la velocidad de la luz. Los chamanes mayas decían que estaban mirando hacia el momento de la creación y que, sobre esa base, fueron determinando la línea cronológica de lo que ha acontecido hasta el día de hoy. Específicamente, los chamanes mayas decían que estábamos desenvolviéndonos con la mente divina a lo largo de diversas eras cósmicas en un proceso evolutivo y cíclico de nacimiento, destrucción y renacimiento. Como dice Douglas Gillette en su fascinante obra *The Shaman's Secret* [*El secreto del chamán*]: "El universo de nuestras ciencias más avanzadas es pasmosamente similar al cosmos imaginado por los mayas".[7]

Comencé este capítulo intentando mostrar un poco más sobre los cambios literalmente fantásticos que ha ido experimentando la mente humana durante los últimos 400 años. Presento estas ideas porque me parece verdaderamente alucinante el grado en que debemos integrar nuestro pensamiento durante el submundo galáctico. La creación de las comunicaciones modernas comenzó en el submundo planetario y, cuando la televisión creó un dispositivo mental de alcance mundial, el público debió de repente imaginarse a la Tierra en un nuevo lugar en el universo, viajando a toda velocidad a través de la oscuridad del espacio, aunque hasta hace muy poco no éramos más que simios.

Desde los años 50, hemos tenido que reflexionar profundamente sobre nuestras identidades y el lugar que ocupamos en el universo, y nos encontramos en el medio de un avance increíble cuyas dimensiones místicas harán que los seres humanos pronto olvidemos nuestras diferencias. El mundo contemporáneo resulta muy distinto cuando se tiene en cuenta el carácter del submundo galáctico. Éste tiene una influencia en el hemisferio derecho del cerebro que está produciendo un despertar espiritual en el Oriente, mientras que Occidente pierde su posición dominante.

Debido al carácter dualista del submundo galáctico, este proceso se ha caracterizado en sus inicios por la agresión extrema de Occidente contra el Oriente, que es más espiritual. Por ejemplo, al invadir la nación soberana de Irak en 2003, la administración de Bush echó por tierra el principio de soberanía que se había establecido en el Tratado de Paz de Westfalia de 1648. Sin embargo, en forma cada vez más marcada a lo largo de las últimas etapas del submundo galáctico, la dominación occidental se desmoronará y se alcanzará un equilibrio entre Oriente y Occidente. De modo similar a lo sucedido durante la Guerra de los Treinta Años, los agresores perderán su impulso. Menciono esta regresión porque quisiera dedicar un momento a determinar hasta qué punto usted encuentra realmente objeción a la grosera situación política mientras su mente se expande hacia la galaxia. Veámoslo a continuación.

## EL CRUCE DEL PLANO ECLÍPTICO DE LA GALAXIA EN 1998

La noticia verdaderamente importante para el mundo es que, desde 1998, *¡el sol del solsticio de invierno se alineó con el plano de nuestra galaxia!* La energía especial generada de este modo, con su nueva luz invernal, nos está ayudando a descubrir nuestro lugar en la galaxia y, durante esta experiencia, estamos obteniendo niveles máximos de

**Fig. 4.4.** *La alineación del meridiano del solsticio con el ecuador galáctico. (Ilustración adaptada de Jenkins,* Galactic Alignment *[Alineación galáctica].)*

energía desde el centro de la galaxia. Por si alguien pensara que esto es palabrería de la Nueva Era, sépase que los astrónomos denominan a este fenómeno la alineación del meridiano del solsticio con el Ecuador galáctico, que se muestra en la figura 4.4.

Como estamos hablando del plano de la galaxia (o sea, el Ecuador galáctico) hay cierto desacuerdo entre los astrónomos acerca de la fecha exacta en que tuvo lugar esta alineación, aunque la mayoría de ellos coinciden en que ocurrió a mediados de 1998. El Observatorio Naval de los Estados Unidos dijo que la alineación exacta ocurrió el 27 de octubre de 1998, y los astrónomos ingleses también dijeron que fue en 1998, pero el 10 de mayo, o sea, unos meses antes. Ese día incluso hicieron una gran fiesta para celebrar el acontecimiento.[8] Ya he escrito abundantemente sobre esta alineación en *The Pleiadian Agenda* [*El plan de las Pléyades*], *Catastrofobia,* y *Alquimia de las nueve dimensiones.* John Major Jenkins también ha escrito mucho al respecto, al igual que otros investigadores.

Lo que importa en este caso es que la alineación astrofísica ocurrió en 1998, lo que se verificó por algunos cambios efectivos en la Tierra.

En *Alquimia de las nueve dimensiones*, señalé que esta alineación estaba sucediendo en un momento en que nuestro sistema solar se encontraba en su *perigalacticon* (el punto en que el sistema solar se encuentra más próximo al centro de la galaxia).[9] Es decir, que en los tiempos modernos estamos experimentando el contacto más intenso con las fuerzas del centro de la galaxia. El año 1998 fue el momento cumbre de esta intensidad y esto representa una confirmación contundente de la fecha propuesta por Calleman en relación con el inicio del submundo galáctico, a comienzos de 1999. Por supuesto, esto significa que en 1999 el tiempo se aceleró en veinte veces en comparación con el submundo planetario, lo que constituyó un cambio detectable. Los cambios en el planeta Tierra son la gran novedad de la alineación galáctica.

## EL ABULTAMIENTO DE LA TIERRA SURGIDO EN 1998

En 1998, hubo muchas pruebas de un gran cambio en la Tierra durante la alineación. Desde 9500 a.C. hasta 1998 d.C., las regiones de la Tierra que se encuentran en altas latitudes elevadas han comenzado a recuperar su forma ante el peso de los glaciares (o los efectos de conformación tectónica del cataclismo), lo que hizo que la masa terrestre se desplazara gradualmente hacia los polos. Repentinamente, en 1998, el campo gravitacional comenzó a fortalecerse en el Ecuador y a debilitarse en los polos, por lo que la rotación de la Tierra se hizo un tanto más lenta.[10] Entonces se formó un misterioso abultamiento en el Ecuador.[11] Esto representa un cambio absolutamente sin precedente para nuestro planeta en los últimos 11.500 años.

En 1995, cuando canalicé *The Pleiadian Agenda* [*El plan de las Pléyades*], los habitantes de las Pléyades hablaban de muchos cambios radicales durante 1998. A través de mí, revelaron que en 1998, "las ondas samadhi empezarían a influir radicalmente en la naturaleza."[12] Imagínese mi sorpresa cuando, en agosto de 1998, la Tierra fue bombardeada por una inmensa oleada de rayos X y rayos gamma procedentes de una estrella colapsada. Durante diez minutos, el cielo se llenó de luz y esto interrumpió el funcionamiento de muchos instrumentos científicos. Aún más importante, los astrónomos dijeron que ese momento había representado "el primer cambio físico observado en nuestra atmósfera ocasionado por una estrella distinta a nuestro Sol".[13] Cuando todavía no tenía ningún conocimiento sobre el submundo galáctico, dije en *Alquimia de las nueve dimensiones:* "Los humanos experimentamos en 1998 una sacudida de elevada energía que pudiera verse a la larga como *iniciadora de una nueva fase de la conciencia evolutiva*".[14] En unos instantes, veremos en qué pudiera consistir esa nueva fase de la evolución.

Tal es la importancia del período comprendido entre el 5 de enero de 1999 y el 28 de octubre de 2011, que he dedicado los capítulos 6 y 7 al submundo galáctico. En los capítulos anteriores a esos, trato de poner al submundo galáctico en su contexto más amplio de la nueva alineación de nuestro sistema solar en la galaxia de la Vía Láctea. La alineación de 1998 parece haber creado en nuestro planeta un nuevo campo de frecuencias, quizás un campo magnético, que nos está permitiendo soportar e integrar los cambios del submundo galáctico. Por ejemplo, en lo que respecta al bombardeo ocurrido en agosto de 1998, los científicos señalaron la posibilidad de que unas descargas cósmicas similares de rayos X cerca de la Tierra podrían haber sido la causa de las extinciones ocurridas en nuestro planeta en el pasado, las que también suelen tener una correlación con las rápidas fases de cambios evolutivos, como el Período Cámbrico hace 570 millones de años (567,9 millones de años según Calleman).[15]

Yo propongo que *tal vez en agosto de 1998 tuvo lugar la extinción de algunas formas de conciencia humana,* las formas de conciencia que no pueden sobrevivir en un entorno con tal nivel de activación. Únicamente en el futuro podremos saber con precisión en qué habrá consistido esa extinción. Sin embargo, como están las cosas, mientras más comprendamos sobre la naturaleza de estos cambios, más fácil nos será ir con la corriente en lugar de resistirnos a ella. Nuestra especie se encuentra bajo la influencia de fuerzas astronómicas que no se habían sentido en este planeta nunca antes, especialmente durante la existencia de la raza humana. El nivel de integración intelectual de la humanidad en los últimos cincuenta años resulta incomprensible para la mayoría de las personas, lo que ha suscitado una reacción defensiva de fundamentalismo. Entiendo que esto es así y me solidarizo con el problema, pero eso no quita que el fundamentalismo es un fenómeno retrógrado y peligroso. Por supuesto, incluyo en esa categoría al fundamentalismo islámico.

Cualquier estadounidense que tenga una hermana, hermano, padre, madre o hijo incapaz de pensar, sabe que el auge del fundamentalismo está causando gran dolor. En vista de que he escrito tanto sobre este

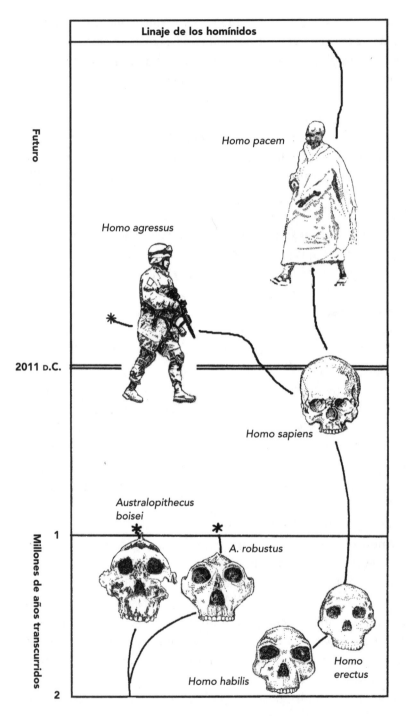

**Fig. 4.5.** Homo pacem. *El asterisco indica la fase en que las variedades evolutivas dejan de existir (véase la fig. 2.9).*

tema y de que he tenido la oportunidad de observar cómo nuestros estudiantes están procesando mentalmente la estupenda sincronización galáctica, quiero dedicar algún tiempo a referirme a una entidad que ha de convertirse en nuestra amiga en esta época: el agujero negro que se encuentra en el centro de la galaxia de la Vía Láctea. Un agujero negro es la oscuridad consumada, y tenemos que adoptar una perspectiva amistosa con respecto a esa oscuridad para que no consuma todo sobre la faz de la Tierra. Los fundamentalistas temen a la oscuridad, y por eso se inventan grandes sombras que amenazan a todo ser viviente, porque *la gran sombra de ellos es la adoración de la guerra*. La base misma del fundamentalismo consiste en que, si uno tiene la razón, tiene justificación para matar. Esta creencia no se corresponde con la verdad, es retrógrada desde una perspectiva evolutiva y, como puede ver en la figura 4.5, es una forma de adaptación humana que está tocando a su fin en estos momentos.

## LOS AGUJEROS NEGROS Y LAS SINGULARIDADES

Un agujero negro se forma cuando una estrella grande experimenta un rápido colapso gravitacional y es succionada por un embudo, compuesto por la curvatura espacio-temporal. Una vez que la materia es succionada hacia este embudo, resulta aplastada hasta alcanzar una densidad inimaginable. No obstante, como la materia es energía, se convierte en una singularidad (un punto de dimensión nula) y entonces dicha materia aparece en "un universo diferente", que pudiera imaginarse como un nuevo universo, o lo que el difunto Itzhak Bentov, un brillante explorador de la física y la conciencia, concibió como un "agujero blanco".[16] En la figura 4.6 se muestra este concepto, marcando el año 2012 como punto de la singularidad, lo cual representa una manera de imaginarnos adónde podríamos dirigirnos muy pronto.

En la figura 4.6 aparece 2012 y no 2011 como punto de la singularidad porque 2012 es el momento en que se completa la aceleración del tiempo de la Tierra, y durante 2012 la aceleración tendrá lugar en la galaxia de la Vía Láctea. Bentov observa que, a medida que avanzamos en el espacio, también nos estamos desplazando sobre un eje temporal, y eso es exactamente lo que es la onda temporal del calendario maya. Lo que se está ampliando es nuestra dimensión espacio-temporal (que en mi opinión está relacionada con el factor de aceleración del tiempo de

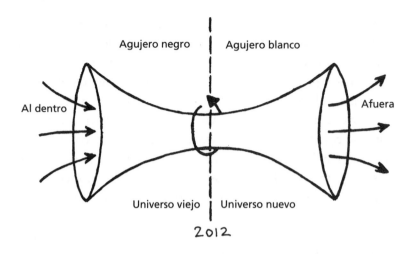

**Fig. 4.6.** *El nuevo universo. (Ilustración adaptada de Bentov,* Stalking the Wild Pendulum *[Al acecho del péndulo indómito].)*

20 × 20) y el mayor coeficiente de expansión se registra en el punto en que la materia invierte su dirección.[17]

El borde exterior del agujero negro se llama "horizonte de sucesos", lo que representa un límite más allá del cual no puede escapar la luz. Una vez que la materia atraviesa ese límite, es succionada por el agujero. Si el observador pudiera mirar hacia atrás después de haber sido succionado, vería la historia futura del universo sucederse rápidamente ante sus ojos; sin embargo, una vez dentro del agujero negro, el observador no podría comunicar nada de lo que hubiera visto a nadie que se encontrara fuera del agujero.[18]

Al examinar esta extravagante descripción de un agujero negro, los científicos tienen que ver la cosmología según las leyes de la física moderna, pero de todos modos reconocen que su propia descripción los deja perplejos. Lo que realmente importa es cómo podríamos sentirnos los seres humanos en un agujero negro, pues cada uno de nosotros es una entidad individual. A medida que uno se aproxima a la singularidad (que implica el paso a otro universo), siente como si estuviera siendo desmenuzado átomo por átomo. En la singularidad, todo lo que uno ha sabido jamás sobre el universo deja de ser válido. Cuando el observador atraviesa este punto, despierta como si hubiera renacido como adulto y se encuentra en un nuevo mundo, o sea, en el agujero blanco. La ilustración puede ayudarlo a imaginarse lo que sucedería a una persona que avanzara demasiado rápido sobre una patineta y cayera accidentalmente en un agujero negro.

Me encanta ver a los chicos con sus pantalones bombachos que casi se les caen mientras hacen piruetas y cabriolas en sus patinetas. ¡Me parece que están aprendiendo sobre agujeros negros! Como adulta, el submundo galáctico me parece como las fases iniciales de la caída en un agujero negro, y encuentro que es como si estuviera deslizándome sobre una patineta. El problema es que, si a mi edad y con mis canas me pusiera a pasear sobre una patineta, creo que el primer policía que me viera me arrestaría. ¿Le pasaría lo mismo a usted?

Fíjese en que este proceso que acabamos de describir entraña la distorsión del tiempo. Creo que el modelo de Calleman capta la esencia de la distorsión del tiempo porque los nueve niveles evolucionan simultáneamente y están apilados uno sobre otro. Es probable que los animales de hace 820 millones de años hayan tenido dificultades para sobrevivir a la aceleración del submundo celular. Sin embargo, desde el momento en que uno tiene en cuenta las nueve dimensiones de la conciencia, como sucede con mi modelo de nueve dimensiones, es posible imaginar esto, y así lo haremos más adelante. De momento, aún tenemos mucho que aprender sobre los agujeros negros.

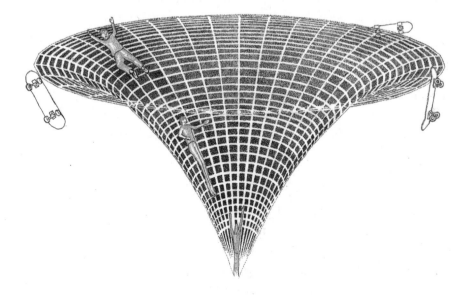

***Fig. 4.7.*** *Caída en un agujero negro.*

En *The Pleiadian Agenda* [*El plan de las Pléyades*], los habitantes de las Pléyades dijeron que el agujero negro en el centro de nuestra galaxia es la fuente del tiempo en el eje vertical de nueve dimensiones, o sea, la línea que conecta a las nueve dimensiones. Dijeron que el agujero negro es *un núcleo gravitacional giratorio que se manifiesta en ondas temporales, las cuales dan lugar a los sucesos en la Tierra.*[19] Dijeron que, una vez que el agujero negro comenzara verdaderamente a activarnos (en 1999), nos veríamos obligados a procesar traumas profundos y trascender la mera mentalidad de supervivencia; esto es exactamente lo que explica por qué el submundo galáctico es tan intenso. Dicho de otro modo, algo está sucediendo durante el submundo galáctico que hace posible que los seres humanos sientan la dinámica temporal de los agujeros negros.

En 1998, los físicos sugirieron que la gravedad puede ser una de las cuatro fuerzas fundamentales porque queda diluida al propagarse a través de las dimensiones invisibles. Esto da a entender que la gravedad podría ser la fuerza que vincula a las dimensiones invisibles que pueden ocasionar la aceleración del tiempo y que es, al mismo tiempo, el vínculo con estas dimensiones invisibles.[20] Piense en el agujero negro como un núcleo gravitacional giratorio que crea ondas temporales que propagan los acontecimientos por todas las dimensiones invisibles. Si le resulta imposible imaginar esto, le diré lo que me viene a la mente con esta idea: me hace imaginar inmediatamente a un chamán maya de hace dos mil años que se adentró en el agujero negro y regresó con su visión del futuro, reflejada en el calendario maya.

Los científicos dicen que, cuando un observador es succionado hacia un agujero negro, puede ver la historia futura del universo, pero no puede comunicar lo que ha visto. Es ahí donde la ciencia realmente tropieza debido a su perspectiva materialista, pues *la única manera de caer en un agujero negro es a través de la conciencia.* La conciencia no está limitada por el tiempo ni el espacio, por lo que, en la mente, uno puede efectivamente viajar a cualquier punto del universo, *y puede volver.* Esto es lo único que explica la genialidad de los mayas. Como verá en el capítulo 8, aún no he raspado siquiera la superficie de lo que los mayas llegaron a conocer. Lo que uno debe absorber en este caso es que *el acceso a la inteligencia del agujero negro de la Vía Láctea constituye la esencia de la presente etapa de la evolución.*

Una vez que vio el futuro, nuestro chamán maya pudo regresar con esa información y pudo comunicar el plan divino del universo que funciona a partir de la aceleración del tiempo. Creo que el concepto de los nueve submundos en aceleración predice el futuro hasta 2011 y que estamos pasando por los ciclos producidos por la rotación en torno al centro de la galaxia. Ésta debe ser la razón por la que, en 1995, los habitantes de las Pléyades colocaron el tiempo en la novena dimensión y lo llamaron Tzolkin (el calendario de los días), la dimensión más elevada a la que los seres humanos podemos acceder en este momento. Es decir, el gran Creador es el tiempo, que está en la dimensión más elevada según los habitantes de las Pléyades. Como tenemos la capacidad de comunicarnos con cualquier inteligencia en el universo, podemos comunicarnos con este ser, el Creador. Los mayas han demostrado esto y apenas ahora lo estamos entendiendo nosotros. Por ejemplo, el noveno submundo, que podría corresponderse con el Tzolkin de nueve dimensiones, durará apenas 260 días, lo que representa una sola ronda del Tzolkin.

La ciencia materialista excluye la posibilidad de acceder a la inteligencia de esta manera, pero el nivel de precisión evolutiva del calendario maya (como lo interpreta Calleman) demuestra que esto es efectivamente posible. ¿De qué otro modo podrían haber conocido los mayas las fechas de la línea cronológica de la evolución geológica y biológica o la creación del universo? ¿De qué otro modo podrían haberse enterado de lo que sucedería a la Tierra después de 1998? Durante nuestras activaciones, nuestros estudiantes viajan constantemente al centro de la galaxia y al agujero negro para obtener información. Pero muchos de ellos encuentran dificultades en estos tiempos debido al inmenso volumen de emociones que deben procesar a consecuencia de la aceleración.

¿Por qué resulta tan difícil sobrellevar esta aceleración? Somos seres que funcionamos con cuatro "cuerpos" de conciencia: los cuerpos físico, emocional, mental y espiritual. Debido al cataclismo ocurrido en 9500 a.C. y los ajustes subsiguientes, nuestros cuerpos emocionales están repletos de miedos y traumas sin procesar; ése es el tema de *Catastrofobia*. Me he convencido de que el eje de la Tierra ocupaba una posición vertical en sus revoluciones alrededor del Sol antes del desastre. Allan y Delair, y algunos otros autores, creen que el eje de la Tierra quedó inclinado en un ángulo de 23,5 grados hace apenas 11.500 años. En otras palabras, *la Tierra no sólo se convirtió en un icosaedro esférico con placas tectónicas que se ajustan entre sí, sino que se convirtió en un planeta inclinado.*

## LA TIERRA ICOSAÉDRICA INCLINADA

Debido a que las pruebas presentadas por Allan y Delair sobre la reciente inclinación del eje terrestre son tan convincentes, adopté su idea como hipótesis de trabajo mientras escribía *Catastrofobia,* pero no encontré ninguna manera de demostrarla. Sigo sin poder demostrarla. Sería necesario un gran grupo de astrofísicos para hacerlo, pues implica a todo el sistema solar. Hay muchas fuentes y crónicas mitológicas de pueblos indígenas que sugieren que, en épocas relativamente recientes, el eje de la Tierra era vertical. El apéndice A, que se refiere a las pruebas científicas de la reciente inclinación del eje, es tomado de *Catastrofobia.* Lo he incluido porque creo que se trata de una información de importancia monumental y porque ahora debo mencionar algunos detalles al respecto.

Fíjese, en el apéndice A, en que Allan y Delair dijeron que "el abultamiento ecuatorial sería un factor esencial de estabilización" si el eje de la Tierra no estuviera inclinado (o sea, si fuera vertical). Como ya hemos visto, la Tierra formó un abultamiento ecuatorial en 1998 cuando ocurrió la alineación galáctica. Muchas veces me he preguntado si la rotación de nuestro planeta está llevando gradualmente su eje a una posición vertical, y esta posibilidad encuentra respaldo en el abultamiento ecuatorial surgido en 1998. ¿Es esto lo que haría nuestro planeta si es cierto que su eje se inclinó hace sólo 11.500 años? ¿A eso es a lo que se refiere el fin del calendario? Como quizás sepan muchos lectores, el campo magnético de la Tierra ha ido perdiendo intensidad gradualmente en los últimos dos mil años, lo que ha llevado a muchos científicos a creer que podría ser inminente un cambio de polaridad. ¿No será más probable que ocurra una alineación del eje?

En general, con respecto al apéndice A, una simple observación que puede hacerse sobre la alineación vertical o inclinada del eje es que lo más natural sería que el eje de nuestro planeta fuera vertical en lugar de ser inclinado. Además, la inclinación existente es lo que uno esperaría de un desastre como el que describen Allan y Delair. Partiendo del supuesto de que el eje era aproximadamente vertical hasta hace 11.500 años, la humanidad se ha estado ajustando a un planeta radicalmente diferente desde entonces. Por ejemplo, si el eje no estaba inclinado antes del cataclismo, entonces *hasta 9500 a.C. no existía la precesión de los equinoccios.* Desafortunadamente, ésta es una cuestión compleja para tratarla en este libro. Pero debo incluirla porque el verdadero motivo de que estemos experimentando la alineación galáctica es que la precesión está haciendo que el sol del solsticio de invierno se alinee exactamente con el centro de la galaxia. Creo que *la precesión es un fenómeno muy reciente para la humanidad.*

## LA NUEVA PRECESIÓN Y EL RIG VEDA

Si es cierto que la precesión sólo comenzó hace 11.500 años, esto quiere decir que el actual acercamiento del Sol en el solsticio de invierno hacia el centro de la galaxia es el ápice de esta alineación, la cual está proyectando a la conciencia humana hacia la galaxia. Creo que la humanidad comenzó una nueva relación con la galaxia hace sólo 11.500 años, lo que da pie a todo tipo de ideas. Esto significaría, por ejemplo, que el planeta es ahora para nosotros muy distinto de cómo era durante la civilización marítima mundial del Paleolítico. Hay muchos motivos para creer que es así y opino que a eso se debe que la cultura de los ancianos haya instruido a las personas sobre la nueva inclinación del eje planetario. La esencia de la cultura de los ancianos puede encontrarse en las crónicas védicas porque los pueblos de la India han protegido muy fielmente sus conocimientos cósmicos y por eso en la actualidad tenemos acceso directo a esos conocimientos. *Veda* significa "conocimiento", mientras que en el lenguaje védico *maya* quiere decir "la ilusión del tiempo", ¡los nueve submundos!

Existen sólidas pruebas de que había una cultura de ancianos védicos hace 11.500 años. El autor indio B. G. Sidharth descodificó la astronomía de los Vedas, los escritos sagrados más antiguos en el mundo.[21] Pudo establecer que el Rig Veda, el más antiguo de los Vedas, data aproximadamente de 10.000 a.C. Esta fecha es tan cercana a 9500 a.C. que decidí confirmar el método de datación del autor. B. G. Sidharth observa que esta fecha equivale a "12.000 años divinos" o la Gran Era o Mahayuga.[22] Los años divinos védicos eran, como el año divino maya, de 360 días en lugar de 365. Esto le habrá llamado la atención, espero. En otras palabras, *¡los Vedas se basan en un año divino igual al año divino o tun de los mayas!* Por eso calculé doce mil años divinos de 360 días (en lugar de años solares de 365 días), ¡y esa fecha solar se corresponde exactamente con el año 9400 a.C.! Es decir, el Mahayuga védico comenzó justo después del cataclismo. Considero que ése fue el momento en que empezó efectivamente la precesión. Esto significa, entre otras cosas, que *el Rig Veda seguramente fue escrito para describir la precesión,* que era un fenómeno totalmente nuevo. Los efectos de la precesión en el firmamento (así como la inclinación del eje terrestre) habrían sido muy sorprendentes para los sobrevivientes del desastre. Su descripción era necesaria para ayudar a la gente a comprender la nueva astronomía; tal vez eso fue lo que inspiró los fragmentos más antiguos que se conservan del Rig Veda. Sidharth concluye que el Rig Veda "fue compuesto por un pueblo muy inteligente con conocimientos de trabajo astronómicos bastante avanzados, entre los que figuraban conceptos tan ilustrados como el de la precesión, el heliocentrismo y la esfericidad de la Tierra, y que coinciden con los conocimientos astronómicos del siglo XVI d.C."[23] Sidharth es un erudito indio muy respetado y sus conclusiones están más que demostradas.

Los Vedas son de gran interés para nosotros porque tanto la cultura maya como la védica trabajaron con enormes períodos de tiempo que se remontan a millones y miles de millones de años atrás, y porque ambas culturas conocían la precesión y la tuvieron en cuenta. Pero los astrónomos védicos fueron mucho más allá que los mayas en cuanto al uso de la precesión para analizar el auge y la decadencia de los ciclos culturales.

Un análisis bastante reciente de la precesión basado en las escrituras védicas y realizado por Swami Sri Yukteswar, un santo de la India estimado y de gran sabiduría, que murió en 1936, plantea que el auge y la decadencia de las sociedades humanas están determinados por las trayectorias de las estrellas alrededor de los polos durante los ciclos precesionales de 26.000 años.[24] Si se aplica la teoría de Calleman, los mayas tenían un sentido completamente distinto del tiempo, pues para ellos éste se acelera en múltiplos de veinte durante nueve submundos que alcanzan su cumbre en 2011. En otras palabras, *los ciclos védicos son repetitivos, mientras que el tiempo de los mayas se acelera hasta alcanzar una fase final.*

Algunas de las fechas largas védicas son similares a las fechas largas de los mayas; por ejemplo, un período de 4.320 millones de años es aproximadamente la cuarta parte del comienzo de la creación hace 16.400 millones de años. Es posible que la aceleración del tiempo multiplicada por veinte estuviera incluida alguna vez en el Rig Veda, una idea que valdría la pena que alguien explorara. Después de todo, Calleman descubrió el factor de la aceleración del tiempo en el calendario maya hace sólo unos años. Sidharth observa que, con el transcurrir de la historia, para los primeros siglos de la era cristiana, los escritores hindúes habían perdido la sabiduría de los antiguos astrónomos védicos, por lo que es posible que se hayan perdido algunos fragmentos.[25] Si el Rig Veda fue efectivamente redactado en 9400 a.c., esto es de gran importancia para este libro, pues sería probablemente uno de los primeros medios para instruir a los seres humanos traumatizados después del cataclismo. Ideas como ésta me inspiran a imaginar cuán avanzadas serían la cultura védica y la cultura de los ancianos, pues la astronomía moderna sólo se puso a la altura de los conocimientos astronómicos del Rig Veda hace cincuenta años.

Si la evolución exponencial multiplicada por veinte existe efectivamente en el Rig Veda, tendríamos que estar abiertos a la posibilidad de que los mayas hayan tomado esta idea de la civilización védica. Esto habría significado que los ancianos védicos legaron el plan divino de la evolución a la humanidad justo después del cataclismo, y que los Vedas influyeron en el pensamiento maya posterior. En el libro *Mayan Genesis* [*El Génesis maya*], Graeme R. Kearsley exploró las voluminosas pruebas de la influencia cultural védica sobre las culturas olmeca y maya.[26] Sugiero que quizás el propósito de la revelación védica era comunicar los grandes cambios que se notaban en el firmamento, pues la inclinación del eje terrestre estaba provocando repentinamente las estaciones, un fenómeno totalmente nuevo. Además, el Rig Veda contiene muchos relatos que parecen ser recuerdos vívidos del cataclismo, como las leyendas sobre la agitación de los océanos por dioses y demonios.

## LAS SUPERONDAS GALÁCTICAS Y LA PRECESIÓN

Si la precesión comenzó hace apenas 11.500 años, esto quiere decir que existe una nueva dinámica que está conectando a la Tierra con las fuerzas del centro de la galaxia. Por ejemplo, el centro de la galaxia está a unos 26.000 años luz de la Tierra, y un ciclo completo de precesión dura unos 26.000 años. Esto significa que *la cantidad de años que toma la luz para llegar desde el centro de la galaxia hasta la Tierra es aproximadamente igual a un ciclo completo de precesión.*[27] ¿Es este hecho sorprendente algún tipo de coincidencia? No lo creo. Ahora que nos estamos alineando con la galaxia durante el fin del calendario, es posible que el potencial de esta sincronía con los años luz esté activando a la Tierra. John Major Jenkins tiene algunas ideas muy interesantes sobre esta relación. Observa que el astrofísico Paul LaViolette dice que es posible que esta relación (de 26.000 años/años luz) esté creando algún tipo de "arrastre entre los estallidos de superondas y el ciclo precesional."[28]

Los estallidos de superondas son la hipótesis que plantea LaViolette según la cual hay grandes ondas que se producen periódicamente desde el centro de la galaxia. Según Jenkins, LaViolette sugiere que "cuando la inclinación del Polo Norte de la Tierra lo aleja del centro de la galaxia, un estallido de superondas que llegara en ese momento haría que la Tierra se tambaleara sobre su eje" y que estos estallidos pueden estar contribuyendo a que el tambaleo de la Tierra se sincronice con la periodicidad de las superondas.[29] Jenkins observa: "La idea es que algo que está emanando del centro de la galaxia es responsable de la precesión."[30]

LaViolette ha presentado pruebas sólidas de un estallido de superondas del centro de la galaxia ocurrido hace 14.200 años que, postula él, habría provocado la explosión de la supernova Vela (que, según Allan y Delair, habría causado el cataclismo hace 11.500 años).[31] La investigación de Paul LaViolette es muy pertinente al tema de este libro porque los mayas estaban definitivamente muy interesados en la influencia galáctica y solar en la Tierra cuando el calendario llegara a su fin. Resulta muy complicado examinar esas ideas en este capítulo, pero me refiero a ellas de forma pormenorizada en el capítulo 8. Lo que importa de momento es que el campo dentro del cual funciona la Tierra es marcadamente más intenso desde 1998, y de algún modo los antiguos sabían que este breve período sería extremadamente importante. Dedicaron muchos esfuerzos a informar de estas cuestiones a sus descendientes (o sea, a nosotros). Con intención de penetrar más en estas relaciones, Jenkins se adentra en un fascinante debate sobre la obra de un brillante filósofo del siglo XX, Oliver Reiser, quien quedó cautivado por el centro de la galaxia. Reiser creía que *la evolución humana está vinculada con los movimientos de la galaxia,* y estaba interesado en la relación entre las fuerzas de los campos geomagnéticos y la evolución humana. Según Reiser, el campo de energía sobre la Tierra que influye en la evolución humana (que él llama "banco psíquico") es de donde recibimos información galáctica.[32] Reiser muestra cómo la evolución biológica está impulsada por la dinámica cambiante de los campos del banco psíquico, que se ve afectada especialmente por las lluvias de rayos cósmicos que se originan en la galaxia. En relación con el bombardeo de rayos gamma anteriormente descrito que tuvo lugar en agosto de 1998, el banco psíquico tiene que haber cambiado de alguna manera para dar cabida a la siguiente fase propuesta de la evolución humana, el *Homo pacem,* el ser humano pacífico, como ya se ha mostrado en la figura 4.5.

En el próximo capítulo, examinaremos el misterioso Árbol del mundo, el mecanismo que, según los mayas, está impulsando la aceleración evolutiva. Investigaremos las formas en que el Árbol del mundo nos afecta como especie. Debemos sentir el Árbol del mundo en nuestros cuerpos.

# 5

# EL ÁRBOL
# DEL MUNDO

## LAS CULTURAS SAGRADAS Y LOS MUNDOS

Ahora que ha reflexionado acerca de la teoría de Carl Johan
Calleman sobre la aceleración del tiempo, que parece ser a lo que se
refieren las fechas del calendario maya (la base de la activación de la
evolución en el universo) es hora de preguntarse: ¿Cuál es el mecanismo
que impulsa a este extraordinario sistema evolutivo? Según Calleman, el
impulsor de la evolución a lo largo del tiempo es el Árbol del mundo, un
árbol mágico descrito en el Popol Vuh. Es también el árbol que usan los
chamanes para acceder a todos los mundos.

En el panorama espiritual maya, el Árbol del mundo genera las cuatro
direcciones sagradas que parten del centro sagrado (el Yaxkin) un sistema que da forma a los mundos espirituales y permite que los humanos
accedamos a ellos. En las tierras mayas, el árbol sagrado es la ceiba, un
árbol muy alto y hermoso que alcanza grandes alturas y forma enormes
cubiertas en la jungla.[1] El árbol análogo en la cultura celta es el roble, y
en la espiritualidad india, el baniano, bajo el cual el Buda experimentó
la iluminación. Según la mitología, el Árbol del mundo fue la primera
creación en el universo y todo emana de él. En sus ceremonias, los mayas
prestan mucha atención al Árbol del mundo, lo que yo he podido experimentar muchas veces.

Desde 1995 he creado activaciones del plan de las Pléyades, pero no
fue sino hasta 2005 que me di cuenta de que esas activaciones están en
resonancia con lo que yo llamo los "temblores" del Árbol del mundo.

Cuando hice esta reflexión, comprendí plenamente al fin el propósito de mi propio trabajo. Como los nueve submundos evolucionan simultáneamente, la relación entre ellos implica que la aceleración exponencial de las frecuencias del Árbol del mundo ocasione la transformación de los mundos en las nueve dimensiones. La aceleración del tiempo presenta un sinnúmero de retos, y nuestras activaciones parecen ayudar a los estudiantes (así como a Gerry y a mí) a integrar la rápida aceleración del tiempo en el submundo galáctico, de 1999 a 2011. Si Calleman tiene razón acerca de su interpretación del calendario, los humanos no estamos simplemente atrapados en una rueda cíclica del tiempo que produce una y otra vez los mismos ciclos. En lugar de ello, estamos experimentando una espiral evolutiva cada vez más compacta que nos está llevando a todos a nuestra propia apoteosis, es decir, a la transformación del ser humano hasta alcanzar la iluminación. Cuando examino hasta qué punto nuestros estudiantes han evolucionado a través de este proceso, me siento muy optimista en cuanto a un resultado positivo en el planeta Tierra.

Como cuestión necesaria, este capítulo es altamente teórico, pues todos estamos considerando la teoría de Calleman del mecanismo impulsor central del crecimiento y el cambio en la Tierra, es decir, el Árbol del mundo. Comencemos con la pregunta: ¿Cuál es la idea general del árbol sagrado, el Árbol del mundo? Las culturas sagradas siempre han usado los árboles para organizar la inteligencia de la Tierra y los chamanes siempre han viajado en ellos para visitar muchos mundos. ¿A qué me refiero en verdad cuando digo "culturas sagradas"? Las culturas sagradas creen que el mundo material emana del mundo espiritual y usan símbolos clave para mostrar cómo está organizado el mundo espiritual. Todos los árboles sagrados tienen ciertas características en común: tienen raíces que calan profundamente en el submundo, un gran tronco en el mundo intermedio y ramas y hojas que llegan hasta el mundo superior, el cosmos. Podemos viajar en ellos para acceder a otros mundos porque *los árboles sagrados son la estructura viviente de todos los mundos*. Trátese de Yggdrasil en Escandinavia, el Árbol Sagrado de la Vida de la cábala, o el árbol sagrado del mundo medio de los celtas, las ciencias sagradas en las culturas antiguas siempre consideraron estos árboles como sistemas de circulación de la conciencia humana. A la larga, todos los chamanes aprenden a viajar a los mundos inferior, intermedio y superior.

En relación con las posturas sagradas y el trance extático (los medios chamánicos más accesibles que he encontrado para los seres humanos modernos) tenemos técnicas específicas para viajar a los tres mundos del Árbol del mundo. Podría escribir un libro sobre el simbolismo de los árboles sagrados, pero ya lo han hecho otros, por lo que ahora me concentraré en algunos aspectos pertinentes al tema de este libro. Examinaremos el Árbol del mundo de la mitología maya sobre la creación, el *axis mundi* de la Tierra, como vórtice impulsor de los sistemas de nuestro planeta. Las fuentes son el Popol Vuh, la más importante de las escrituras sagradas mayas, y muchas inscripciones y alfarería cosmológica de los mayas que representan al Árbol del mundo.[2]

## LOS MUNDOS MATERIAL Y ESPIRITUAL

El Popol Vuh muestra que, por medio de la imaginación del Dios Creador o Primer Padre, su hijo el Primer Señor (o Hun Hunapú) hizo brotar el Árbol del mundo en los inicios del tiempo para crear un nuevo mundo. Como Douglas Gillette describe esta acción, "Este maravilloso árbol tiene sus raíces en el submundo. En el plano terrestre, dio forma al tiempo y al espacio. Sus ramas superiores se extendieron al supramundo donde organizaron la dimensión espacio-temporal de los cielos y pusieron en movimiento los campos estelares".[3]

Gillette demuestra, mediante platos esmaltados que se enterraban con los muertos para ayudarlos a viajar fácilmente en los otros mundos, que los mayas creían que *las dimensiones espirituales duales del inframundo y el supramundo rodean y envuelven por completo nuestro mundo de espacio y tiempo normales.*[4] Como verá cuando me refiera a las posturas sagradas, para mí esta idea es real y forma parte de mi experiencia y, lo que es más importante, todos estos niveles son completamente accesibles a cualquier ser humano. Durante nuestras activaciones del plan de las Pléyades, el sistema de raíces del árbol representa la primera y segunda dimensiones, el tronco representa la tercera y la cuarta, y las ramas y hojas representan las cinco dimensiones superiores. No puedo imaginar estar en la realidad sólida sin orientarme por esta envoltura multidimensional, porque los diversos mundos me ofrecen un 90 por ciento más de lo que percibo en el mundo material. Si su mente está abierta a esta posibilidad, es más fácil ver cómo los mayas y otros pueblos que trabajaban con árboles sagrados eran capaces de acceder a todo el conocimiento del universo. Los miembros de culturas sagradas saben mucho, y los occidentales contemporáneos han olvidado casi todo, excepto lo que pueden ver cotidianamente. Esta pérdida de percepción convierte el mundo sólido en una prisión innecesaria y limitadora. A medida que más personas se den cuenta de cómo se conforma efectivamente la realidad, sentirán frustración ante una vida que carece de acceso a los otros reinos y, de puro tedio, comenzarán a activar el acceso multidimensional.

Empezando por el concepto de que el supramundo y el inframundo envuelven por completo al mundo material, todas las tradiciones sagradas encuentran un centro en el mundo material a través de las cuatro direcciones sagradas. *El Árbol del mundo genera las cuatro direcciones sagradas del mundo sólido.* Estas direcciones no son sólo los puntos cardinales norte, sur, este, oeste. La perspectiva sagrada que siguen los indígenas norteamericanos y los mayas afirma que las cualidades espirituales llegan al mundo material desde cada dirección y, cuando nos "centramos", podemos ver y oír al "espíritu" si interpretamos la información que nos llega de las distintas direcciones. Centrarse significa generar el árbol en nuestros cuerpos y "espíritu" quiere decir simplemente el conocimiento que existe en los mundos invisibles, que son tan reales como el mundo visible. Dicho en términos sencillos, en cada lugar específico, las energías que provienen del Este nos ofrecen dirección espiritual; las del sur, afecto; las del Oeste, transformación; y las del norte, grandes conocimientos cósmicos. Por ejemplo, la mayor parte de mis conocimientos sobre el calendario maya me han llegado desde el norte. Cuando me siento en una ceremonia ocupando mi altar orientado a las cuatro direcciones, este altar es el centro de la ceremonia y, a los efectos de ésta, es el centro del universo. A veces, un templo sagrado o una pirámide en un lugar determinado es el centro de donde llega la energía espiritual a ese lugar. Cuando realizo una ceremonia, siempre coloco el altar orientado a las cuatro direcciones y luego elevo una oración en siete direcciones. Esto significa añadir el supramundo, el inframundo y el centro, que es mi corazón unido a los corazones de todos los demás participantes en la ceremonia.

Durante las activaciones, siempre pienso en mi altar como centro de ese espacio. En junio de 2005, sin embargo, después de haber comprendido plenamente la obra de Calleman, me di cuenta de repente que *el Árbol del mundo es el centro durante las activaciones del plan de las Pléyades.* Esta revelación ha entrañado un cambio fundamental en mi trabajo y mi vida. Saber esto implica que yo imparta los conocimientos de Calleman antes de proceder a impartir los míos, al menos hasta que un número suficiente de estudiantes hayan estudiado su obra y este libro por sí mismos. Ahora sé que las activaciones del plan de las Pléyades influyen directamente en el campo de energía global, lo cual constituye al mismo tiempo un estímulo y un reto.

## EL ÁRBOL DEL MUNDO COMO PROPULSOR DE LA EVOLUCIÓN EN LA TIERRA

Las ideas de Calleman sobre el Árbol del mundo son revolucionarias, porque representan una teoría viable sobre cómo el Árbol del mundo impulsa la evolución planetaria. Del mismo modo que el desarrollo de un árbol se acelera (comenzando como una semilla pequeña hasta generar un tronco y ramificaciones, con hojas y flores en el momento de su maduración) y que la fuerza evolutiva comienza en organismos unicelulares y se convierte a la larga en organismos complejos; ahora nosotros, como seres humanos complejos, estamos expresando esta fuerza.

¿Por qué los humanos y no los animales? Que yo sepa, mi perro Rambo no ha experimentado ningún cambio durante el submundo galáctico, si exceptuamos su deseo de que yo no tenga tanta prisa y lo saque más a pasear. Los mexicas, el pueblo indígena de México, dicen que nuestra época es la Era de las Flores porque el árbol está floreciendo ahora. Al hablar de un Árbol del mundo central, si sólo hubiera centros sagrados individuales, no habría evolución, ni diferencia entre culturas, ni conexión entre nada ni nadie. Los rituales mayas y aztecas se centran en el Árbol del mundo, lo que sugiere efectivamente que hay un centro principal, aunque en muchas ceremonias también se trabaja con otros centros individuales. Esto significa que el mundo entero se genera, organiza y evoluciona de conformidad con el Árbol del mundo.

Después de concluir que el árbol tendría que ser real, Calleman dio un enorme salto crítico: se preguntó dónde se encontraría el *centro geográfico* del Árbol del mundo. Que yo sepa, Calleman ha sido la primera persona en hacerse esa pregunta, incluso entre los aborígenes. Como indígena, he creado ceremonias durante muchos años, pero esta idea representa un cambio verdaderamente radical, que conecta a mi mente con el planeta en una forma totalmente nueva. Ahora mismo, realmente no comprendo todas las implicaciones de esta posibilidad, pero puedo sentir que Calleman está en lo cierto, y por eso aplicaré esa idea en mis ceremonias hasta 2011. Si Calleman tiene razón o no y si ha seleccionado el centro geográfico correcto para el Árbol del mundo (así como las fechas *exactamente* correctas de los nueve submundos) quedará demostrado o refutado a su debido tiempo, cuando las personas, especialmente los aborígenes, se pongan en resonancia con la idea, o la refuten. Recuerde que también hay aborígenes escandinavos, escoceses, galos, egipcios, rusos, etc. Yo estoy en resonancia con la idea de Calleman con respecto al centro del Árbol del mundo. Como se trata de un reconocimiento global de las personas que están en resonancia con la Tierra, haré lo mejor posible por describir sus ideas y añadir las mías.

Calleman observa que existe una diferencia radical entre las personas del Oriente y el Occidente. Esto es evidentemente cierto y, por supuesto, es la causa de grandes cambios e inestabilidad en el mundo. Como dice Calleman: "Mientras que el Oriente ha estado dominado por estructuras colectivas y posee una veta meditativa, el Occidente es individualista, extrovertido y orientado a la acción".[5] También he escrito sobre cómo resolver las diferencias entre Oriente y Occidente. Mi tesis de grado era sobre teología centrada en la creación, dirigida por el teólogo Matthew Fox, quien considera que el despertar de la conciencia espiritual meditativa en los occidentales ayuda a equilibrar y mitigar las tensiones entre Oriente y Occidente y la agresividad occidental.[6] Nuestras activaciones del plan de las Pléyades contribuyen a equilibrar las diferencias entre Oriente y Occidente porque no sólo ofrecen a los occidentales acceso al espíritu, sino que ofrece también a los orientales una conexión a tierra, de la que a menudo carecen. Con todo, durante mis años de vida, las tensiones entre Oriente y Occidente se han intensificado y, últimamente, la guerra y el terrorismo se han enseñoreado de nuestro planeta debido en gran medida a la existencia de fuerzas destructivas (como los fabricantes de armas) que manipulan las diferencias básicas de percepción entre las personas.

La humanidad encuentra que hay que pagar por la violencia un precio que ha sido excesivo desde los tiempos de las Cruzadas, y que las guerras nunca valdrán la pena. Una de las razones de que me atraiga tanto la obra de Calleman es que él se da cuenta de que los mayas y los indígenas norteamericanos son culturas profundamente espirituales que, *en sentido geográfico,* también son culturas occidentales. En otras palabras, *la comprensión de la espiritualidad de los indígenas norteamericanos y mesoamericanos ofrece una solución al conflicto entre Oriente y Occidente.*

## LA UBICACIÓN GEOGRÁFICA DEL ÁRBOL DEL MUNDO

Para encontrar la ubicación del Árbol del mundo, Calleman buscó la línea que separaba a Oriente de Occidente. Escogió la línea media de la masa continental de la Tierra desde la punta continental de Alaska hasta el extremo oriental de Siberia. En adelante le llamaremos la "línea media" que corresponde a los 12° de longitud Este. Esto resulta muy lógico y convincente desde una perspectiva visual cuando uno tiene ante sí un mapamundi. No obstante, Calleman señala que la geografía física no es la única pista, pues también se trata de una "geografía espiritual", un sistema organizativo que influye en los acontecimientos humanos.[7]

En vista de que los mayas nos han dejado claras indicaciones de cómo se creó el Árbol del mundo, además de haber dicho que el árbol genera cambios en el tiempo, el calendario maya debe ser una descripción de esta geografía espiritual. En consecuencia, el submundo nacional, cuando la aceleración del tiempo fue lo suficientemente rápida como para generar la historia visible, es lógicamente el lugar donde se deben buscar pruebas de la influencia del Árbol del mundo. Si se pudiera encontrar la ubicación del árbol, las pruebas de su influencia deberían ser visibles en forma de movimientos históricos durante los baktunes de 394 años de la cuenta larga. Como verá, la influencia del Árbol del mundo es muy fácil de detectar históricamente durante el submundo nacional. Esto representa un avance en relación con el análisis realizado por José Argüelles sobre los cambios históricos durante los trece baktunes de la cuenta larga en *El factor maya*.[8]

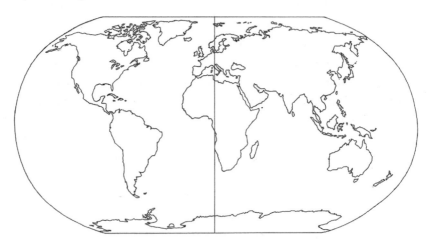

**Fig. 5.1.** *La línea media de los 12° de longitud Este del Árbol del mundo.*

Cuando Calleman examinó cómo el pensamiento humano podría estar influenciado por el Árbol del mundo, utilizó el principio hermético "como es arriba, es abajo" para buscar correspondencias entre el cerebro mundial del planeta y su envoltura energética (arriba), y el cráneo y el cerebro humano (debajo).[9] Esto despertó mi interés, porque en muchas tradiciones esotéricas hay una obsesión literal con el cráneo humano, especialmente en el caso de los cráneos de cristal mayas. En 1990, hice una sesión de regresión a una vida anterior en la que leí la calavera de cristal de Dzibichaltún descrita en *The Mind Chronicles* [*Crónicas de la mente*].[10] En la regresión, esta calavera era depositaria de las crónicas de los nueve submundos, lo que resulta muy interesante desde el punto de vista de las ideas de Calleman. Creo que en 1990 tuve acceso a una idea similar sobre los nueve submundos, pero en ese entonces no me pude imaginar lo que significaba todo eso. Además, como había leído la fenomenal obra *Tierra Ascendente,* en la que Argüelles describe las relaciones entre los campos de la Tierra y el cerebro humano, estaba muy abierta a la posibilidad de estas conexiones relacionadas con las energías.[11]

La teoría completa de Calleman se denomina *lateralización cerebral* y se presenta en forma pormenorizada en sus libros. En términos sencillos, su idea es que el funcionamiento del cráneo humano está relacionado con las estructuras geográficas y energéticas de la Tierra. Como verá más adelante, es posible que él tenga razón. Al parecer Argüelles también cree que es así, pues escribió la introducción del libro de Calleman publicado en 2004. Lo que sucede según Calleman es que, si se utiliza como divisoria la línea media (12° de longitud Este), existe un paralelo entre el hemisferio occidental del planeta y el hemisferio izquierdo del cerebro (el pensamiento racional y analítico) y entre el hemisferio oriental y el hemisferio derecho del cerebro (pensamiento intuitivo, espacial y artístico). Así, el Occidente es más orientado a la acción y racional y el Oriente es más meditativo e intuitivo.[12]

Al examinar la historia para ver lo que estaba sucediendo entre el Oriente y el Occidente durante el submundo nacional con la línea media como divisoria, Calleman descubrió un claro "patrón de onda" en la historia que se hace visible por primera vez durante la fundación de Roma en 753 a.C., el comienzo del séptimo cielo del submundo nacional. (Recuerde, durante cada submundo hay *trece* cielos que consisten en seis noches y siete días.) Teniendo en cuenta los paralelos antes mencionados entre las ubicaciones en el planeta y la estructura del cráneo humano,

Calleman concluyó que el planeta debe tener un centro regulador que se corresponde con el del cerebro humano, el complejo hipotálamo-hipófisis. Entonces, en relación con la línea media, concluyó que Italia y Alemania representan ese centro regulador del planeta.[13] Éstas son las áreas que dominaron la historia en Occidente durante aproximadamente mil quinientos años, y sus patrones históricos nos resultan ahora como un nudo sobre nuestras cabezas que debe zafarse. Dentro de un momento examinaremos la historia de Europa comenzando en 753 a.C., pero primero debemos entender algunas otras ideas geográficas.

## LA INTERSECCIÓN DEL ÁRBOL DEL MUNDO

La interrogante que se plantea a continuación es: ¿dónde está el punto de *cruce* geográfico del Árbol del mundo? Calleman indica que se encuentra en Gabón, en el África centrooccidental, donde la línea de 12° de longitud Este atraviesa el Ecuador. Esta intersección está muy cerca de la Garganta de Olduvai en Tanzanía, donde se ha descubierto la mayoría de los vestigios más antiguos del *Homo erectus,* como mencioné en el capítulo 2. En otras palabras, una vez que se puso en marcha la evolución de los homínidos durante el submundo tribal hace 2 millones de años, según las pruebas arqueológicas y de ADN, *los homínidos comenzaron a evolucionar hasta adquirir una postura erecta en un punto que estaba muy cerca de la intersección del Árbol del mundo.* Definitivamente, sería fascinante si el antiguo relato del Génesis sobre Adán y Eva y la fruta arrancada del árbol del conocimiento del bien y del mal fuera una referencia, en código, a la creación de los humanos cerca del Árbol del mundo.

Toco este tema porque, según las leyendas mayas, parecería ser que los mayas clásicos creían que el Árbol del mundo fue generado en la imaginación del Primer Padre a principios del Gran Ciclo de 5.125 años, o submundo nacional (también conocido como "la cuenta larga"). Aunque es probable que eso fuera lo que pensaban los mayas clásicos, hay pruebas importantes de que el Árbol del mundo influía en la evolución planetaria *mucho antes* del año 3115 a.C. En primer lugar, el sitio de la evolución inicial de los homínidos está en la proximidad del Árbol del mundo. En segundo lugar, Pangea, el supercontinente que existía antes de que los continentes actuales se separaran debido a la deriva continental, se apartó del punto de intersección de la línea media cuando comenzó a separarse en continentes en medio del submundo de los mamíferos de 820 millones de años.[14] De hecho, el Árbol del mundo es un gran misterio que merece ser explorado exhaustivamente. Echemos ahora un breve vistazo a su influencia durante el submundo nacional.

Dado que la línea media atraviesa Europa por el mismo centro, el análisis de Calleman es necesariamente eurocéntrico, a pesar de que su libro es sobre los mayas. Calleman observa que durante el período que vamos a examinar, *el calendario maya no se conocía en Europa*. Con respecto a este importante detalle, señala: "Sabemos con certeza que los movimientos que hemos observado no son resultado de profecías autocumplidas. En lugar de ello, son resultados objetivos de los vientos direccionales generados por el Árbol del mundo".[15]

Además, en lo tocante a la influencia del Árbol del mundo en las Américas, el dogma académico estadounidense rechaza la probabilidad de que distintos pueblos antiguos hayan navegado hasta las Américas cruzando el Atlántico y el Pacífico, o sea, la teoría de la difusión. Según la versión prevaleciente, los antepasados de los indígenas norteamericanos cruzaron a toda marcha el Estrecho de Bering hace unos 12.000 años y se desplegaron por todo el continente hasta América del Sur, y luego Colón descubrió América en 1492. De modo que sería imposible detectar si los movimientos poblacionales en las Américas estuvieron influidos por los vientos del Árbol del mundo, pues los académicos rechazan la posibilidad de la difusión y se inclinan a favor de las migraciones a través del Estrecho de Bering. Afortunadamente, podemos mirar la historia de Europa y de Europa oriental a la luz de la línea media, porque sí existe una comprensión adecuada de la historia de Europa. Siempre me entristece el hecho de que la historia tenga que ser tan eurocéntrica, pues la verdadera historia de las Américas es sumamente fascinante. Pero no nos preocupemos, ¡ya se está dando a conocer toda la verdad!

## LA INFLUENCIA DEL ÁRBOL DEL MUNDO DURANTE EL SUBMUNDO NACIONAL

Vemos la primera acción sobre la línea media a comienzos del séptimo cielo (749 a.C.), cuando se fundó Roma alrededor de 753 a.C. Una vez que se activaba una cultura histórica sobre la línea media, surgía un patrón interesante durante el resto del submundo nacional. Antes de esta época, la civilización se desarrolló en el Creciente Fértil, y luego comenzaron las migraciones graduales hacia el oeste. Para 749 a.C., había cerca de la línea media asentamientos suficientes como para generar un patrón, a medida que se hizo visible el desenvolvimiento histórico en esa zona.

En cuanto a la influencia del Árbol del mundo alrededor de la línea media durante épocas mucho más tempranas, hubo un gran nivel de actividad cerca de la línea media hace más de 12.000 años, por ejemplo, con la cultura magdaleniense. Durante el séptimo cielo, Roma fue fundada sobre la línea media, donde acumuló un gran poder e influencia, que aún perduran. Como se observa en el capítulo 2, los nueve submundos están divididos en seis noches y siete días de los trece cielos. Calleman encontró el patrón geográfico de que *durante los cielos de numeración impar, la historia se genera sobre la línea media y, durante los cielos de numeración par, la historia viene hacia la línea media desde los confines del Oriente.*[16] Como verá, este patrón es muy radical y específico. Además, *a medida que avanza la historia, los acontecimientos tienden a ascender por la línea media.* Examinaremos este patrón muy brevemente, por lo que recomiendo encarecidamente un estudio más profundo de Calleman titulado "Los vientos de la historia".[17] Aquí me limitaré a resumir brevemente ese patrón.

Roma fue fundada a comienzos del séptimo cielo y, ulteriormente, durante el katún inicial del octavo cielo (355–335 a.C.), los súbditos persas de Artajerjes III se desplazaron al oeste, hasta conquistar Egipto, Asia menor y la República Ateniense. Durante el katún inicial del noveno cielo (40–60 a.C.), volvió a activarse Roma sobre la línea media, y los romanos conquistaron Inglaterra, Gales y partes de Alemania al norte, Marruecos y Argelia al oeste y Bulgaria al este. Durante el katún inicial del décimo cielo (434–454 d.C.), los hunos de Asia Central bajo el mando de Atila desintegraron el Imperio Romano, con lo que Europa quedó sumida en la Era del Oscurantismo. En el katún inicial del décimo primer cielo (829–849 d.C.), la línea media volvió a activarse, pero más al norte esta vez, cuando, misteriosamente, los vikingos se hicieron a la mar en barcos adornados con serpientes, alejándose de la línea media para incursionar en las Islas Británicas al oeste y Rusia al este. También durante esta época, los Estados-naciones modernos de Francia y Alemania surgieron del imperio de Carlomagno.[18]

Durante el katún inicial del duodécimo cielo (1223–1243 d.C.), los súbditos mongoles de Gengis Kan partieron desde Asia Central y conquis-

| Número del cielo | Período | Movimientos desde la línea central de 12° de longitud | Movimientos desde el Este |
|---|---|---|---|
| 7 | 749–729 A.C. | Asentamiento de Roma | |
| 8 | 355–335 A.C. | | Los persas avanzan al oeste |
| 9 | 40–60 D.C. | Expansión del Imperio Romano | |
| 10 | 434– 454 D.C. | | Los hunos avanzan al oeste |
| 11 | 829–849 D.C. | Incursiones de los vikingos | |
| 12 | 1223–1243 D.C. | | Ofensiva de los mongoles |
| 13 | 1617–1637 D.C. | Suecia | |

**Fig. 5.2.** *Movimientos migratorios violentos de distanciamiento y acercamiento a la línea media planetaria.* (Ilustración de Calleman, El Calendario Maya y la Transformación de la Consciencia.)

taron todos los territorios que encontraron, hasta crear "la unificación del continente de Eurasia" y "el imperio más grande en la historia de la humanidad".[19] Por último, durante el katún inicial del décimo tercer cielo (1617–1637 d.C.), comenzó la Guerra de los Treinta Años entre protestantes y católicos y Suecia se convirtió temporalmente en una gran potencia (debido al ascenso de la energía en la línea media) durante este conflicto, que terminó por debilitar el papado por primera vez en 1.500 años, lo que permitió que tuviera lugar la Reforma Protestante.[20]

Lamentablemente, en su batalla por mantener su influencia, el papado condenó a nuevos científicos como Galileo, cuyo enfrentamiento con el Vaticano tuvo lugar durante el primer katún del décimo tercer cielo. En los siglos siguientes la credibilidad de la Iglesia Católica se vio erosionada gradualmente debido al trato propinado por el Vaticano a Galileo, y el mundo llegó a reconocer que Galileo tenía razón. Durante este mismo katún, los peregrinos llegaron en 1620 a América, la que llegó a convertirse en una extensión de Inglaterra como parte de los juegos de poder europeos. Actualmente estamos viviendo en el último katún del décimo tercer cielo, que también es el séptimo día del submundo nacional, la fructificación de 5.125 años de historia.

La línea media sigue generando una gran energía al final de este ciclo, lo que da entender que la Unión Europea (UE) se fortalecerá a medida que se debiliten los Estados Unidos aunque, al admitir a tantos países de Europa oriental, es posible que la UE haya puesto en peligro su integridad. Digo esto para señalar que el conocimiento del patrón que acabo de describir puede ser muy útil desde los puntos de vista político y financiero. Investigaré cuestiones como ésta en los próximos capítulos relativos al submundo galáctico. A continuación, nos adentraremos en las interrogantes más profundas que suscita el patrón antes expuesto.

## EL DRAMA COLECTIVO Y LA CRUZ INVISIBLE

Al tener en cuenta la forma de onda histórica (los vientos de la historia), únicamente los límites invisibles como el Árbol del mundo pueden explicar el carácter tan persistente de este patrón. Calleman señala: "Esta Cruz de la creación con sus límites territoriales produce una tensión creativa entre las líneas donde es introducida, y esta tensión creativa ocasiona, entre otras cosas, movimientos migratorios humanos de alejamiento de estas líneas".[21]

Como hemos dicho, se trata de un patrón de onda de la historia que proporciona energía a corrientes de dualidades y unidades en el campo humano, lo que inspira movimientos masivos de personas; en otras palabras, "el drama cósmico que parecen escenificar las fuerzas de Occidente y Oriente, lo masculino y lo femenino, el yin y el yang, o la luz y la oscuridad".[22] La idea de un drama en el que participan fuerzas masculinas y femeninas tiene en cuenta el hecho de que en la mayoría de las culturas sagradas antiguas se reconocía la interacción entre la unidad y la dualidad. Pero en épocas más recientes del submundo nacional los seres humanos estamos siendo "zarandeados" inconscientemente por la línea media, como la basura movida por el viento en una vieja ciudad.

En mi trabajo con las nueve dimensiones de la conciencia durante las activaciones del plan de las Pléyades, la tercera dimensión es el mundo sólido y la mente colectiva (donde el Árbol del mundo influiría en las personas) es la cuarta dimensión. Del mismo modo que la línea media es invisible, también lo es la cuarta dimensión, pero ésta controla la mente colectiva de las personas. Por ejemplo, examinemos el conflicto judeocristiano con el islamismo. La mayoría de los estadounidenses controlados por los medios de información repiten una y otra vez en sus mentes ideas preconcebidas sobre el islamismo, el terrorismo y las

Cruzadas. Según ellos, el mundo está dividido entre el bien y el mal. Si tenemos en cuenta el análisis histórico de Calleman sobre la línea media, Occidente tiene un miedo instintivo de Oriente basado en las invasiones de los persas al mando de Artajerjes III, de los hunos al mando de Atila, y de los mongoles al mando de Gengis Kan; para los europeos que se encontraban en torno a la línea media, fue como si de pronto hubieran aparecido monstruos. Los habitantes del Oriente seguramente tenían conocimiento de la acumulación de riqueza y poder por Occidente durante los cielos de numeración impar. Durante los cielos de numeración par, habrían sentido un deseo repentino de avanzar hacia el oeste para conquistar nuevas tierras.

Al parecer, nuestros cerebros y sistemas nerviosos están programados indeleblemente con los patrones creados por el Árbol del mundo. *Esto significa que la mente colectiva humana está programada a nivel mundial según la periodicidad de los ciclos del Árbol del mundo, que han sido delineados por el calendario maya.* Esta sorprendente idea podría ser la explicación de la fuerte presencia de la cuarta dimensión que hemos detectado en las mentes de nuestros estudiantes durante las activaciones. Al igual que cualquier otro patrón que domine la mente humana, si podemos identificar el patrón, ver cómo influye en el planeta y optar por crearlo de una nueva forma, nuestra especie podría salirse de este sendero interminable de dualidad y violencia irreflexivas. Lo que es más importante, seguramente el fin del calendario maya quiere decir que esta influencia de la línea media está terminando. Esto sería muy buena noticia, dados los patrones que acabo de describir.

## LA RESONANCIA HOLOGRÁFICA ENTRE EL CEREBRO HUMANO Y LA TIERRA

Durante las activaciones del plan de las Pléyades desde 1995, nuestros estudiantes han explorado las raíces del Árbol del mundo al viajar al núcleo de la Tierra y recuperar información que nos permitirá activar nuestra conciencia. Como dije en *Alquimia de las nueve dimensiones*, "Lo increíble es que vibramos con el pulso de la Tierra, lo que nos pone en alineación con el resto de los seres (incluida la luz) en la escala o cadena de la existencia. Éste es el eje vertical de la conciencia".[23] El sistema de nueve dimensiones con el que trabajamos realmente describe los distintos aspectos de la conciencia humana, pero a menudo quedamos desconcertados debido al control que la cuarta dimensión tiene en nuestras vidas. Resulta que el concepto de Calleman sobre el funcionamiento del Árbol del mundo explica cómo funciona esto, especialmente teniendo en cuenta que nuestras ondas cerebrales están contenidas en los patrones vibratorios de la Tierra. Es decir, nuestros cerebros registran las vibraciones de la cuarta dimensión independientemente de que seamos o no conscientes de ello.

El cristal con núcleo de hierro en el centro de la Tierra vibra a 40 Hz, o sea, 40 pulsaciones por segundo. Cuando la mente se encuentra en su mayor nivel de actividad y creatividad, pulsa con el núcleo a 40 Hz (ondas beta), lo que significa que *estamos en resonancia con el núcleo interno de la Tierra.* Cuando la mente está relajada y meditativa, vibra con las esferas interiores de la Tierra, las que van desde el núcleo hasta la corteza terrestre y sus pulsaciones son progresivamente más lentas, de 40 a 7 Hz (de ondas beta a ondas alfa) lo que significa que *estamos en resonancia con el interior de la Tierra.*

Nuestros cerebros vibran con ondas alfa entre 13 y 8 Hz, por lo que nuestra resonancia con la parte más próxima del interior de la Tierra tiene lugar en ondas beta y alfa. La corteza terrestre vibra a unos 7,5 Hz, la frecuencia de transición entre las ondas alfa y zeta. Cuando estamos soñolientos o adormilados y nuestra conciencia está comenzando a ascender en la atmósfera, nuestras mentes vibran en ondas zeta entre 7 y 4 Hz. El cinturón de van Allen interior de la Tierra, la faja interior de radiación que contiene partículas cargadas y se mantiene en su lugar

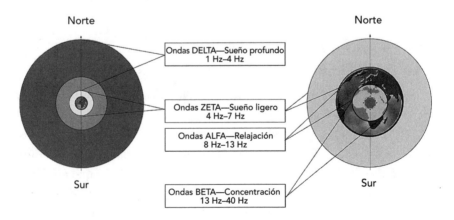

**Fig. 5.3.** *La resonancia del cerebro humano con la Tierra. (Ilustración de Calleman,* El Calendario Maya y la Transformación de la Consciencia.*)*

gracias al campo magnético de la Tierra, vibra aproximadamente a 4 Hz. El espectro de frecuencias entre la superficie terrestre y el cinturón interior de van Allen es de 7 a 4 Hz, lo que significa que, cuando nuestras mentes vibran en ondas zeta, *estamos en resonancia con la atmósfera y con el cinturón interior de van Allen*. Cuando estamos profundamente dormidos, nuestras mentes encuentran en el espectro de frecuencias delta, entre 4 Hz y 1 Hz, lo que significa que estamos en resonancia con el cinturón exterior de van Allen, hasta la magnetopausa, la interfaz entre los campos electromagnéticos de la Tierra y el sistema solar.[24]

En otras palabras, cuando nos encontramos en los estados más profundos de concentración, nos conectamos directamente con el núcleo de la inteligencia central de la Tierra y, cuando dejamos de concentrarnos, nos relajamos y quedamos dormidos, nuestras mentes se alejan de los campos electromagnéticos de la Tierra. Cuando pensamos con la mayor intensidad y tenemos destellos de genialidad creativa, estamos vibrando con el cristal con núcleo de hierro y, cuando nos desplazamos hacia el espacio, abandonamos nuestros cuerpos y la Tierra y nos adentramos en los reinos celestiales. En mi sistema de nueve dimensiones, la primera dimensión es el cristal con núcleo de hierro, la segunda dimensión representa el núcleo externo e interno, la tercera dimensión se corresponde con la corteza y la cuarta dimensión es la atmósfera terrestre que se extiende desde el cinturón interno hasta el cinturón externo de van Allen y de ahí a la magnetopausa. Las cinco dimensiones superiores se encuentran más allá de la magnetopausa. Los estudiantes más adeptos saben en qué dimensión se encuentran con sólo interpretar las frecuencias de sus propios cerebros. Calleman señala: "Es notable la concordancia entre los espectros tradicionales de frecuencias correspondientes a los distintos tipos de ondas cerebrales y a los radios de las esferas terrestres."[25] Evidentemente, nuestros cerebros son transductores de todos los elementos de la Tierra y el cosmos y, una vez que los humanos nos percatemos de esto, dejaremos de destruir nuestro hábitat. Por ejemplo, los campos electromagnéticos que nuestros cerebros pueden leer en la atmósfera sufren modificaciones debido a las frecuencias de microondas creadas por las torres de telefonía móvil y los hornos de microonda, y pronto llegará el momento en que habrá que tomar muy en serio el efecto de estas modificaciones sobre la biología planetaria.

Calleman especula sobre lo que significa la resonancia entre la frecuencia de ondas beta humanas y el núcleo interno de la Tierra a

40 Hz vista desde la perspectiva del calendario maya. Se trata de una interrogante muy fascinante en el contexto de mi teoría de las nueve dimensiones, porque la razón fundamental de cada activación que está teniendo lugar es llegar al meollo de la conciencia en el núcleo terrestre y el centro de la galaxia. Los científicos plantean que en el centro de la Tierra se encuentra una densa estructura cristalina sometida a gran temperatura y presión.[26] En vista de las irregularidades que se han detectado, esta masa no es una esfera perfecta y Calleman teoriza que, dado que los antiguos a menudo representaban la Montaña del Mundo en forma de pirámide, es posible que el núcleo interno tenga una estructura octaédrica, la cual puede generar una línea media.[27] Ésta es una observación muy importante porque, según los mayas, el Árbol del mundo está arraigado en la Montaña del Mundo en el centro de la Tierra y proyecta hacia la superficie planos o ramificaciones perpendiculares.[28] Calleman considera que la línea media es una de las ramificaciones del Árbol del mundo.[29]

Lo que es más importante aún, Calleman sugiere que los modelos basados en pirámides pudieran haber dado origen al término *submundos* para referirse a los nueve niveles de la creación. Según dice él, "Como parece deducirse de los modelos piramidales de la Montaña del Mundo en forma de terrazas, estos submundos podrían haberse originado en la estructura cristalina del núcleo".[30] Y Calleman se pregunta: ¿se corresponden los "nueve submundos con nueve capas secuencialmente activadas de cristales de hierro en el núcleo interno de la Tierra?"[31] Tengo que añadir sus ideas, porque eso es exactamente lo que descubren muchos de nuestros estudiantes en el cristal con núcleo de hierro en el centro de la Tierra. Después de todo, las dimensiones provienen del cristal con núcleo de hierro sobre el eje vertical de la conciencia. El núcleo de hierro contiene las crónicas de todas las dimensiones.

Durante las activaciones, cuando nos adentramos en el núcleo de la Tierra como oraciones y una actitud respetuosa, la experiencia más constante y duradera que siente el observador es la de un Edén intemporal, un lugar de creación que contiene a todas las especies de plantas y animales que han habitado la Tierra. Algunas personas han viajado aparentemente en el submundo celular o en las fases iniciales del submundo de los mamíferos y muchos tienen asombrosas revelaciones sobre las especies y sus hábitat cambiantes.

Normalmente lo que más se repite es que todas las especies existen eternamente en el núcleo de cristal de la Tierra y que podrían volver a habitar la superficie del planeta si en el reino material de la Tierra existiera un hábitat adecuado para ellas. En otras palabras, el *hábitat existente en la superficie determina efectivamente las formas que se crearán*, mientras que todos los aspectos de la creación existen en forma potencial en el centro de la Tierra. Como hemos visto, la concentración y el pensamiento intensos mientras nos encontramos en frecuencia beta nos pone en resonancia con el núcleo de la Tierra. *Las ondas beta corresponden a una frecuencia muy elevada que pudiera considerarse la frecuencia de la iluminación.* Calleman dice: "La elevación de nuestras frecuencias y el despertar de nuestras mentes a través de la resonancia con el núcleo interno de la Tierra equivalen a seguir un sendero hacia la iluminación".[32]

## LA MEDITACIÓN ACTIVA

En mi niñez, me gustaban mucho los programas de televisión sobre vaqueros; una vez incluso escribí una carta de amor al actor que hacía el personaje de Roy Rogers. Su esposa, Dale Evans, me mandó una foto autografiada de Roy y me dijo que no le molestaban mis sentimientos, lo cual me hizo sentir mucho menos culpable. Aunque Roy y los demás vaqueros eran muy glamorosos, ahora me doy cuenta de que quien realmente influía en mí era Tonto, el compañero de aventuras del llanero solitario. Tonto solía quedarse sentado en su caballo y mascullar repetidamente "¿Cómo?" "¿Cómo?" Desde muy joven, me hice a la idea de que lo único que importaba era preguntar "¿Cómo?"

Me gustan las activaciones para buscar la iluminación y las posturas sagradas para viajar a los otros mundos, porque son estrategias que funcionan. Terminaré este capítulo con algunas especulaciones sobre valiosas cuestiones prácticas y algunos pensamientos sobre cómo usar las posturas para trabajar con el Árbol Sagrado. Cuando me adentre en este tema, recuerde que Felicitas Goodman, quien redescubrió el trance ritual y las posturas sagradas, observó que durante el trance bajo estimulación rítmica el cerebro vibra en el espectro de ondas zeta, como se indica al final del capítulo 3. Es decir, cuando nos encontramos en trance, viajando en el Árbol del mundo, nuestras mentes se desplazan hacia las capas superiores de la atmósfera y el cinturón interior de van Allen. En otras palabras, en el caso del trance extático, obtenemos acceso a la realidad alterna cuando salimos de nuestro planeta. Esto lo he podido comprobar personalmente y a eso se debe que nuestras sesiones de trance nunca duren más de quince minutos aunque a veces nos parezcan horas.

Desde un punto de vista práctico, cada uno de nosotros tiene a su alcance la posibilidad de viajar en el Árbol del mundo, que existe en la realidad alterna, el reino invisible que coexiste con el reino de lo material. Aquí me referiré a este trabajo como una forma de *meditación activa*. Uno puede crear un espacio de meditación cuatridimensional en su casa o templo y sumirse en profundos estados de meditación. Luego, usando su propio cuerpo como Árbol del mundo, uno puede viajar hacia arriba o abajo del eje vertical multidimensional.

Lo primero que usted se preguntará es: ¿En qué se diferencia esto de la meditación tradicional, como los estados de quietud inspirados en las filosofías orientales? Las dos formas tienen objetivos totalmente distintos, porque la meditación relacionada con el Árbol del mundo es muy activa y llena de contenido, mientras que la meditación oriental en posición sentada implica eliminar todo pensamiento. No es que una técnica sea mejor que la otra pero, según mi experiencia, casi todas las personas nacidas en culturas occidentales pueden practicar la meditación activa pero encuentran dificultad con los métodos orientales. En nuestras activaciones me he percatado de que también sucede lo contrario: los practicantes de los métodos orientales tienen gran dificultad para realizar la meditación activa. Este tipo de meditación ha estado prácticamente en desuso desde la Edad Media, cuando las monjas y monjes lo practicaban diariamente mediante los cantos, la pintura de manuscritos iluminados, los paseos por jardines sagrados y laberintos y la lectura de escrituras sagradas. Durante estos procesos, las personas modificaban intencionalmente sus frecuencias cerebrales con objeto de acceder a estados alterados. Quizás estos ejemplos representan el gran valor de la meditación activa para los seres humanos de la actualidad: la meditación activa es una técnica de contemplación que proporciona a los occidentales un método de estar en comunión con lo divino.

Los maestros espirituales orientales también utilizan técnicas de meditación activa como los cantos y el yoga, que son similares a los métodos preferidos en Occidente durante la Edad Media. Sin embargo, cuando las técnicas de meditación orientales se dieron a conocer por primera vez en Occidente en los años 70, se promovió principalmente la meditación silente y pasiva. Desde una perspectiva oriental, los occidentales somos personas de espíritu poco desarrollado y, a menudo, un tanto alocadas. No discrepo de esta opinión porque el banco de datos intelectuales (de la cultura occidental) que se desarrolló en los últimos 400 años, conocido como dualismo cartesiano, sólo abarca la mitad de las dimensiones de la vida. Por lo que respecta a las distintas formas de meditación oriental, los maestros hicieron bien en sugerir a los occidentales que vaciaran sus mentes, pues las tenían llenas de basura.

Valga decir que en el Oriente también existía una situación similar, pues el acceso a las verdades profundas (por ejemplo, el significado y antigüedad de los Vedas) se había perdido hasta hace muy poco, como dije en el capítulo 4 al referirme a las investigaciones de B. G. Sidharth.[33] Entretanto, ahora que Occidente está recuperando su propio devenir espiritual por medio de investigaciones del nuevo paradigma, la contemplación activa es una forma muy potente de alcanzar la conciencia espiritual. Por ejemplo, al practicar la contemplación activa de los ciclos del tiempo, podemos desplazarnos directamente a la novena dimensión (el centro de la galaxia) que es donde se encuentran los estados de conciencia más elevados que existen. Ésta es la contemplación de la verdad eterna, o sea, el samadhi. En relación con las ondas cerebrales, el centro de la galaxia vibra con ondas gamma de muy alta frecuencia. Cabe preguntarse qué influencia tiene esto en nuestras mentes.

La práctica de utilizar posturas sagradas es una forma excelente de buscar respuesta a la pregunta antes mencionada de "¿Cómo?" Sin embargo, para aprovechar esta magnífica oportunidad, cada uno debe alcanzar un nivel de respeto completamente nuevo a su derecho a explorar el universo. Los sistemas religiosos orientales y occidentales han adoptado muchas proscripciones contra el derecho del cada persona al conocimiento. Todas esas proscripciones tienen que desaparecer ahora. Trátese de la idea de que uno necesita a un gurú para alcanzar la iluminación o de la idea de que el conocimiento personal es obra del diablo, hay que dejar atrás éstas preconcepciones. Ahora, durante el submundo galáctico, todos los conocimientos obtenidos durante los submundos anteriores se han acelerado tanto que toda esta información está ingresando en la mente humana más rápido de lo que podemos procesarla. Las posturas sagradas se usaban durante los submundos regional y nacional; por eso son claves especiales de acceso a distintos niveles de conciencia.

## LAS POSTURAS SAGRADAS Y LA REALIDAD ALTERNA

En el Instituto Cuyamungue, el centro de investigaciones antropológicas de la Dra. Felicitas en Nuevo México, seguimos descubriendo posturas antiguas, aunque es probable que las categorías con las que trabajamos no cambien.[34] Hemos encontrado muchas posturas, algunas de las cuales ayudan en la sanación y otras nos permiten acceder a conocimientos divinos sobre fenómenos que deseamos comprender. Trabajamos con posturas que nos ayudan a deconstruirnos y regenerarnos mediante la metamorfosis, y con otras que nos permiten hacer viajes espirituales a los mundos inferior, medio y superior. Algunas son posturas de iniciación, mientras que otras nos ayudan con situaciones de muerte y renacimiento. Por último, hay posturas que permiten acceder a mitos vivientes para que veamos los aspectos espirituales de nuestras vidas y posturas de celebración que nos permiten honrar la alegría presente en nuestras vidas. Cada vez que queramos, podemos seleccionar el estado espiritual al que deseamos acceder, y seguidamente consultar la sabiduría disponible en la realidad alterna. Al igual que un monje o monja que vive la mayor parte del tiempo en un estado espiritual debido a las constantes prácticas de devoción, podemos conectarnos con todos los niveles con sólo visitar periódicamente la realidad alterna.

Para un monje, la mayor parte del día transcurre en ocupaciones mundanas. No obstante, su armonización diaria con Dios aporta una dimensión espiritual a la existencia mundana. La vida cotidiana se enriquece con esta dimensión espiritual cuando se visita la realidad alterna lo suficientemente a menudo como para permanecer conscientemente envuelto en ella. Asimismo, la vida en la realidad alterna nos resulta extraordinariamente rica porque nuestros antepasados la exploraron durante miles de años, y todavía viven en ella, esperando nuestro regreso. Es posible que este banco de datos sea el más copioso para los seres humanos modernos, porque está completamente libre de manipulación y coerción religiosa.

Algunos se preguntarán por qué trabajo también con las activaciones del plan de las Pléyades. Hacemos las activaciones porque son experiencias en grandes grupos que permiten entrelazar los mundos de muchas personas. En lo que respecta a las experiencias en grupo y al trance extático, en el Instituto Cuyamungue también realizamos danzas en trance con máscaras, que son muy similares a las danzas indígenas porque los espíritus vienen a nosotros en forma de bailarines, y juntos creamos un entrelazamiento de mundos. Este proceso toma normalmente una semana, durante la cual los bailarines crean sus propios disfraces que les cubren el cuerpo por completo. Nos ponemos en trance dos o tres veces al día para determinar qué animal seremos y para entender y crear la danza que en ese momento piden los espíritus. Durante ese tiempo, no estamos en la realidad ordinaria, sino en la realidad alterna. Durante una activación del plan de las Pléyades, viajamos en grupo hacia nueve dimensiones, mientras en nuestros cuerpos nos ponemos en sintonía con nuestra propia frecuencia de ondas cerebrales. Una de las características más fascinantes de las activaciones es que entramos en cada dimensión en forma sagrada. Cuando los estudiantes experimentan en forma sagrada la tercera dimensión (el espacio y tiempo lineales), descubren a la Tierra sagrada, y esto los cambia para siempre. Aprenden a detectar otros mundos que se fusionan con el mundo sólido y, después de esa experiencia, tienen límites menos definidos entre las distintas realidades. Cuando experimentamos una danza en trance con máscaras y vivimos con los espíritus en la realidad alterna durante toda una semana, la realidad ordinaria nunca vuelve a parecernos la misma.

Quisiera también presentar la idea de que la lectura es una práctica sagrada que puede activar las frecuencias beta en el cerebro humano. La educación y la cultura occidentales han estado repletas de datos falsos en los últimos 400 años, o incluso en los últimos 1.500 años. Durante este período, únicamente quienes han tenido acceso a bancos de datos centrales precisos, como los matemáticos, físicos y artistas avanzados, han podido experimentar con cierta constancia el pensamiento en la frecuencia beta. Ahora que los escritores del nuevo paradigma están volviendo a presentar información correcta (información que existía antes en miles de textos que fueron destruidos en la Biblioteca de Alejandría y en Mesoamérica) muchas personas están experimentando "orgasmos cerebrales", la experiencia del ¡ajá!, que no es más que el pensamiento en ondas beta de alta frecuencia. Para terminar este capítulo, le pido que se dé cuenta de que un "orgasmo cerebral" con un buen libro es lo mismo que el samadhi en el ashram. La iluminación es simplemente verdad y claridad con luz pura.

# 6

# EL SUBMUNDO GALÁCTICO Y LA ACELERACIÓN DEL TIEMPO

## EL SUBMUNDO GALÁCTICO Y LOS ESTADOS UNIDOS COMO IMPERIO GLOBAL

Ha llegado el momento de examinar la naturaleza de la aceleración del tiempo durante el submundo galáctico, que se inició el 5 de enero de 1999. En primer lugar, debo explicar claramente cómo funciona este sistema. Según Calleman, la velocidad de la evolución durante el submundo galáctico aumentó por un múltiplo de veinte en comparación con el submundo planetario (1755–2011 d.C.), en el que aumentó veinte veces en comparación con el submundo nacional (3115 a.C.–2011 d.C.).

En adelante, simplemente usaré los términos *nacional, planetario* y *galáctico* para los submundos sexto, séptimo y octavo. Recuerde que las trece fases de los nueve submundos son los cielos y que también tienen distintos nombres numéricos mayas como *baktunes, katunes* y *tunes*. En el submundo nacional, cada uno de los trece baktunes dura unos 394 años; en el planetario, cada katún dura unos 19,7 años; y en el galáctico, cada tun o año divino es de 360 días; pero los procesos evolutivos que tienen lugar durante cada uno de estos cielos son de una *intensidad mundial cada vez mayor*. En otras palabras, los procesos evolutivos que se desenvuelven (y que aún continúan, porque los nueve submundos están superpuestos uno sobre otro) a lo largo de 394 años y luego de 19,7 años, están desenvolviéndose ahora a través de días y noches de menos de un año (360 días). Además, ¡*todos los tunes multiplicados por veinte desde hace 16.400 millones de años se han*

150

*acelerado hasta convertirse en sólo trece tunes durante el submundo galáctico!*

Cuando analice el factor de la aceleración del tiempo durante el submundo galáctico, volveré a referirme a los baktunes correspondientes, y más lentos, del submundo nacional y los katunes del submundo planetario para buscar procesos similares que se estuvieran desarrollando. Para que pueda entender por qué todo parece ir más rápido ahora, mi propósito en este capítulo será darle un sentido palpable de la intensidad de la aceleración galáctica mediante referencias a acontecimientos actuales y a sus tendencias correspondientes durante submundos anteriores.

Dado que es imposible abarcar en unas pocas páginas todos los grandes acontecimientos mundiales desde 1999, he decidido trabajar con un tema muy contemporáneo que parece tener un efecto mundial a medida que avanza el submundo galáctico. Mi protagonista del drama mundial de la era galáctica es Estados Unidos como imperio, que también es el título de un libro excelente del autor estadounidense Jim Garrison, cuya perspectiva de la política norteamericana es similar a la mía.[1] El examen del papel de los Estados Unidos como imperio global a la luz de la aceleración del tiempo galáctico añade nueva profundidad a esta intrépida gesta americana. Dicho en términos sencillos, los Estados Unidos bajo la égida de la actual administración Bush (los "bushistas") aprovecharon los poderes del factor de la aceleración del tiempo en 2000, con el comienzo del nuevo milenio. Manipularon hábilmente el singular potencial creativo de este momento con objeto de crear con él un programa para controlar el mundo.

Estas claras intenciones produjeron resultados instantáneos; muchas veces me he preguntado si sus estrategas conocen sobre el calendario maya. Si usted cree que esa posibilidad es muy remota, fíjese en que los bushistas han funcionado como un equipo de fútbol excelentemente entrenado que arrasa con el equipo contrario sin que éste tenga ninguna oportunidad de empate. Al pasar perfectamente el balón y correr rápidamente a ocupar posiciones estratégicas, han reorganizado sistemáticamente todos los sistemas gubernamentales. Por lo que respecta a los líderes mundiales que no cooperan con sus planes, los bushistas simplemente sacan un nuevo conejo de su sombrero cada día sin que nadie sepa qué sucedió el día anterior; *¡los bushistas están gozando de lo lindo al aprovechar el impulso de la ola producida por el submundo galáctico!*

En este capítulo también se integrarán ocasionalmente los patrones astrológicos con los trece cielos del submundo galáctico, pues la astrología de todo el ciclo es muy propicia. En este ballet planetario puede detectarse la gran final de una gran sinfonía evolutiva; estos ciclos astrológicos se describen en detalle en el apéndice B. En el año 2000 ocurrió una conjunción astrológica formativa entre planetas que permitió que los bushistas se apoderaran del control total. Estoy segura de que los astrólogos bushistas la utilizaron como guía. Si usted duda de que esto sea posible, recuerde que el uso de astrólogos por Nancy y Ronald Reagan pasó a ser de conocimiento público a mediados de los años 80. Esta conjunción consistió en la alineación de Júpiter y Saturno en mayo de 2000, fenómeno que ocurre cada veinte años. Esta conjunción o trígono es el medio astrológico más preciso para el seguimiento de los ciclos políticos.

Por ejemplo, desde 1840, cada presidente de los Estados Unidos que se encontraba en funciones en el momento de la conjunción murió antes de terminar su período presidencial, con la excepción de Bill Clinton, de quien podría decirse que murió de vergüenza por sus pecadillos sexuales. Franklin D. Roosevelt y William Harding murieron de causas naturales, en tanto Abraham Lincoln, William McKinley y John Kennedy fueron asesinados, y también hubo un intento de asesinato contra Reagan (quizás por eso fue que su esposa recurrió a los astrólogos). Por lo general, Saturno rige la estructura y Júpiter rige el dinero, de modo que un grupo puede salir vencedor si bajo un trígono crea estructuras que controlan las economías.

El término *bushistas* se refiere simplemente a los miembros judeocristianos neoconservadores y fundamentalistas de la Administración Bush. También uso ese término para señalar que los bushistas no desaparecerán una vez que el Bush hijo termine su segundo período presidencial. Esta administración ha logrado instituir cambios sistémicos que se mantendrán en efecto en los Estados Unidos hasta 2020 d.C. (cuando ocurra la próxima conjunción entre Júpiter y Saturno), como el nuevo departamento de seguridad nacional, el control de los sistemas de seguridad de las aerolíneas y la reorganización de la CIA y el FBI. Los bushistas mantendrán el control mientras el pueblo estadounidense no los expulse de sus posiciones de poder y purguen estos sistemas. Tenga en cuenta además que la formación política de los Estados Unidos empezó realmente durante el primer katún (1755–1775) de la aceleración del submundo planetario; de este modo los Estados Unidos hicieron suyo el plan del submundo planetario.

La reorganización sistémica de todos los niveles de gobierno y de las fuerzas armadas siempre ha sido la meta de los regímenes fascistas. ¿A qué me refiero con el término "fascistas"? Los sistemas fascistas buscan fomentar el control absoluto de las personas por empresas privadas cuyos dueños son amigos de los líderes del momento. Por supuesto, el poder corporativo ha sido la meta del sistema estadounidense por lo menos desde los años 50. Pero en la actualidad el fascismo está adueñándose manifiestamente de los Estados Unidos bajo el mando de los bushistas. En otras palabras, los líderes de los Estados Unidos utilizan la economía y los poderes del país para llevar adelante los planes de ciertas empresas privadas, en este caso, las empresas farmacéuticas, los fabricantes de armas y las empresas involucradas en el establecimiento de naciones, como Halliburton en Irak. Nos retrotraeremos al comienzo de 1999 para explorar este tema y examinar la naturaleza de la aceleración del tiempo que ahora es veinte veces más rápida de lo que fue desde 1755 a 2011. Por supuesto, también buscaremos temas completamente nuevos que van surgiendo a partir de la aceleración del submundo galáctico.

## PRIMER DÍA DEL SUBMUNDO GALÁCTICO: 5 DE ENERO DE 1999–30 DE DICIEMBRE DE 1999

Debemos examinar en detalle el primer día del submundo galáctico (la siembra de la simiente) para detectar los nuevos planes que se desenvolverán a lo largo de los trece cielos.

Durante 1999 sobrevinieron cambios importantes en las vidas de las personas debido al efecto de la Internet y el correo electrónico. De pronto, las personas que no tenían conocimientos de computadoras quedaron en desventaja en sus trabajos cuando casi todas las empresas y organizaciones se digitalizaron, y los jóvenes que se desenvolvían fácilmente con las computadoras obtuvieron una ventaja que provocó un gran nerviosismo entre los gerentes y dueños de empresas más maduros. Quedó establecido que el correo electrónico se convertiría en una necesidad y que los que no lo adoptaran pasarían a ser los dinosaurios del futuro. Los investigadores profesionales se volcaron en Internet y las empresas adoptaron inmediatamente los teléfonos móviles, con lo que sus empleados tuvieron que acostumbrarse a estar disponibles a toda hora salvo las horas de sueño. Las formas más personales de comunicarse, como el teléfono y el correo tradicionales quedaron devaluadas, y muchos optaron por mandar mensajes electrónicos a sus compañeros de trabajo en lugar de levantarse y caminar hasta su oficina para hacer una pregunta o conversar un rato. El tiempo se aceleró radicalmente gracias al correo electrónico, la Internet y los primeros teléfonos celulares. ¿Recuerda usted esta aceleración distorsionada del tiempo?

Fue una fase muy agitada para las personas, especialmente las de mayor edad. En ese momento, basándose en viejos sistemas de datación, los fabricantes de computadoras, el gobierno y los medios de información dieron publicidad a la idea de "la catástrofe del año 2000", un fenómeno que según ellos ocurriría al terminar el año 1999. Esta fanfarria exagerada, según la cual se predecía que el cambio de milenio causaría estragos en los sistemas computaciones que no estaban diseñados para procesar numeraciones de años que no comenzaran con "19", hizo que las personas se sintieran dependientes de las computadoras y convenció a muchos de invertir en un nuevo equipo. Gracias a esto, los vendedores de computadoras hicieron su agosto. Lo que sucedió en realidad fue que los programadores trabajaron contra reloj para aplicar soluciones

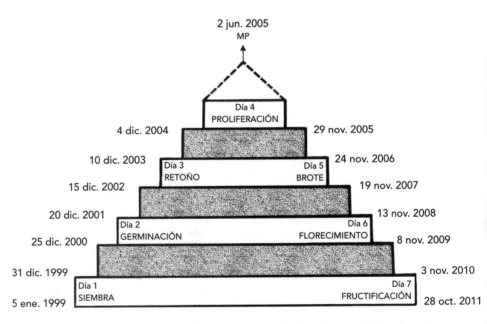

**Fig. 6.1.** *El submundo galáctico. (Ilustración adaptada de Calleman,* El Calendario Maya y la Transformación de la Consciencia.*)*

temporales y parches, con lo que se evitó el desastre, pero la humanidad ya había asumido la realidad de que era inevitable la informatización de su mundo. *¡Las computadoras eran necesarias para sobrevivir!* La economía estadounidense se encontraba en condiciones fantásticas debido a la ola de la tecnología de la información y a que el entonces Presidente Clinton había conseguido reducir en gran medida el déficit. En el mundo entero, muchos se volcaron a la especulación en la bolsa de valores, fundamentalmente en la esfera de las nuevas tecnologías, que estaban aportando a los Estados Unidos grandes sumas en concepto de impuestos. Durante 1999, la economía estadounidense tenía el vigor de un joven de veinte años en el apogeo de su actividad sexual mientras que, al parecer, el presidente mismo creía que aún tenía veinte años.

Entretanto, en el mundo acechaba una sombra financiera (para los Estados Unidos): en enero de 1999, cuando la aceleración galáctica llegó al máximo, la naciente Unión Europea estableció el euro. Esta nueva moneda fue un indicio de posibles retos futuros al valor del dólar todo-poderoso. En retrospectiva, sabemos que el euro representaba un desafío para el dólar y podemos ver que fue una señal para que otros países del mundo se unieran en grupos que fueran favorables a sus propios intereses territoriales. Por ejemplo, mientras escribo estas palabras en 2006, los países europeos y suramericanos consolidan sus intereses comunes en sus hemisferios para contrarrestar la amenaza de la dominación irresponsable por parte de los Estados Unidos, que está contribuyendo a que el Oriente Medio se convierta en un polvorín. Países como Irán en el Oriente Medio y China en el Lejano Oriente están acumulando poder y estableciendo alianzas, como reacción al menos en parte a la dominación de los Estados Unidos. También durante 1999, se estaba acumulando entre los conservadores y los fundamentalistas religiosos de los Estados Unidos una gran insatisfacción (que no salió a la luz hasta el año 2000). Les causaban enojo las libertades personales (por ejemplo, la liberación del homosexualismo y los abortos seguros) que muchos norteamericanos apoyaban y a las que se estaban acostumbrando.

Si buscamos motivos similares en el primer día del submundo nacio-nal (3115–2721 a.C.), vemos que de repente surgieron en muchas partes del planeta culturas complejas con ciudades de templos, con sistemas de escritura y culturas jerárquicas. El proceso que se está desenvolviendo durante la totalidad del submundo nacional es el desarrollo de la civili-zación y las comunicaciones, que actualmente se encuentran en sus fases más avanzadas. Al retrotraernos al primer día del submundo planetario (1755–1775 d.C.), la industria incipiente transformó de pronto al mundo agrario rural que producía alimentos para las ciudades donde había una economía y un comercio organizados. Muchas personas tuvieron que abandonar sus vidas bucólicas en el campo para trabajar como esclavos en las nuevas fábricas en las ciudades, y la producción industrial hizo que surgieran redes mundiales, que ya están tocando a su fin. En 1755, las Colonias Americanas empezaron a buscar la independencia del control europeo, lo que dio lugar a que el Segundo Congreso Continental ratificara la Declaración de Independencia en 1776.

Los Estados Unidos se definieron durante el primer día del submundo planetario, por lo que no es de sorprender que sean tan dominantes durante el primer día del submundo galáctico. Al igual que el primer día del submundo nacional, el primer día del submundo planetario hizo que afloraran deseos incipientes que provocaron una aceleración de la realidad, gustara (o no) a quien gustara, y ahora está ocurriendo exactamente lo mismo. Durante el primer día del submundo galáctico, la revolución en la tecnología de la información tomó por sorpresa a todo el mundo, menos a unos pocos enterados, como Bill Gates de Microsoft y Steve Jobs de Apple. De repente en 1999, todos sabíamos que el viejo mundo de la búsqueda de seguridad y comodidades materiales estaba llegando a su fin y que se estaban desmoronando los límites en todas partes; *cada día era como un torbellino.*

A veces anhelo haber vivido en la era victoriana, del mismo modo que la humanidad durante las primeras fases del submundo nacional anhelaba volver al Edén. A partir de 1999, nos dimos cuenta de que estábamos obligados a conectarnos con otras personas en formas rápidas y novedosas, una vez más, gustara (o no) a quien gustara. En forma insidiosa, la publicidad se hizo más dominante que nunca antes, y las empresas farmacéuticas en particular comenzaron a gastar enormes sumas en publicidad. Este giro errático ha entrañado cambios radicales en la medicina, que ha ido de la atención a las personas a la utilización de su salud con fines empresariales. Menciono esto porque esta amenaza al bienestar común se ha convertido en una crisis mundial, aunque apenas hemos pasado el punto medio (2 de junio de 2005) del submundo galáctico. La salud es tan fundamental para la felicidad humana que examinaré la opresión a manos de las empresas farmacéuticas durante el submundo galáctico, especialmente en vista de que esas empresas son una pieza clave de la economía según la perspectiva de los bushistas.

A principios de enero de 1999 en Seattle, Washington, se realizaron numerosas manifestaciones contra la Organización Mundial del Comercio (OMC) que dieron pie a un movimiento juvenil contra la OMC, el Fondo Monetario Internacional (FMI) y el Banco Mundial. A corto plazo, se trataba de un movimiento clandestino, en parte debido al hecho de que muchos manifestantes fueron mantenidos en prisión sin acceso a un abogado, pero principalmente debido a la obvia intención de los bushistas de eliminar las libertades civiles. Como contrapartida al movimiento contra la OMC, los conservadores cristianos jóvenes estaban trabajando muy intensamente a nivel de base con miras a obtener más poder y reconocimiento dentro del sistema político estadounidense.

Es importante reconocer el espectro de puntos de vista en las nuevas generaciones en 1999, pues a la larga el mundo les pertenecerá a ellos. Los valores espirituales se han desarrollado a todo lo largo del submundo galáctico, a medida que ambos movimientos juveniles se esfuerzan por romper el control empresarial materialista. La espiritualidad perenne y fundamentalista dominará en 2011, y estas fuerzas aparentemente opuestas se unirán.

Por último, ahora podemos ver que están surgiendo tendencias belicistas muy desagradables durante los días del submundo galáctico, como la invasión de Irak en 2003 al mando de Bush durante el tercer día. En 1999, se inició la guerra de la OTAN y Occidente para liberar a Kosovo y poner coto al poder serbio. Como recordará del capítulo 2, la nueva creación tiene lugar durante los días de los submundos, y la integración de ese crecimiento tiene lugar durante las noches.

Habida cuenta de que el uso de las guerras para promover ciertos intereses ha sido una práctica dominante durante los días de los submundos nacional y planetario, es probable que esto continúe durante los días del submundo galáctico, y así está ocurriendo hasta ahora. Los Balcanes se convirtieron de repente en el centro de atención durante el último año del reinado de Clinton en 1999, que por lo demás había sido muy pacífico desde 1992. ¿Recuerda usted lo mucho que nos sorprendió ese devenir de los acontecimientos? Ahora me referiré a la guerra como acto reflejo ante la necesidad de lograr cosas concretas durante los días del submundo galáctico.

Las guerras son un requisito de la economía militarista para que los

Estados Unidos puedan jugar a ser un imperio. Sin embargo, en aras de la supervivencia del planeta, las personas capaces de ver que las guerras no son más que cuestión de dinero deben tratar de asegurarse de que el período del submundo galáctico represente el último aliento de esta espantosa herramienta humana. Al final del capítulo 7, imagino cómo nuestro mundo podría trascender la guerra durante el fin del submundo galáctico.

## PRIMERA NOCHE DEL SUBMUNDO GALÁCTICO: 31 DE DICIEMBRE DE 1999–24 DE DICIEMBRE DE 2000

La primera noche del submundo galáctico fue un período de integración después de la sorprendente aceleración durante 1999. El mundo despertó después de las fiestas de año nuevo para celebrar el comienzo del nuevo milenio, ¡y las luces y las computadoras seguían funcionando! ¡El mundo se había salvado de los presagios apocalípticos relacionados con el año 2000! En ese momento, solamente los neoconservadores y la élite mundial (un consorcio mundial de banqueros y líderes del complejo militar industrial) sabían que George W. Bush sería el elegido para dirigir el nuevo imperio global. El imperio precisaba de realeza, y el Rey Bush Padre había plantado la simiente de un linaje real: George, Neil y Jeb.

Las condiciones eran perfectas para la asunción del poder por la sangre azul, pues el torpe de Bill Clinton sólo atinaba a bajar la cremallera de sus pantalones en los momentos y lugares indebidos. Muchas personas estaban nerviosas porque el índice NASDAQ había caído en 600 puntos el 4 de abril de 2000. Después de veinte años de prosperidad cada vez mayor y de una economía saludable (el anterior ciclo después de la conjunción entre Júpiter y Saturno), la mayoría de las personas inteligentes sabían que había llegado la hora de un desplome. Sin embargo, había un frenesí especulativo en la nueva y confusa economía de la tecnología informática porque las personas estaban funcionando sobre la base de la codicia. Un momento de ese período dejó una marca indeleble en mi memoria.

Mientras escuchaba la Radio Pública Nacional en la primavera de 2000, me sorprendió escuchar el tartamudeo prácticamente ininteligible de un político extraordinariamente ignorante que respondía desmañadamente a las preguntas de su entrevistador. Su fastidioso tono nasal era engreído, belicoso y arrogante. Me costó trabajo oír lo que estaba tratando de decir este extraño personaje. Cuando la entrevista terminó al fin, ¡me enteré de que el entrevistado no era otro que George W. Bush, hijo de George Herbert Walker Bush! ¡Un idiota, que hablaba como si tuviera la boca llena de canicas, estaba siendo promovido como candidato a presidente de los Estados Unidos!

La campaña presidencial durante el año 2000 fue muy singular, pues el presidente saliente del momento, Bill Clinton, se encontraba frente a un proceso de impugnación y era calumniado por su conducta sexual indebida. Los medios de información concentraron su atención en el vestido de Mónica Lewinsky y en los problemas conyugales de la pobrecilla de Hillary Clinton; en fin, cualquier cosa menos la importancia decisiva de las elecciones del año 2000. Estas elecciones eran importantísimas, pues Júpiter y Saturno se alinearon en el cielo en mayo de 2000. La economía hiperactiva basada en la tecnología informática había alcanzado su cúspide y ahora se desplomaba, y el pueblo estadounidense estaba nervioso, prejuiciado, polarizado y convencido de su supuesta superioridad moral.

Después de todo, muchos creen que los resultados de las elecciones de 2000 fueron fraudulentos debido al uso de sistemas computadorizados para la votación. La empresa Diebold Corporation fabricó las máquinas de votación, y su Ejecutivo Principal había declarado a la prensa que se había comprometido personalmente a entregar a Bush los votos electorales de Ohio en 2000. Está claro que el fraude electoral, la perdición de las democracias, es un problema real en los Estados Unidos.[2] El antídoto al fraude electoral informatizado sería la impresión de recibos, como hacen prácticamente todas las demás máquinas fabricadas por Diebold (por ejemplo, los cajeros automáticos). Ante estas circunstancias, el Tribunal Supremo falló en contra de los recuentos manuales para determinar el resultado de las elecciones impugnadas, y George W. Bush se apoderó del manto del control en nombre de los neoconservadores por los próximos veinte años. Este audaz modelo (los Estados Unidos como imperio global en nombre de Dios) se estableció firmemente durante la segunda noche.

Al adentrarnos en el segundo día, no examinaré la primera noche (ni ninguna otra noche) durante los submundos nacional y planetario, pues las noches no son más que la integración de los días, que es cuando ocurre la acción. Veamos entonces lo que sale a la superficie durante el segundo día del submundo galáctico. ¿Recuerda usted aquel año loco cuando los medios de información chachareaban sobre las travesuras sexuales de Bill Clinton mientras un hegemonista solapado con nariz de serpiente se abría paso subrepticiamente a la escena mundial armado con los asesores personales de su papacito, los malvados azules, los villanos a que se referían los Beatles en "Submarino amarillo"?

## SEGUNDO DÍA DEL SUBMUNDO GALÁCTICO: 25 DE DICIEMBRE DE 2000–19 DE DICIEMBRE DE 2001

El segundo día del submundo galáctico (germinación de las simientes) comenzó en un período en que las elecciones nacionales en los Estados Unidos eran impugnadas ante los tribunales. Se intensificaban las protestas contra la OMC y contra el materialismo y crecía el movimiento ambientalista.

Tras bambalinas, George W. Bush estaba muy atareado con la formación de su consejo de ministros y la selección de otros funcionarios asignados, pues sabía que tenía asegurada la victoria. Tan pronto Gore concedió las elecciones (supuestamente en aras de la estabilidad del gobierno de los Estados Unidos), Bush colocó a sus subordinados sobre los rieles y arrancó a plena marcha como un tren de alta velocidad. El público se dejó llegar por el entusiasmo de los medios de información acerca del magnífico equipo del presidente, mientas se realizaban bombardeos casi diarios en la zona de prohibición de vuelos de Irak y las sanciones contra el envío de ayuda a ese país ocasionaban la muerte de miles de civiles iraquíes. En los medios de información, los estadounidenses oían un constante azuzamiento del miedo sobre Sadam Hussein, mientras que entre los ministros de Bush, desde el primer día, se hacían planes para invadir Irak.

Es de amplio conocimiento que Bush había planificado desde el comienzo la incursión en Irak. Sabemos esto porque Paul O'Neill, escogido por Bush para ocupar el puesto de Secretario del Tesoro, renunció a su nombramiento en enero de 2003 y escribió junto con el periodista Ron Suskind un libro donde lo revelaba todo. *El precio de la lealtad* abarca los dos primeros años del reinado de Bush, cuando a O'Neill le preocupaba la falta de interés de Bush sobre las cuestiones nacionales, al mismo tiempo que planificaba el "cambio de régimen" en Irak.[3]

O'Neill facilitó a Suskind 19.000 documentos internos que, junto con su propio testimonio detallado de lo que sucedía entre los ministros y en el Consejo de Seguridad Nacional desde enero de 2001 hasta enero de 2003, pusieron al descubierto los verdaderos planes que Bush tenía desde el principio. Tan pronto como se publicó el libro de O'Neill en enero de 2004 (vendió quinientos mil ejemplares en la edición de tapa dura y ya se puede conseguir en tapa blanda), muchos estadounidenses se enteraron de la verdad. Definitivamente todo el mundo en el gobierno lo leyó cuidadosamente. En otras palabras, ¡Washington sabe que el emperador anda desnudo!

*El precio de la lealtad* expone sin tapujos todo lo que aconteció entre los allegados a Bush durante 2001, la fase de germinación del submundo galáctico, razón por la cual seleccioné el tema de los Estados Unidos como imperio global. Seguiremos esta formidable gesta política estadounidense a través de los días y noches del submundo galáctico, pues no hay excusa para que la gente inteligente no reconozca lo que está sucediendo en este caso. Hombres como Paul O'Neill arriesgan sus vidas para dar información al público. ¿Actuará el pueblo estadounidense al mando de Bush como actuó el pueblo alemán al mando de Hitler? Esto no es muy probable, pues la aceleración galáctica representa un despertar espiritual.

Por supuesto, la gran novedad para los Estados Unidos en el segundo día fue la de los ataques al Centro Mundial del Comercio en Nueva York y al Pentágono en Washington, D.C., el 11 de septiembre de 2001, el acontecimiento perfecto para justificar la puesta en práctica del fascismo. Como no dispongo de suficiente tiempo ni espacio para explayarme, hablaré sin rodeos de estos sucesos. Quienquiera que haya perpetrado esta horrorosa tragedia, no se trataba sólo de los terroristas árabes acusados, quienes fueron identificados inicialmente porque el pasaporte de uno de ellos fue hallado en buenas condiciones en la calle al pie de los edificios (pasemos por alto el hecho de que los aviones que habían secuestrado se habían incinerado por completo dentro de los edificios). Es imposible que grupos de terroristas puedan abrirse paso por aeropuertos estadounidenses, secuestrar cuatro aviones e intentar estrellarlos contra tres objetivos nacionales (el Centro Mundial del Comercio, el Pentágono y la Casa Blanca) si no contaban con la luz verde de autoridades militares y agencias secretas, hasta de la propia Casa Blanca. Y punto. Habida cuenta de lo sucedido a los agentes del FBI de Minnesota que arrestaron a Zacarías Mussaui por actuar en forma sospechosa en una escuela de pilotos de Minnesota, esta conspiración tiene su base al menos parcialmente en los Estados Unidos.

A principio de agosto de 2001, unos agentes locales del FBI arrestaron a Mussaui e inmediatamente presentaron a las oficinas centrales del FBI una petición de orden judicial para revisar su computadora personal. La solicitud fue denegada misteriosamente. Como pudimos conocer en el proceso judicial contra Mussaui en 2006, quizás el 9/11 habría podido evitarse si el FBI hubiera podido examinar su computadora, pues muchos de los otros acusados en relación con el ataque también habían actuado en forma sospechosa en las escuelas de pilotaje estadounidenses. La información sobre los agentes locales del FBI y los instructores de la escuela de pilotos que los pusieron sobre aviso apareció constantemente en CNN durante el mes de septiembre de 2001 y en meses posteriores, por lo que no hay justificación si el público no es capaz de reconocer que tres mil estadounidenses inocentes podrían estar vivos hoy si no hubiera sido por el FBI. La versión propugnada por los bushistas de quién ocasionó el 9/11 está llena de incongruencias y los lectores que ponen esto en duda harían bien en estudiar la amplísima bibliografía sobre conspiraciones inspirada en esos hechos.[4]

Me veo obligada a concentrarme en el 9/11 y en la versión falsa de lo ocurrido propugnada por el gobierno porque funciona como una especial "cerradura de tiempo" para la totalidad del submundo galáctico. Cuando estoy impartiendo lecciones fuera de los Estados Unidos, muchos estudiantes opinan que los norteamericanos prestan demasiada atención al 9/11, en vista de que hay otras tragedias mucho mayores, como el tsunami en Asia el 26 de diciembre de 2004, y yo coincido con ellos. Pero la gente en otras partes del mundo debe darse cuenta que, debido a que el 9/11 detuvo el tiempo en los Estados Unidos, los estadounidenses están traumatizados y son incapaces de estar a la altura de las circunstancias y de expulsar a los bushistas de los Estados Unidos. La inteligencia y la voluntad del pueblo estadounidense han quedado paralizadas por el 9/11, lo que los divide en dos facciones desesperadas, los partidarios de Bush y los que se oponen a él, que son manipuladas constantemente por los medios de información para provocar enfrentamientos entre ellas.

Entretanto, los bushistas siguen viento en popa, controlando la aceleración galáctica del mundo entero. Los ciudadanos estadounidenses deben reconocer que miles de personas fueron asesinadas simplemente para que Bush hijo pudiera reforzar las fuerzas armadas para invadir Afganistán e Irak con el propósito de controlar el petróleo en el Oriente

Medio.[5] Definitivamente no hacen todo esto para comerciar perfumes, así que debemos añadir a nuestro análisis la crisis del pico petrolero, que seguiré durante los días del submundo galáctico.

En lo tocante al resto del segundo día, la invasión de Afganistán para buscar a Osama bin Laden puso punto final al año, y la Ley Patriótica, concebida supuestamente para facilitar la captura de terroristas, fue aprobada precipitadamente por el Congreso para poder dar inicio a la destrucción de la libertad individual en los Estados Unidos. Como medio de expresión, los estadounidenses ondearon banderas, compraron broches de banderas hechas de diamantes, rubíes y zafiros, y colgaron cintas amarillas de los árboles, mientras en otras partes del mundo las bombas hechas en los Estados Unidos hacían volar en pedazos a extranjeros desconocidos.

Sin que el ciudadano estadounidense común lo supiera, gran parte del resto del mundo observaba aterrado la flagrante toma del poder en los Estados Unidos por el fascismo de los neoconservadores. Otros países recordaron que había sido necesario ir a la guerra para detener a Hitler, y algunos empezaron a temer que algún día tuvieran que detener al régimen insidioso y sediento de sangre en los Estados Unidos.

Seguidamente examinaremos lo que estaba sucediendo durante el segundo día de los submundos nacional y planetario. Para buscar sucesos paralelos, debo señalar que ahora podemos percatarnos de que los acontecimientos del segundo día del submundo galáctico representaban el comienzo de una gran guerra religiosa entre Oriente y Occidente. A Bush incluso se le escapó una vez en público el término "cruzada" para definir los planes de los Estados Unidos en el Oriente Medio. Como verá en las analogías del segundo día, la religión también es una fuerza impulsora, pues durante cinco mil años ha sido la herramienta preferida para manipular al público. En otras palabras, la mayoría de los estadounidenses son incapaces de pensar a derechas acerca del 9/11 porque están atrapados inconscientemente en las cruzadas contra el infiel malvado, es decir, en la "cerradura de tiempo".

Al remontarnos al segundo día del submundo nacional, 2326–1932 a.C., el relato de Abraham y los patriarcas es el motivo y la base del judeocristianismo. Señalo esta vertiente (en lugar de la egiptología, por ejemplo) porque el tema que he escogido en este caso es el de los Estados Unidos como imperio global durante el submundo galáctico, y los Estados Unidos apoyan denodadamente a Israel como tierra natal de los judíos. El patriarca Abraham es el fundador del judaísmo. Posteriormente fue adoptado por el cristianismo y luego por el islamismo, de modo que las tres religiones son *abrahamíticas*. Como indica Calleman, los patriarcas bíblicos que vivían en el segundo día "trajeron de Caldea a Canaán la creencia en este Dios Creador", que representó un desplazamiento de la atención de Sumeria.[6] Al examinar el segundo día del submundo planetario (1794–1814 d.C.) vemos que, una vez establecidos los trece estados, los estadounidenses comenzaron a desplazarse hacia el oeste (la compra de Louisiana fue en 1803).

La Revolución Francesa y el auge de Napoleón eran la gran noticia de ese momento en Europa, lo que atrajo mucho la atención en los Estados Unidos porque un gran número de norteamericanos simpatizaban con el alzamiento popular en Francia. Muchos estadounidenses consideraban que los franceses habían tenido el valor necesario para derrocar a la autocracia porque habían visto a los estadounidenses hacerlo primero. Thomas Jefferson fue presidente de 1801 a 1809 y, en sentido general, ésta fue una época formativa y positiva de crecimiento en los Estados Unidos. En otras palabras, el segundo día fue una fase importante en la germinación de la democracia estadounidense; los Estados Unidos incluso declararon la guerra a Inglaterra en 1812, conflicto que terminó a finales de 1814. Calleman señala que las guerras napoleónicas "sacudieron de tal modo al orden establecido de las casas reales de Europa que nunca más pudo darse por sentado que era posible mantener el orden".[7] La democracia se encontraba en su fase ascendente.

## SEGUNDA NOCHE DEL SUBMUNDO GALÁCTICO: 20 DE DICIEMBRE DE 2001–14 DE DICIEMBRE DE 2002

La segunda noche del submundo galáctico fue un período de gran inestabilidad económica ocasionada por el desplome del índice NASDAQ, que desvió convenientemente la atención de los tambores de guerra que sonaban en Washington, D.C. La gente quedó tan traumatizada por el 9/11 que anhelaba volver a los buenos viejos tiempos, pero esto no era posible porque se sentían amenazados económicamente y no podían creer que el país estaba siendo arrastrado a la guerra. Resulta interesante el hecho de que durante la segunda noche del submundo planetario (1814–1834 d.C.), hubo en Europa una oleada de romanticismo, acompañada del deseo de volver al pasado mítico después que Napoleón cayó al fin en 1815.[8]

Los bushistas y los medios de información crearon un clima de miedo interminable y la gente comenzó a comprar grandes vehículos como los Hummer para poder sentirse seguros dentro de sus carros con sus teléfonos celulares. Calleman observa que, durante la segunda noche, "El antiguo orden de la dominación económica, militar y de los medios de información por Occidente quedó firmemente restablecido".[9] Al igual que en la era de Viet Nam, el sentimiento antiestadounidense iba en aumento en Europa, mientras que los franceses procuraban encontrar una manera de calmar a Bush. Sadam Hussein trató de demostrar que Irak no poseía armas de destrucción masiva, y evidentemente creía que los Estados Unidos sabían que él había destruido sus armas después de la Guerra del Golfo Pérsico. Sabemos esto porque en un informe secreto de la CIA publicado el 6 de octubre de 2004, se reveló que la CIA sabía que no había armas de este tipo.[10] Así pues, independientemente de si los Estados Unidos tenían o no razones legítimas para promover el cambio de régimen en Irak, durante la segunda noche los bushistas trazaron los planes de contingencia para invadir un país soberano, mientras que el público estadounidense seguía aturdido y amedrentado por las constantes alertas rojas, naranjas y amarillas de posibles ataques terroristas y los sustos con el ántrax.

Otro factor deprimente fue la revelación de fraudes contables y empresariales de dimensiones monumentales. Un número cada vez mayor de estadounidenses estaba perdiendo sus pensiones, lo que les creaba una incertidumbre cada vez mayor sobre su futuro. ¿Recuerda haberse sentido enojado y deprimido porque el futuro por el que había trabajado se le estaba escapando de las manos en un océano de deudas y bombas?

## TERCER DÍA DEL SUBMUNDO GALÁCTICO: 15 DE DICIEMBRE DE 2002–9 DE DICIEMBRE DE 2003

El tercer día del submundo galáctico (retoño de la simiente) fue cuando los bushistas mostraron su mano de póker y la gente no pudo creer lo que veía. Exactamente en el momento en que comenzó el tercer día a mediados de diciembre de 2002, los tambores de la guerra comenzaron a sonar furiosamente para invadir Irak. Los Estados Unidos, a pesar de las grandes presiones exteriores, invadieron Irak irresponsablemente en el equinoccio de primavera de 2003 con una cruel y despiadada ola de bombardeos de alta tecnología que los planificadores militares dieron en llamar "Conmoción y pavor". Acabó con las vidas de civiles y con el respeto del mundo hacia los Estados Unidos.

Por supuesto, muchos estadounidenses se entusiasmaron al seguir la guerra por televisión como si fuera un fabuloso juego de fútbol. Sin embargo, muchos no repararon en por qué los Estados Unidos habrían de atacar a Irak para sacar del poder a Sadam Hussein, cuando Osama bin Laden (el supuesto cerebro del 9/11) estaba escondido en algún sitio de Afganistán o Pakistán, y la mayoría de los secuestradores de los aviones eran sauditas. Los Estados Unidos alegaron que Hussein estaba trabajando con al Qaeda, lo que nunca se demostró, del mismo modo que nunca se encontraron las armas de destrucción masiva. Calleman observa que el submundo galáctico comenzó con la intensificación del conflicto entre Oriente y Occidente, que se manifestó en forma de batallas entre las religiones judeocristiana y musulmana, y evidentemente esto salió a relucir en marzo de 2003.[11] No hay mucho que decir de esta guerra triste y destructiva. Para finales de 2005, la mayoría de los estadounidenses se dieron cuenta de que habían sido timados en 2003, y que esta guerra y ocupación de Irak duraría años, desangrando la economía estadounidense al tiempo que unas pocas empresas privadas se llenaban sus bolsillos.

Mientras que en la televisión parecía que el mundo se estaba volviendo loco, se desenvolvían calladamente en los Estados Unidos y en el mundo otros movimientos mucho más interesantes y esperanzadores; los nuevos motivos del submundo galáctico se estaban haciendo visibles. Comenzaba a aflorar un renacimiento de la fascinación con la historia antigua y con los aspectos más esotéricos de la espiritualidad, que hasta entonces se había limitado a una pequeña minoría. Por ejemplo, se vendieron millones de ejemplares de la novela *El código da Vinci*, del popular autor Dan Brown, según la cual Jesucristo se había casado con María Magdalena y había tenido descendencia.[12] Se popularizaron muchos libros sobre historia antigua alternativa, como *Las huellas de los dioses*, de Graham Hancock, y millones de estadounidenses practicaban el yoga y la meditación.[13] Muchas más personas se daban cuenta de que la mentalidad limitada en que habían sido criadas estaba dando como resultado guerras interminables y sabían que debían pensar en formas novedosas, por ejemplo, mediante la adopción de los nuevos paradigmas históricos. Las mentiras redomadas habían puesto en peligro su inteligencia innata y reconocían la posibilidad de que las versiones oficiales manipuladas del pasado fueran la fuente de la profunda agresividad humana. Muchos se daban cuenta de que *somos mucho más de lo que parecemos ser y de que la situación del mundo exige que cambiemos si no queremos destruir el planeta*. Este pensamiento crítico estaba aflorando y ocupaba las mentes de las personas.

El cambio climático se planteó como cuestión cada vez más acuciante durante 2003, cuando el público comenzó a preocuparse por el calentamiento global y muchas zonas del planeta experimentaron veranos más cálidos e inviernos más fríos de lo normal. Hubo una terrible ola de calor en Europa en el verano de 2003 que cobró más de diez mil vidas en París. Para cada vez más personas, especialmente los franceses, era una locura librar guerras cuando el planeta estaba dando semejantes muestras de estrés. Pero los problemas climáticos no estaban entre las prioridades de los neoconservadores. Ante las acciones de los Estados Unidos en Irak, la resistencia islámica fue organizándose y preparándose para resistir eficazmente la invasión dirigida por los estadounidenses.

Cual Goliat, los Estados Unidos simplemente se mofaron del Oriente, mientras que muchos David se sacrificaban como terroristas suicidas en Israel e Irak. Entretanto, los estadounidenses inteligentes se estaban poniendo nerviosos y la vida en los Estados Unidos ya no era tan divertida como antes. Cuando la gente acudía a los aeropuertos, la Administración de Seguridad del Transporte los trataba como ganado en camino al matadero; era evidente que la "seguridad de las aerolíneas" era una farsa. Estos programas incesantes basados en el miedo provocaban gran tensión entre el público, que cayó presa de la obesidad y recurrió a los médicos para que le recetaran los fármacos que se anunciaban diariamente en la televisión. Ése fue el año de *Super engórdame,* un documental excelente sobre los riesgos que entraña para la salud consumir comidas rápidas.

Hasta el Sol estaba reaccionando ante el dolor en la Tierra; enormes erupciones solares arremetieron contra la magnetosfera en noviembre de 2003. ¿Recuerda usted haberse visto sometido a la energía negativa y sentirse muy colérico en 2003? Examinaré las analogías durante los submundos nacional y planetario para comprender mejor los viejos arquetipos que estábamos procesando durante 2003.

Si nos remontamos al tercer día del submundo nacional (1538 a 1144 a.C.), el tema central que surgió fue el de un monoteísmo temprano cuyo líder ulterior fue Moisés. Suele decirse que el monoteísmo representó un gran avance religioso, pero ésta es una interpretación típica de los acontecimientos por los ganadores que manipularon los libros, en este caso, de la Biblia. En realidad, el monoteísmo era un sistema de creencias que había dado lugar a guerras contra religiones anteriores en las que se veneraban panteones de dioses que representaban distintos aspectos de la psiquis humana, y contra los últimos vestigios de las viejas culturas basadas en la veneración de la Diosa.

Un sistema no es mejor que el otro, pero los monoteístas fueron los conquistadores que erradicaron a todo aquél que no estuviera de acuerdo con ellos. Actualmente el monoteísmo es la fuerza que impulsa a los neoconservadores a erradicar a los infieles en Afganistán e Irak en nombre de Dios. Sin embargo, irónicamente, ¡los musulmanes también son monoteístas! Durante el tercer día del submundo planetario (1834–1854 d.C.), los Estados Unidos se encontraban en medio de una depresión (la "hambrienta década de los cuarenta" en la parte oriental de los Estados Unidos) que había comenzado a causa del pánico de los inversionistas en 1819 y 1833. Muchos desconocen que los Estados Unidos incumplieron los pagos de su deuda a los extranjeros en 1842, y menciono esto aquí porque actualmente los Estados Unidos tienen grandes deudas con otros países.

En ese momento de nuestro pasado, se estaban fortaleciendo los nuevos motores de la economía, como el ferrocarril y los grandes bancos, y los Estados Unidos estaban preparándose para desempeñar un papel económico mundial en el que el dinero sería su dios. La parte oriental de los Estados Unidos dominó la economía del sur, lo que desembocó en la Guerra entre los Estados, provocada en parte por estas grandes fuerzas que surgían. *Las figuras religiosas eran los patriarcas del submundo nacional, los magnates industriales eran los patriarcas del submundo planetario y los multimillonarios de la informática son los padres del submundo galáctico.*

¿Recuerda usted haberse sentido atrapado durante el tercer día por la marea ascendente de fanatismo que no parecía tener nada que ver con sus creencias ni con sus intereses?

## TERCERA NOCHE DEL SUBMUNDO GALÁCTICO: 10 DE DICIEMBRE DE 2003–3 DE DICIEMBRE DE 2004

La tercera noche del submundo galáctico fue un período de profunda inquietud en los Estados Unidos debido a que el país había perdido su rumbo. La guerra en Irak era increíblemente estresante y Osama bin Laden seguía entrenando terroristas. Si bien en Irak nunca se encontraron armas de destrucción masiva, los Estados Unidos usaban cotidianamente este tipo de armas contra desventurados civiles. Los estadounidenses estaban cada vez más polarizados ante la posibilidad de verse en un atolladero como sucedió con la guerra de Viet Nam. Sadam Hussein fue encontrado en su guarida justo después del comienzo de la tercera noche y los contribuyentes estadounidenses debieron pagar los gastos de su juicio. Los fundamentalistas y amantes de la guerra se mantuvieron junto a Bush, pues su presidente siempre tiene razón. Sin embargo, cada vez más estadounidenses encontraban que algo andaba fuera de lugar.

Los atentados con bombas contra trenes en Madrid el 11 de marzo de 2004 llevaron el conflicto entre Oriente y Occidente al corazón de España y demostraron que los terroristas eran capaces de realizar ataques cada vez más sofisticados contra civiles. Al ser ésta una señal de que el terrorismo terminaría por amenazar a cualquier país que apoyara a los Estados Unidos, España retiró a sus efectivos de la "coalición" que luchaba en Irak, lo cual puso más en evidencia que la guerra de Irak era asunto de los Estados Unidos.

Por si fuera poco, recorrieron el mundo unas fotos de sadismo sexual en las que varios prisioneros iraquíes desnudos eran halados por mujeres militares estadounidenses que les habían atado correas al cuello, como si fueran perros. Estas imágenes humillaron a los Estados Unidos y representaron un gran insulto al Islam, una religión que promulgar insistentemente la pureza sexual. El euro y el dólar canadiense aumentaban cada vez más de valor ante el dólar estadounidense, mientras que se acumulaban los déficit en los Estados Unidos.

De forma portentosa, los cambios climáticos comenzaron a mostrar su poder destructivo. Como si los dioses tiraran lanzas a Jeb, el hermano de Bush, la tormenta Iván y otros feroces huracanes arremetieron contra la Florida. Personas muy informadas estaban extremadamente preocupadas por lo que sucedía en el Océano Atlántico. Justo al comienzo de la tercera noche del submundo galáctico, la revista *Fortune,* una influyente fuente de noticias para el mundo empresarial, publicó un extenso artículo sobre la desaceleración de la gran banda transportadora oceánica, la corriente del Atlántico que atempera el clima de la costa oriental de los Estados Unidos y la costa occidental de Europa.[14] Dado que esta desaceleración es capaz de desatar una edad del hielo, la gente sentía de veras la fragilidad y el incalculable valor de los ecosistemas de la Tierra.

Los Estados Unidos simplemente siguieron lanzando bombas y para ese entonces ya era de conocimiento público que los neoconservadores esperan con ansias el fin del mundo porque creen que Jesucristo regresará. Como muchos fundamentalistas cristianos creen que los judíos deben reconstruir el templo en Jerusalén al final de los tiempos para que Jesús pueda regresar, han establecido alianzas con los fundamentalistas judíos para reconstruir el Templo de Salomón. Esta alianza es esencial dentro del plan de los neoconservadores. Por ejemplo, las iglesias cristianas han recaudado fondos para enviar a familias judías estadounidenses a Israel con miras a conseguir ese objetivo. *La tercera noche en 2004 fue el año en que la mayoría de los estadounidenses se dieron cuenta de que su país estaba metido en grandes problemas y que ellos sufrirían las consecuencias.* Después de todo, la Constitución de los Estados Unidos se basa en la separación entre la Iglesia y el Estado. Esta profunda inquietud hacía que cada vez más personas investigaran versiones alternativas del pasado. Evidentemente, la iglesia católica tenía la esperanza de que el silencio diera al traste con el libro de Dan Brown *El código da Vinci,* pero el público insistía cada vez más en conocer la verdad sobre todas las cosas. El genio había salido de la lámpara y las mentiras históricas eran puestas en tela de juicio en todas partes, gracias a la Internet. Me sorprendió ver a tres o cuatro personas con ejemplares de *El código da Vinci* para leerlo en el avión en uno de los viajes que hice en 2004. Menciono esto porque se estaba haciendo sentir una nueva comprensión de la vida de Cristo, y esta espiritualidad fecunda aumentará cada vez más durante los días del submundo galáctico, como verá. ¿Quién dijo que Jesús no podía disfrutar también?

Significativamente, el libro *El Calendario Maya y la Transformación de la Consciencia* de Carl Johan Calleman fue publicado en la primavera de 2004, y los conocimientos sobre el funcionamiento de la ola evolutiva comenzaron a recorrer todo el planeta como un tsunami espiritual. Mientras los Estados Unidos abusaban del mundo, se daba a conocer la teoría de Calleman, que ofrecía verdaderas esperanzas sobre el futuro. Como recordará de la introducción, me enviaron el libro de Calleman en mayo de 2004 para que diera mi visto bueno, pero no pude comprender las implicaciones de esa obra porque mi hijo Tom murió en junio de 2004. Tom llevaba *El calendario maya* en su mochila, que alguien robó el día de su muerte, el mismo día en que Venus pasó frente al Sol: el paso de Venus. Dejé el libro de Calleman sobre un estante mientras trataba de comprender la pérdida de mi segundo hijo, y Gerry tuvo la gentileza de mudarnos a Canadá para que pudiéramos vivir en una cultura más apacible. A nuestra llegada, nos sorprendió comprobar que grandes números de estadounidenses estaban comprando casas en Canadá, quizás porque les causaba nerviosismo la asunción del poder por los neoconservadores en los Estados Unidos.

Por lo que respecta a que los neoconservadores estén a la espera de la Segunda Llegada, ¿qué van a hacer todos ellos si a su regreso Jesucristo trae consigo a María Magdalena? ¿Recuerda usted en 2004 sentirse enojado por la increíble estupidez e insensibilidad de seguir matando en Irak mientras el planeta sufría una crisis ecológica? Piense en las posibles consecuencias de arremeter contra la Tierra con "la madre de todas las bombas". Como verá, a comienzos del cuarto día, este tipo de abusos podría desencadenar respuestas tectónicas.

## CUARTO DÍA DEL SUBMUNDO GALÁCTICO: 4 DE DICIEMBRE DE 2004–28 DE NOVIEMBRE DE 2005

El cuarto día del submundo galáctico (la proliferación o diseminación de los nuevos temas) fue un año de un gran despertar espiritual. Todo comenzó con una gran explosión de dolor, amor y compasión humanos. Un día después de la Navidad, un gran desplazamiento de la falla de Sumatra ocasionó un terremoto de 9,1 grados en la escala de Richter que sacudió Indonesia y la India y provocó un tsunami de enormes proporciones que arrasó con las costas de Indonesia, Tailandia y la India. Gracias a los medios de información mundiales, la mayoría de los habitantes del planeta se enteraron de este acontecimiento mientras estaba sucediendo y respondieron en forma masiva. Se puso en marcha un movimiento mundial de ayuda sin precedente en respuesta a esta increíble tragedia humana, pues la gente sintió en su corazón el terrible sufrimiento y la gran necesidad de las víctimas. Todo el que participó en la recaudación de fondos y la prestación de ayuda en cualquier forma sintió esta ola mundial de amor y compasión que unió a los pueblos de la Tierra.

En Aceh, Indonesia, las fuerzas armadas de los Estados Unidos fueron bienvenidas y alabadas por personas muy necesitadas y los soldados pudieron tener la experiencia de sentir agradecimiento en lugar de rechazo. Entretanto, la guerra en Irak resultaba obscena y bochornosa. El mundo vio el sufrimiento crudo y verídico de las víctimas del terremoto y el tsunami y recordó la fragilidad de la vida humana. El sufrimiento era similar en Irak pero, a diferencia del tsunami, éste recibía poca atención de los medios de información. La preocupación del público acerca de la guerra de Irak iba en aumento, pero los bushistas seguían adelante y los medios de información trataban el tema de la guerra como si fuera un partido de fútbol; parecía como si dos mundos estuvieran separándose de golpe. ¡Así era! El público estadounidense estaba dividido casi a la mitad en cuanto al apoyo o el rechazo a la guerra en Irak. Si la guerra hubiera dependido de soldados conscriptos y no de reservistas, se habrían hecho grandes manifestaciones en contra. Pero hubo escasas protestas porque los hombres y mujeres que iban a la lucha habían escogido ese camino voluntariamente y los ciudadanos estadounidenses jóvenes que se oponían a la guerra tenían miedo de los bushistas.

Los Estados Unidos perdían el apoyo y el respeto en el mundo entero y, ante el rechazo mundial a Bush, otros países estaban ganando fuerzas. De pronto las economías de la India y China estaban en plena prosperidad y, en Venezuela, Chávez desafiaba a los Estados Unidos al establecer alianzas con otros países de América del Sur que se estaban radicalizando. Argentina incumplió los pagos de su deuda con el Banco Mundial y recibió un préstamo de Chávez en noviembre de 2002, con lo que su economía prosperó. Se debilitó la posición del Banco Mundial y el FMI, mientras líderes indígenas se alzaban en Bolivia y Chile.

En Irán un líder relativamente desconocido, Mahmoud Ahmadinejad, fue elegido presidente en junio de 2005. Parecer ser, al mismo tiempo, un hombre muy espiritual y muy extremo en sus puntos de vista. Dado que ganó exactamente durante el punto medio del cuarto día, podría erigirse en líder espiritual de alcance mundial. La Unión Europea (UE) acogió a nuevos miembros, mientras que Tony Blair quedó como el líder el único país europeo que no adoptó el euro y que daba un importante apoyo a la guerra en Irak. El 7 de julio de 2005 ("7/7") se registraron los atentados con bombas contra los medios de transporte en Londres y muchos se percataron del posible mensaje en código que lo relacionaba con el "9/11" y con los atentados en Madrid el "3/11."

Esto no deja casi lugar a dudas de que el terrorismo con misteriosas raíces esotéricas se estaba intensificando en el mundo, y todos corríamos peligro si continuaba la agresión occidental en el Oriente Medio. Se me hizo evidente que, mientras más atacara Occidente a Oriente, más auge cobraría el terrorismo en todos los confines de la Tierra. Creo que es tonto quien subestime los aspectos esotéricos del Islam.

Como si la naturaleza hubiese decidido dar un escarmiento a los bush-istas, Katrina, un potente huracán de categoría 5, embistió contra Nueva Orleáns y los diques que impedían que la ciudad se inundara se rompieron unos días después. Cuando vi las terribles escenas de devastación, me solidaricé de todo corazón con las víctimas indefensas y desesperadas de Katrina, la mayoría de las cuales eran estadounidenses negros pobres. El mundo se conmocionó ante la indiferencia en la respuesta por parte de las autoridades estadounidenses. En marcado contraste con la ayuda proporcionada después del terremoto y el tsunami en Asia, el país más rico del mundo ni siquiera atinó a evacuar eficazmente a los habitantes de la ciudad antes del fenómeno (aunque Katrina dio unos cuantos días de aviso antes de su llegada) y luego en esencia no hizo nada por ayudarlos con suficiente rapidez después de la catástrofe, fuese en Nueva Orleáns o en las partes de la Costa del Golfo que Katrina también arrasó.

Ésta fue la gran llamada de alarma para la mayoría de los estadounidenses: con Katrina, muchos se dieron cuenta de que tendrían que arreglárselas por sí mismos en lugar de creer que el gobierno se ocuparía de ellos. Algunos se preguntaron incluso si el gobierno se alegraba de ver cómo se vaciaban las barriadas habitadas por negros pobres. Katrina representó el fin del orgullo norteamericano, que en todo caso era demasiado exagerado después de la hecatombe de los años 60 en Viet Nam. Entonces el huracán Rita tocó tierra un mes después y acrecentó el sufrimiento. Entretanto, los Estados Unidos simplemente seguían lanzando bombas en Irak.

El precio del petróleo subió a 75 dólares por barril después de Katrina y los estadounidenses tuvieron que pagar la gasolina a más de tres dólares por galón. Algunos norteamericanos inteligentes se deshicieron de sus vehículos de alto consumo de gasolina y comenzaron a pensar en cuándo llegaría el momento en que no podrían pagar la calefacción de sus inmensas mansiones, pero la mayoría simplemente pensó que alguien se ocuparía de sus necesidades en materia de energía. (Los estadounidenses dependen excesivamente del petróleo proveniente de los países del Oriente Medio que su propio país está desestabilizando, y reciben una gran cantidad de petróleo de Venezuela, que también representa un riesgo.) China firmaba contratos de compra de petróleo por todo el mundo para poder mantener su pujante economía. El déficit comercial iba en aumento y más de la mitad de los bonos del Tesoro estadounidense estaban en manos de extranjeros.

Los bushistas simplemente concluyeron que podían seguir acumulando deudas si imprimían más dinero, pues los países extranjeros temían que la economía estadounidense se desplomara si caía el dólar. Había muchas señales de advertencia contra esta actitud irrealista y, como verá, toda esta conducta irresponsable tendrá un alto precio a pagar para los Estados Unidos dentro de pocos años.

En medio de los huracanes, los terremotos y el tsunami, se estaba diseminando una profunda y tranquila ola espiritual que atrapaba las mentes y corazones de millones de personas. *El código da Vinci* había vendido millones de ejemplares y se estaba filmando su versión para el cine. La religión organizada refunfuñaba ante esto. Con su estruendoso silencio sobre el libro y la nueva comprensión de Cristo que éste propugnaba no habían conseguido suprimir su popularidad, aunque los representantes de la iglesia se negaron en efecto a que usaran algunos locales para la filmación. Florecía el gnosticismo, una comprensión más espiritual del cristianismo. La gente estudiaba la cábala (la tradición sagrada judía), practicaba el yoga, disfrutaba las activaciones del plan de las Pléyades, y reflexionaba sobre las implicaciones de la obra de Calleman, *El calendario maya*.

En mayo de 2005, salí del aletargamiento de mi pena, retomé el libro de Calleman y quedé atónita. Mi intención en esta vida ha sido averiguar el verdadero significado de la vida en la Tierra y nunca he flaqueado en mi búsqueda. Calleman había logrado descodificar la ola evolutiva del tiempo. Me di cuenta de que los humanos podíamos desviar al mundo de su camino hacia la destrucción si usábamos intencionalmente las olas temporales para producir cambios en nosotros mismos. ¡Y el punto medio del submundo galáctico llegaría en apenas un mes! El 2 de junio de 2005 alcanzaríamos ese punto medio, cuando se harían visibles los movimientos espirituales que podían llevar a la humanidad a la iluminación. Sólo podía hacer una cosa acerca de esta maravillosa oportunidad: ¡Aprovecharla con cada onza de energía que tuviera!

Mis estudiantes pasaron ratos muy entretenidos en junio cuando les impartí un nuevo curso titulado "Flash del submundo galáctico". Ahora que al fin comprendía lo que estaba pasando realmente con el planeta y podía ver cómo mi propio trabajo era parte del proceso de iluminación, impartí mis lecciones en un éxtasis total. Era la primera vez en vida que tenía alguna idea de por qué hacía lo que hacía, y esto me ha cambiado profundamente la vida. Ahora puedo ver que estamos en medio de un gran despertar que arrasará con las fuerzas destructivas, pero sólo lo lograremos si aprovechamos esta ola creciente de energía.

Volvamos a lo básico: ¡Recuerde que las guerras suelen gestarse durante los días de los submundos y que la guerra del cuarto día fue la guerra de los bushistas contra sus propios ciudadanos! La Ley Patriótica había entrado en vigor y era utilizada para acosar a los ciudadanos; los estadounidenses se veían asediados por terribles escenas de ancianos moribundos en sillas de ruedas en las autopistas de Nueva Orleáns y la población se enfermaba cada vez más debido al consumo de fármacos. El plan de medicamentos por receta de Medicare, que consistía en elegir medicamentos entre cientos de planes distintos de las empresas farmacéuticas, era impuesto a ancianos confundidos e indefensos. Si las personas de la tercera edad no se inscribían en el plan, se reducirían sus beneficios de Medicare. Estas personas se vieron obligadas a dedicar muchas horas con sus hijos a tratar de descifrar cómo podrían seguir recibiendo los fármacos a los que ya estaban adictos y que la publicidad televisiva les hacía creer que necesitaban.

Era una situación triste y abusiva. Puede parecer que se trata simplemente de un plan estadounidense de alcance local, pero es una cuestión de alcance mundial debido a los amplio efectos de los fármacos y a que dio a las personas del mundo entero una oportunidad de ver lo inepto y abusivo que es el sistema estadounidense de lucro con la asistencia médica. Me resultó pasmosa la crueldad, dureza y tristeza de la vida para la mayoría de los ancianos estadounidenses y de hecho sentí alivio de que mis padres ya no estuvieran con nosotros. También me asaltó la duda de si algunos ancianos dejarían de consumir los fármacos como resultado de este abuso.

Ahora que entendía la teoría de Calleman, pude volver atrás para hacer una comparación con los cuartos días de los submundos nacional y planetario a fin de comprender mejor estos raros giros de los acontecimientos. Si nos remontamos al cuarto día del submundo nacional (749–355 a.C.), desde su propio inicio entra en escena el gran profeta hebreo Isaías, quien advierte al pueblo de Israel que debe cambiar sus costumbres descarriadas y ser fieles a su Dios que, aseguraba Isaías, era también el Dios de todos los pueblos de la Tierra.

El punto medio del cuarto día, que es el punto medio de todo el submundo nacional, fue cuando hicieron su aparición algunos de los grandes líderes espirituales que jamás haya conocido el mundo. Eran los días de Pitágoras, Lao Tse, Solón, el Buda, Isaías II, Mahavira, Confucio, Zoroastro, los primeros astrónomos de Izapa y Platón. *Este despertar espiritual mundial sigue inspirándonos hoy en día,* y creo que el mes de junio de 2005 nos aportó importantes líderes espirituales. A medida que se hagan ver, el tiempo irá diciendo quiénes son. Por ejemplo, Carl Johan Calleman habla del gran maestro Kalki de la India, quien propugna la enseñanza de que para 2012 la humanidad alcanzará la iluminación. Calleman tuvo la gentileza de llevar a la India a mi anciano guatemalteco, Don Alejandro Oxlaj, para que viera a Kalki a principios de 2006.

El cuarto día del submundo planetario (1873–1893 d.C.) fue cuando Helena Blavatsky fundó la Sociedad Teosófica y Mary Baker Eddy fundó el movimiento de la Ciencia Cristiana; también fue cuando el movimiento espiritualista se encontraba en su apogeo en los Estados Unidos. Pocos saben que la tercera parte de los estadounidenses adoptaron la religión del espiritualismo (la creencia en la vida de ultratumba y la práctica de conectarse con los espíritus) durante las últimas décadas del siglo XIX. Todo esto era una clara reacción frente a las grandes fuerzas generadas por los avances industriales que habían tenido lugar durante el submundo planetario.

Muchos no tienen la menor idea de cuán grande era el movimiento del espiritualismo entre 1873 y 1893, porque decayó y casi desapareció durante la horrorosa carnicería de la Primera Guerra Mundial, debido a la cual muchas personas perdieron la esperanza en el futuro de la humanidad. Correspondientemente con el punto medio del submundo planetario, durante el cuarto día del submundo galáctico volvieron a cobrar popularidad las creencias en las terapias de vidas anteriores, la eficacia de la recuperación de almas y las consultas con el más allá. Creo que estas tendencias irán en aumento durante el resto del submundo galáctico. El documental *¿Qué #$\*! sabemos?,* que muestra el significado de las frecuencias y la dimensionalidad, se estrenó en 2004 y alcanzó gran popularidad en 2005. En mi libro *Alquimia de las nueve dimensiones,* que es muy similar a *¿Qué #$\*! sabemos?,* fue publicado en 2004 y tuvo un gran éxito de lectura en 2005.[15] ¿Recuerda haberse entusiasmado por las ideas esotéricas y espirituales durante 2005 y haberse preguntado cuál podría ser su papel como maestro espiritual? Como nota muy personal, mi hermano Bob Hand y su esposa, Diana Hand, inauguraron el centro Wise Awakening en Bellingham, Washington, un centro espiritual sumamente avanzado que explora la sanación con sonido y con frecuencias electromagnéticas. Se ha convertido en un centro de enseñanza para Gerry y para mí debido a la extraordinaria fe de Diana y Bob en el despertar espiritual del submundo galáctico.[16]

## CUARTA NOCHE DEL SUBMUNDO GALÁCTICO: 29 DE NOVIEMBRE DE 2005–23 DE NOVIEMBRE DE 2006

Este libro fue escrito durante la primera mitad de la cuarta noche del submundo galáctico, un período de integración de los grandes avances espirituales logrados durante el cuarto día. En todas partes hay pensadores discretos pero profundos que se están haciendo oír y que centran su atención en inspirar a la humanidad a hacer suya la unicidad, para dejar de hacer la guerra al planeta y a la raza humana. La presencia de estos maestros se hará más evidente a nivel mundial durante el quinto día del submundo galáctico, pero no espere ver a ninguno de ellos en la televisión. Está ocurriendo en la Tierra un gran proceso de equilibrio que abrirá la conciencia humana a la iluminación y que también está ocasionando un gran cambio político y económico. Rusia, China y la India han desarrollado economías muy fuertes y se está registrando una gran unificación en América del Sur. En enero de 2006, Michelle Bachelet, mujer y socialista, ganó las elecciones presidenciales en Chile. Evo Morales, un popular líder indígena, ganó en Bolivia. Entretanto, Chávez lanzaba candentes críticas a George Bush. Bush tolera esas críticas porque tiene miedo de que Hugo Chávez deje de vender petróleo a los Estados Unidos.

Increíblemente, los bushistas hacían sonar sus tambores de guerra contra Irán, otro gran proveedor de petróleo de los Estados Unidos. El líder iraní, Mahmoud Ahmadinejad, está adquiriendo dimensiones de héroe debido a sus abiertas críticas sobre Bush. Aunque resulte siniestro para los estadounidenses, Ahmadinejad es un orador inspirado que dice sin rodeos que el apoyo estadounidense y británico a Israel está alterando el equilibrio en el Oriente Medio y que debe hacerse justicia con los palestinos. Esto es, por supuesto, completamente cierto.

Los estadounidenses acusan a Irán de desarrollar la tecnología necesaria para producir armas nucleares, pero Irán insiste en que lo hace para satisfacer sus necesidades futuras de energía pues ese país (a diferencia de los Estados Unidos) trata de ser previsor para cuando se agoten sus yacimientos petrolíferos. Después de la debacle sobre las armas de destrucción masiva en Irak, los Estados Unidos son marginados por Irán. Ahmadinejad provoca a Bush en público al decir que los Estados Unidos no pueden atacar a Irán porque están empantanados en Afganistán e Irak, lo cual es cierto; los Estados Unidos están perdiendo poder como imperio global. Significativamente, durante el punto medio de la cuarta noche (27 de mayo de 2006) Francia, Alemania, los Estados Unidos, Rusia y China presentaban en el seno de las Naciones Unidas claras ofertas de negociación pacífica con Irán.

En los Estados Unidos, el apoyo a Bush y a su guerra cayó por debajo del 30 por ciento durante la primavera de 2006, a medida que la situación en Irak se convertía en una guerra civil homicida entre los suníes y los shiítas. El proceso judicial contra Saddam Hussein fue un escandaloso circo financiado por el contribuyente estadounidense, en el que Hussein aseguraba que él seguía siendo el mandatario de Irak (había fracasado el "cambio de régimen"), lo que echó más leña al fuego de la guerra civil. Los pueblos del mundo observaron sombríamente este terrible dolor y sufrimiento y muchos sintieron alivio al comprobar que el poder de los Estados Unidos estaba disminuyendo. Importantes periodistas como Bob Woodruff de Noticias ABC sufrían graves lesiones o incluso morían en Irak, y yo me preguntaba hasta cuándo los periodistas podrían callarse sus verdaderos sentimientos. Los precios del petróleo y del oro subieron por los cielos en la primavera y los déficit estadounidenses alcanzaron proporciones de susto, lo cual provocó nerviosismo en el mundo. Si la economía estadounidense se desplomaba, el mundo entero sufriría. Esperemos que las nuevas alianzas posibilitadas por la acción conjunta de la Unión Europea y de los países de América del Sur, junto con el desarrollo de sólidas economías en China, la India y Rusia, sostengan a la economía mundial si cae Goliat.

¿Qué será lo que está pasando en realidad?

A principios de 2006, el escritor y místico Andrew Harvey dijo en la Catedral Grace en Nueva York: "La humanidad sufre actualmente una enfermedad terminal y sólo puede ser transfigurada por una revelación totalmente impactante de su lado sombrío".[17] Harvey considera que la humanidad debe darse cuenta de que el mundo entero está en medio de una gran crucifixión con la desaparición de especies y el desmoronamiento de los sistemas patriarcales. Opina que, mediante la comprensión de la noche oscura del alma, la humanidad puede aceptar la necesidad de esta crucifixión y confiar en la "lógica de la transformación divina", es decir, *confiar en la aceleración del tiempo*.[18] También cree que los que se den cuenta de que tras la violencia se esconde la piedad recibirán extraordinarias fuerzas, protección y revelaciones y llegarán a ser revolucionarios en el plano espiritual al dedicar sus vidas a la preservación del planeta. A mi juicio, el motivo de que esta transición resulte tan horrífica es que el patriarcado debe morir para que el lado femenino traicionado pueda volver a reinar sobre la Tierra. Considero que lo femenino equivale a todo lo que es sagrado e íntegro, y confío plenamente en este proceso. Debemos sentir compasión por los hombres a medida que se disuelva el patriarcado y debemos denunciar de corazón las graves injusticias cometidas. En mayo de 2006, la exitosa película *El código da Vinci* fue vista al fin por millones de espectadores en los Estados Unidos y en el mundo entero. Muchas personas comenzaron a buscar un equilibrio entre los aspectos masculino y femenino de la vida, pero la película también causó gran enfado entre muchos católicos ortodoxos. Calleman dice que "tendrá lugar una evolución irreversible hacia la integridad a medida que avance el submundo galáctico y, en ese proceso, todas las jerarquías basadas en la dominación, sean políticas, religiosas o de otro tipo, se desmoronarán de una manera u otra".[19] Todo se pondrá mucho peor antes de ponerse mejor, por lo que quizás el lector encuentre gran utilidad en la guía personal para el submundo galáctico que figura en el apéndice C. A mí me ha ayudado mucho.

En cuanto a situaciones que se pondrán peor antes de ponerse mejor, desafortunadamente todo parece indicar que la gran inestabilidad tectónica del Anillo de Fuego en Indonesia es una respuesta a los grandes cambios. Al acercarnos al punto medio de la cuarta noche, comenzó la erupción del Monte Merapi en la isla de Java. Entonces, el 27 de mayo, la luna nueva coincidió con el punto medio y hubo una larga serie de terremotos que cobraron miles de vidas. Los comentaristas de noticias observaron que esto había sido especialmente traumático porque Java está muy superpoblada en la actualidad. Hubo otros sismos en esta región en julio de 2006 pero, en lugares donde la población era más pequeña, la gente pudo enfrentar mejor la catástrofe.

Como verá en el próximo capítulo, la superpoblación será un gran problema para el resto del submundo galáctico. Y el hecho de que haya tenido lugar una gran catástrofe tectónica en el Anillo de Fuego durante el punto medio de la cuarta noche da a entender que las fechas de Calleman son muy precisas. Indica también la probabilidad de que los cambios planetarios estén acelerándose durante el submundo galáctico.

Al llegar al punto medio de la cuarta noche, se intensificaron el caos y la confusión en los Estados Unidos. En el próximo capítulo, a la luz de algunos modelos que podrían resultar esclarecedores sobre este importantísimo período, pasaré a hablar del futuro para reflexionar sobre lo que podría suceder entre 2007 y 2011. Según Calleman, el submundo galáctico es el apocalipsis, el momento de la revelación, que ya parece haberse iniciado.[20]

# 7

# LA ILUMINACIÓN Y LAS PROFECÍAS HASTA 2011

## LA DESINTEGRACIÓN DEL SUBMUNDO GALÁCTICO

Según Calleman, durante el resto del submundo galáctico (2007 a 2011) todas las jerarquías basadas en el dominio se desmoronarán a medida que las lentes más espirituales de la conciencia hagan transmutar las estrechas perspectivas de los submundos nacional y planetario. Éste es el momento de determinar cuáles son exactamente esas jerarquías, comprobar cómo funcionan en nuestra época y analizar cómo y por qué hubieron de surgir.

Tengo gran interés en observar las jerarquías militares, industriales, médicas y religiosas, pues éstas tienen grandes consecuencias con respecto a la calidad de nuestras vidas. Las jerarquías basadas en la dominación masculina se establecieron durante el submundo nacional (3115 a.C.–2011 d.C.). Luego muchas personas se involucraron en estos patrones de dominación al volverse adictas a las comodidades materialistas del submundo planetario (1755–2011 d.C.). Al reconocer cómo estos patrones de dominación influyen en la mente colectiva, y al ser honestos con nuestras propias adicciones materiales, es posible imaginarse cómo cada uno de nosotros puede adoptar estilos de vida que contribuyan a disminuir nuestra participación en estos programas. ¿Por qué molestarnos? *Porque la dominación masculina y el materialismo son inherentemente destructivos para los ecosistemas de la Tierra y el corazón humano.* Todos tenemos que pensar en la posibilidad de poner fin a nuestras adicciones a las comodidades materiales y de buscar estilos de vida que estén en armonía con la Tierra. Cuando busquemos estilos de vida en apariencia nuevos, pero en realidad muy antiguos, comprobaremos lo favorable e iluminador que es el trabajo intencional con los ciclos activos del submundo galáctico.

Si Calleman está en lo cierto en cuanto a la aceleración del tiempo, el submundo galáctico representa una reversión en trece años de 5.125 años de patrones evolutivos que han llevado a los seres humanos a creer que no existe otra cosa que el mundo sólido o material. Pero eso no es más que una *perspectiva equivocada*. Todo lo que existe viene primeramente de la conciencia, pues el mundo material emana de las intenciones creativas. De este modo, *la conciencia controla la evolución*. La realidad, tal como existe actualmente, es resultado natural de nuestra forma de pensar durante 5.000 años y, *tan pronto cambiemos nuestra manera de pensar, cambiará también la realidad material*.

Mientras escribo estas líneas, la tensión entre Oriente y Occidente está provocando divisiones en el mundo, pero todo sería distinto si las personas cambiaran simplemente su manera de pensar. De hecho, las cosas están cambiando, pero la paradoja es que uno no puede ver esta transmutación mientras ocurre si uno no tiene los ojos muy abiertos a la posibilidad de los milagros. Estamos recuperando el tipo de visión que teníamos hace miles de años, que nos permitirá trascender las diferencias destructivas entre los seres humanos. El corazón es la clave de la supervivencia humana; potentes ondas electromagnéticas del corazón están entrando en resonancia con el planeta. Pronto nos embargarán sentimientos muy intensos por la Tierra.

Calleman observa: "Hay esperanza para la humanidad, no porque todos decidiremos de repente que debemos cambiar, sino porque la conciencia de la humanidad está sujeta a un plan cósmico que no puede ser manipulado".[1] Durante el último año, he visto cómo las personas despiertan ante la realidad de que hay efectivamente un plan divino en marcha que está delineado en el calendario maya. Muchas personas están recordando que los humanos fueron seleccionados para ser cocreadores con la inteligencia divina, aunque nunca hayan oído hablar del calendario maya. No se trata de una interpretación arrogante ni egoísta de nuestro papel en la Tierra. En lugar de ello, reconocer que estamos llamados a desempeñar este papel nos exige asumir radicalmente la responsabilidad relacionada con nuestro planeta y nuestro lugar en el universo. ¿En qué puede consistir esto? Para dar respuesta a esta pregunta, todos debemos volver a enamorarnos de la Tierra y de sus creaciones. Estamos llamados a ser guardianes de la vida, no señores de la muerte.

Durante el submundo planetario, caímos en una trampa muy oscura dominada por el hemisferio izquierdo del cerebro, y ahora debemos arreglárnoslas para sacar nuestros hilos de pensamiento de esta limitadora trampa mental que se está desmoronando. Durante mi niñez y juventud en los Estados Unidos, la mayoría de las personas que me rodeaban parecían estar totalmente locas, por lo que busqué maneras de ayudarlas a pensar con mayor claridad. Mis abuelos me prepararon cuidadosamente para que aceptara la mentalidad indígena, más amplia. Por eso nunca adopté muchos aspectos de la formar de pensar patriarcal y por eso me entusiasma el desmoronamiento de esta trampa mental. Ahora veo que cada vez más personas están despertando. Durante el submundo galáctico, ha ido en descenso el número de esquizofrénicos patriarcales y maniacodepresivos materialistas, mientras que el número de nuevas caras entusiasmadas por la posibilidad de crear sus propios mundos va en constante aumento. Me encanta ver a las personas despertar en medio de su hábitat con magia en sus ojos, como si fueran nuevas luces en un árbol de navidad.

El submundo galáctico es dualista pero, a diferencia del submundo nacional, favorece la percepción con el hemisferio derecho del cerebro. Esta intuición recién revelada hace que sea posible ver la oscuridad en las estructuras del submundo nacional orientado al hemisferio izquierdo del cerebro y dualista. Sin embargo, sólo estamos en las fases iniciales de desmoronamiento de estas estructuras. Desde 1999, muchas personas han procesado inconscientemente la capa de dolor que reside en los recuerdos del submundo nacional de 5.125 años y el submundo planetario de 256 años de duración.

Para ser absolutamente claros, el motivo de que este proceso sea tan intenso es el factor de la aceleración del tiempo y el hecho de que *tanto el submundo nacional como el galáctico son dualistas.* Nuestros cuerpos y mentes disponen de apenas trece cortos años para dejar ir las dualidades radicales del submundo nacional (como la polarización entre Oriente y Occidente) que han sido inducidas en el campo energético de la Tierra por el pulso evolutivo. Observe además que la conciencia del submundo planetario *está orientada al hemisferio izquierdo del cerebro, pero es parte de la unicidad,* con lo que sobreimpuso una fuerte perspectiva de la conciencia basada en el hemisferio izquierdo del cerebro directamente en el submundo nacional como si fuera una varilla de acero pulido. Durante el submundo galáctico, la apertura a la intuición significa que nuestro "tercer ojo", que ve todas las dimensiones, utiliza esa varilla metálica para atisbar dentro de la verdadera naturaleza de la realidad. La conciencia del submundo planetario, por ser más rápida, atraviesa todas las capas del submundo nacional, pero es necesaria la perspectiva del submundo galáctico para revelar todo el contenido de esas capas.

Los sistemas que se desarrollaron durante el décimo tercer cielo del submundo nacional (1617 a 2011) están particularmente instalados en Occidente, y suscitan un intenso odio en el Oriente, pues fueron creados durante una fase de conquistas lucrativas que legitimaron la codicia a un nivel abrumador. Los occidentales no atinan a darse cuenta de lo avariciosos que son ni hasta qué punto esto enfada al Oriente, y por eso Occidente tendrá que aprender cuando pierda sus bienes materiales. El desarrollo de la civilización en el submundo nacional culminó durante la época en que Occidente logró dominar al Oriente y conquistó las Américas. Ahora, Occidente debe abandonar esta dominación.

Es muy importante señalar que los países europeos cercanos a la línea media están volviéndose más equilibrados porque han sufrido suficiente a manos de conquistadores. Como hemos visto, los Estados Unidos han asumido el papel de imperio global, y el resto del mundo se ve obligado a responder ante este irresponsable proceder estadounidense. Los vencidos, como los pueblos indígenas en América del Sur, se están uniendo durante el submundo galáctico, mientras los Estados Unidos se distraen con sus ciegas cruzadas en el Oriente Medio. El plan del submundo planetario era desarrollar las comodidades materiales, lo que ha resultado maravilloso para algunos. No obstante, ahora las comodidades basadas en el petróleo se han convertido en Occidente en una adicción insostenible. En medio de todo esto, con arreglo al plan divino, el submundo galáctico está inspirando a la humanidad en general a entregarse a la espiritualidad en lugar de al materialismo.

## LOS MUNDOS DE LOS SUBMUNDOS NACIONAL, PLANETARIO Y GALÁCTICO

Hay en el calendario maya otro ciclo (los mundos cuarto y quinto) que brinda una mejor perspectiva sobre las transformaciones durante el submundo galáctico. La creencia de que actualmente nos encontramos en

| | Submundo nacional (3115 A.C.– 2011 D.C.) | Submundo planetario (1755– 2011 D.C.) | Submundo galáctico (1999– 2011 D.C.) | Submundo universal (2011 D.C.) |
|---|---|---|---|---|
| Primer mundo | 3115–1834 A.C. | 1755–1819 D.C. | 5 ene. 1999– 20 mar. 2002 | 11 feb. 2011– 16 abr. 2011 |
| Segundo mundo | 1834–552 A.C. | 1819–1883 | 20 mar. 2002– 2 jun. 2005 | 16 abr. 2011– 20 jun. 2011 |
| Tercer mundo | 552 A.C.–730 D.C. | 1883–1947 | 2 jun. 2005– 15 ago. 2008 | 20 jun. 2011– 24 ago. 2011 |
| Cuarto mundo | 730–2011 | 1947–2011 | 15 ago. 2008– 28 oct. 2011 | 24 ago. 2011– 28 oct. 2011 |

*Fig. 7.1. Las divisiones en cuatro mundos de los submundos nacional, planetario, galáctico y universal. (Ilustración de Calleman,* El Calendario Maya y la Transformación de la Consciencia.*)*

los mundos cuarto o quinto constituye la base de muchas tradiciones proféticas mesoamericanas y de indígenas americanos, como los aztecas y los toltecas. Calleman ha aportado algunas visiones novedosas y muy interesantes sobre las tradiciones proféticas aztecas al exponer sus propias ideas sobre el Tzolkin y su resonancia con los nueve submundos.[2]

El Tzolkin puede dividirse en muchos subpatrones, como los mundos cuarto o quinto, para llevarse una idea más precisa sobre el desenvolvimiento de la luz y la energía a lo largo del lente de 260 días. Calleman dice: "El cuarto mundo ha preparado el terreno para el submundo galáctico, por lo que al comienzo del cuarto mundo podemos descubrir las formas embrionarias de los fenómenos que llegarán a dominar en el submundo galáctico".[3] Resulta que esta idea es muy importante.

Las fechas del cuarto mundo ponen de relieve algunos importantes puntos de giro en las fases de desarrollo de los submundos, especialmente durante el siglo XX. En general, el primer mundo es una fase de inicio, el segundo es la fase de fundación, el tercero es la fase más creativa y luego se recoge la cosecha durante el cuarto mundo.

Como ya sabemos, los nueve submundos describen acontecimientos evolutivos esenciales y los cuartos mundos ponen de relieve lo que está sucediendo en la mente colectiva de los humanos, la misteriosa zona de los arquetipos. Habida cuenta de que lo que la gente piensa crea realidades, bien vale la pena observar la influencia de estos arquetipos mentales internos. La entrada en el cuarto mundo del submundo nacional (730 d.C.) fue durante lo últimos días de la Era del Oscurantismo en Europa, cuando los primeros reyes procuraban gobernar sobre sus territorios al mismo tiempo que hacían frente al predominio del Oriente. Cuando se inició el submundo galáctico en 1999, los Estados Unidos como imperio participaron en conflictos con el Oriente, lo que demostró que estos viejos temores del Oriente seguían acechando en la mente colectiva de Occidente. Entonces la aceleración del tiempo galáctico reavivó estos temores en la mente colectiva occidental, y los neoconservadores se valieron de ellos para manipular al público estadounidense y convencerlo de ir a la guerra.

Durante el tercer mundo del submundo planetario (1883–1947), el petróleo permitió alcanzar increíbles niveles de comodidad material, especialmente en los Estados Unidos. Se construyeron grandes ciudades en ese país entre 1883 y 1947, cuando abundaba el petróleo barato. Entonces, cuando se inició el cuarto mundo en 1947, las tecnologías de la información provocaron un cambio significativo en la conciencia humana, y los Estados Unidos se llenaron de barrios en las afueras construidos gracias a los bajos precios del petróleo y la gasolina. Las computadoras fueron inventadas entre 1946 y 1948, pero valga señalar que no fue sino hasta el inicio del submundo galáctico en 1999 que la humanidad reconoció que las computadoras eran la base de una economía completamente nueva.[4]

El tercer mundo del submundo galáctico va del 2 de junio de 2005 al 15 de agosto de 2008, en comparación con el submundo nacional, comprendido entre 552 a.C. y 730 d.C. Así pues, ahora que sabe algo sobre los terceros mundos de los submundos nacional y planetario, imagínese el vigor de los acontecimientos creativos desde junio de 2005 hasta agosto de 2008, el análogo del submundo nacional a la época en que las tradiciones espirituales se diseminaron por el mundo, y también cuando muchas personas gozaron de grandes comodidades durante el submundo planetario.

Necesitamos un buen ejemplo de cómo se están procesando los arquetipos del tercer mundo desde el 2 de junio de 2005 hasta el 15 de agosto de 2008. El autor Dan Brown ha comunicado nuevas ideas sobre Cristo en novelas accesibles a cualquier público y en películas de gran popularidad. De hecho, ha logrado mucho más que eso. Una de sus novelas anteriores, *Ángeles y demonios*, es prácticamente más popular que *El código da Vinci*.[5]

Quisiera presentarle mi versión de por qué Brown resulta tan cautivador para la mente del submundo galáctico: como se están procesando todas las capas profundas del submundo nacional, los acontecimientos verdaderamente masivos tienen ahora una mezcla de elementos religiosos y políticos. En *Ángeles y demonios,* Brown logra describir cómo las cábalas religiosas y políticas colaboran en secreto para crear acontecimientos traumatizantes masivos. Entretanto, durante el tercer mundo del submundo galáctico, el acontecimiento más problemático es el 9/11, porque funciona como una "cerradura de tiempo" durante el submundo galáctico. Aunque muchas personas se percatan de esto, cuando tratan de determinar cómo es posible que los distintos perpetradores hayan logrado salirse con la suya, se quedan anonadados porque no son capaces de imaginarse cómo se pueden haber logrado los ataques del 9/11. Pues bien, lea *Ángeles y demonios,* y allí encontrará toda la información que necesita para imaginarse cómo podrían haberse tramado y llevado a cabo los ataques del 9/11. Teniendo en cuenta el alcance de los acontecimientos del tercer mundo del submundo galáctico, imagínese la magnitud de los cambios que vendrán en la mente colectiva después de agosto de 2008, cuando se recoja la cosecha del cuarto mundo. Esto lo describiré más adelante en este capítulo.

Debido a la impenetrabilidad de la Era del Oscurantismo, no sabemos mucho de lo que sucedía en Europa cuando comenzó el cuarto mundo del submundo nacional. En 730 d.C., el Papa Gregorio II excomulgó al emperador de Bizancio, y en 732 d.C., Carlos Martel de Francia contuvo el avance de los árabes en la batalla de Tours. Entretanto, los árabes iban penetrando a los occidentales con su cultura porque Occidente había perdido la mayor parte de su literatura y su ciencia durante la Era del Oscurantismo, mientras que el Oriente había conservado importantes conocimientos de la antigüedad. La penetración de la conciencia oriental en la mente occidental instruida dio lugar a constantes guerras entre Oriente y Occidente y contra los bárbaros. Por ejemplo, los vikingos comenzaron a saquear Europa del Norte alrededor de 830 d.C.; el califato árabe saqueó a Roma, dañó las edificaciones del Vaticano y destruyó la flota de esta nación en 846 d.C.; además, los mongoles aparecieron en el siglo XIII desde Asia Central. Como la vida cotidiana era increíblemente sombría y peligrosa durante estos tiempos, *la mente colectiva occidental conserva profundos temores sobre los invasores del Oriente y los saqueadores bárbaros.* Los neoconservadores incitan fácilmente al público estadounidense a proyectar hacia el Oriente todos estos temores sin resolver. Entretanto, el fermento intelectual que había entre Oriente y Occidente durante miles de años era lo que mantenía vivas a las culturas y las mentes durante la Era del Oscurantismo.

A este renacimiento del interés en las culturas antiguas se debe la importancia actual del movimiento intelectual del nuevo paradigma. Ideas radicales que son al mismo tiempo nuevas y viejas están haciendo que los estadounidenses reflexivos salgan de la Era del Oscurantismo; nuevas líneas cronológicas y paradigmas están abriendo a los occidentales a la iluminación. El cristianismo, por ejemplo, perecería si no adoptara periódicamente una nueva perspectiva sobre Cristo, es decir, una cristología renovada.

Calleman observa que durante el submundo galáctico, lo mejor es pensar en los países cercanos a la línea media (como Alemania, Francia, Noruega, Suecia e Italia) como una unidad en el medio de la lucha intensamente dualista entre Oriente y Occidente.[6] Los países próximos a la línea media suelen estar mucho menos polarizados; por ejemplo, muchos países de la UE se opusieron a la invasión de Irak por los Estados Unidos en 2003. Dado que el plan del submundo galáctico es unir a los pueblos del mundo y hacer que la paz sea posible, *los países cercanos a la línea media deberán ser los iniciadores de la paz desde ahora y hasta 2011.* Las guerras religiosas entre Oriente y Occidente eran uno de los temas principales durante el submundo nacional, y la energía acelerada del submundo galáctico está haciendo que estos viejos conflictos afloren a la superficie para depurar las viejas dualidades. Inicialmente, este destello de violencia tomó por sorpresa a los países situados en la línea media, pues para la mayoría de los europeos las guerras contra los "infieles" ya son cosa del pasado. Los países de la Unión Europea están integrando en sus sociedades a personas procedentes del Oriente, y las tensiones en el Oriente Medio están dificultando este proceso. Por ejemplo, los franceses se opusieron firmemente a la invasión estadounidense de Irak porque sabían que desestabilizaría a sus propios ciudadanos musulmanes. Los europeos se dan cuenta de que en realidad el Oriente no parece querer ir a la guerra. El Oriente trata de defenderse a sí mismo frente al voraz imperio que está quedándose sin energía a todos los niveles y desea robar a cualquier país que tenga reservas de petróleo.

¿Qué pasa con el cuarto mundo del submundo planetario (1947–2011), la culminación del materialismo? ¿No se diría que el objetivo final de la comodidad material es la paz? Recuerde que el submundo nacional fue la etapa de desarrollo de la civilización y que el submundo planetario se centra en la búsqueda de la comodidad humana. En 1947, el movimiento de paz de Gandhi tuvo como resultado la independencia de la India y la división entre la India y Pakistán, además de la independencia de importantes países asiáticos como Birmania. Ese movimiento de paz dio esperanzas al mundo y atrajo mucha admiración en los Estados Unidos. Dio fuerzas a la resistencia contra la guerra de Viet Nam a finales de los años 60. Entretanto, a la luz de la actual tensión entre Oriente y Occidente, el suceso más significativo de 1947 fue la propuesta inglesa de dividir a Palestina. Tanto judíos como árabes rechazaron esta propuesta, pero fue llevada ante las Naciones Unidas, que en 1948 fundaron el Estado de Israel.

## EL TORBELLINO DE VIOLENCIA DEL ORIENTE MEDIO

La formación del Estado de Israel creó instantáneamente un torbellino de violencia dentro del foco de conflictos religiosos que se generó en el Oriente Medio durante los días iniciales del submundo nacional. Tengamos en cuenta que Sumeria surgió durante el primer día (3115–2721 a.C.); los acadios y los patriarcas surgieron durante el segundo día (2326–1932 a.C.); los asirios y los hebreos encabezados por Moisés surgieron durante el tercer día (1583–1144 a.C.); y los babilonios, persas y judíos surgieron durante el cuarto día (749–353 a.C.). Luego, durante la quinta noche (434–829 d.C.) se formuló el Islam, que trae consigo en el Oriente Medio la resonancia de las religiones verdaderamente antiguas, como el zoroastrianismo de Persia. El Oriente Medio es un foco de conflicto en la mente colectiva, y el *Islam es una sombra ciega para el judeocristianismo* porque surgió durante la quinta noche.

Entonces, ¿qué está pasando en realidad?

Si usted lee el Corán, encontrará que en él se incorporan las escrituras hebreas y cristianas, junto con muchos elementos gnósticos y, por añadidura, la sabiduría de Mahoma. El Corán es como un evocador pastel de especias. En realidad es necesario oírlo en forma cantada para poder apreciarlo. Algunos de los momentos místicos más exquisitos de mi vida los experimenté en Egipto mientras escuchaba los cantos con las oraciones del Corán. Estas tres religiones mundiales principales (cristianismo, judaísmo e islamismo) tienen su fuente en antiquísimas tradiciones de sabiduría que surgieron por primera vez en el Oriente Medio durante el submundo nacional. La tierra en esa región está embebida también de recuerdos y creencias que en repetidas ocasiones han hecho que sus pobladores se maten unos a otros en nombre de Dios. En 1948, Palestina, tierra sagrada para las tres religiones, se vio transformada en un vórtice mundial que está procesando todas las cuestiones religiosas de todo el submundo nacional.[7]

Calleman dice que la paz llegará al fin a Jerusalén cuando el mundo entero haya trascendido la dualidad y esto producirá un anhelo por la iluminación. "Cada persona por separado", dice Calleman, "tiene algo que ver en esto".[8] Las tres religiones principales están peleando por el mismo territorio y para ello todas se basan en las mismas escrituras por ser religiones abrahámiticas. Este conflicto arrastra a los seres humanos a un vórtice colectivo ardiente que los incita a matar a otros por sus creencias en un mismo Dios. Entretanto, los elementos esotéricos del judaísmo en la cábala están dejándose ver en la cultura popular. Los elementos esotéricos del cristianismo están aflorando en el renacimiento del gnosticismo gracias a las fuentes cristianas iniciales que se han encontrado desde 1947, como los pergaminos de Nag Hammadi en Egipto. El sufismo, una forma elevada de espiritualidad mística dentro del Islam, ha influido en muchos occidentales a través de los bailes y cantos sufis. *Durante el submundo galáctico, el despertar del esoterismo judío, cristiano e islámico disipará la tensión y el miedo colectivo de Oriente y Occidente.*

## LA MUERTE DE LA RELIGIÓN ORGANIZADA

Todo el submundo galáctico es un período de fin de la dominación y de desequilibrios, y las tres religiones principales están dominadas por la energía masculina. Como comparten el mismo banco de datos patriarcales, rechazan la sabiduría de la mujer. En mi calidad de maestra espiritual del sexo femenino, tengo algunas sugerencias que hacer: Ante todo, el conflicto religioso en el Oriente Medio fue generado principalmente por los países europeos ajenos a la región que antes habían fragmentado y dividido antiguos territorios y manipulado la política interna de éstos para sus propios fines. Esta forma masculina de organizar a los seres humanos mediante la división de territorios como despojos del vencedor, como si fuera Midas contando sus monedas de oro, ha redundado en guerras constantes. Los enfrentamientos entre estos territorios divididos llevan tanto tiempo que ya se ha olvidado desde hace mucho cualquier sentido espiritual original, especialmente desde 1755 durante la oscura conciencia material del submundo planetario. Ahora que el submundo galáctico ha llegado hasta este punto, podemos ver nuevas formas de iluminación cultural provenientes del Oriente, como el yoga de la India y los alimentos deliciosos y sanos de muchos países lejanos del Oriente. Estos maravillosos regalos culturales están desintegrando las viejas divisiones. ¡Pero los occidentales se han comido la comida y han reventado a los cocineros! A la larga, el intercambio cultural apagará las llamas del fanatismo.

En segundo lugar, como vimos en el capítulo 6, ahora que los Estados Unidos como imperio global han dejado de ser inspiración para el mundo, perderán influencia a lo largo del resto del submundo galáctico. La tendencia será a que los países del Oriente Medio tengan un mayor control de sus propios asuntos, lo cual será favorable. La idea de que países poderosos y distantes pueden controlar los destinos de otros países de los que conocen muy poco es una idea dominantemente masculina que está desapareciendo del mundo. Sólo los estadounidenses están impresionados por el término *democracia,* ¡pero la han perdido en su propio país!

Cada ser humano tiene algo que ver con las guerras y la violencia en el planeta; la manera en que la mayoría de las personas se dejan arrastrar por estos conflictos es a través de sus creencias religiosas. Durante el submundo galáctico, creo que cada uno de nosotros tiene que tomar un atajo y comunicarse directamente con lo divino. *Debemos dejar a Dios fuera de las religiones para que "Él" no muera en nuestros corazones.* Las activaciones del plan de las Pléyades dan acceso en los estudiantes a las nueve dimensiones de la conciencia (incluido Dios). Cuando usamos los nueve niveles de nuestras mentes, el contacto con lo divino ocurre en la octava dimensión, la que recibe los planes codificados en el tiempo del calendario maya en la novena dimensión. Como hemos visto, el calendario de nueve dimensiones está liberando el plan a lo largo de los trece cielos de los nueve submundos. Estos planes son recibidos en la octava dimensión, donde pueden ser *aprehendidos directamente* por cualquier ser humano. Entretanto, mientras más personas comprenden la aceleración del tiempo se echa a ver más que en la mente colectiva se ha fermentado durante cinco mil años un montón de creencias inaceptables sobre el bien y el mal. Al igual que el momento en que los peces se desplazaron a la Tierra o que los homínidos adoptaron la posición erguida, los humanos estamos ahora listos para rescatar nuestro acceso a la divinidad de manos de las religiones organizadas. *Todas las religiones organizadas actuales son sistemas de filtrado dualista de la cuarta dimensión que manipulan a la mente humana en pos de los fines de las Potencias y Principados.*

Como ha dicho Calleman muchas veces, el submundo galáctico es el apocalipsis, el momento en que todos tendremos que hacer frente a la Bestia.[9] Pues bien, la Bestia acecha dentro de todas las religiones organizadas, y su hotel de cinco estrellas favorito es el Vaticano, como se revela genialmente en *Ángeles y demonios*. Estos asuntos se prestan realmente a confusión para muchas personas, pues la religión a nivel local puede ser un valiosísimo sistema de apoyo que fomenta los lazos de la comunidad. Las personas que necesitan una iglesia, y creo que son muchas, deben escoger entre recuperar sus iglesias o abandonarlas para que colapsen y los feligreses puedan crear sus propios grupos. Una vez que reconozca la forma en que usted está enganchado en la mente colectiva dualista, la iglesia dejará de parecerle tan benigna como antes creía. Usted tiene en sus manos la posibilidad de salirse del reduccionismo deísta y ver las perversiones que existen en los altos niveles de las religiones organizadas. Simplemente déjese guiar por sus sentimientos (la expresión de su intuición).

Haga lo que haga durante esta difícil transición, aprenda a establecer contacto directo con la octava dimensión y haga que su mente se aparte de la espantosa violencia que se está procesando en la mente colectiva de la cuarta dimensión. Usted tiene acceso directo a la divinidad y no necesita a ningún intermediario. Dejar de participar en las viejas y mohosas discusiones sobre las mismas fuentes de datos es lo que pondrá fin a la horrible profanación de la existencia humana en el Oriente Medio.

Combinemos ahora los temas de los capítulos 6 y 7 con nuestros conocimientos de lo acontecido en los submundos nacional y planetario, y las influencias del tercer y cuarto mundos, para imaginar lo que podría esperarnos entre 2007 y 2011. Para refrescarle la memoria, los temas principales que se están procesando durante el submundo galáctico son: los Estados Unidos como imperio global, el pico petrolero, los sistemas mundiales de información, el abuso médico, la guerra y la paz, el fundamentalismo, el cambio climático, el control religioso y los nuevos paradigmas espirituales e intelectuales.

Cuando hago el tránsito hacia el futuro para imaginarme cómo serán nuestras vidas durante el resto del submundo galáctico, incorporo algunas de las profecías de Calleman y otras mías. Pero nadie puede predecir el futuro, pues el mundo se encuentra en constante creación. Como hay tanta negatividad proveniente de los submundos nacional y planetario que se trasmuta durante el submundo galáctico, examinar el período comprendido entre 2007 y 2011 es como tener una pesadilla. No obstante, siempre se produce una catarsis al deshacerse de los patrones anticuados y limitadores, y abrirse a energías totalmente nuevas siempre produce éxtasis. Lo que sigue a continuación es completamente especulativo (tenga en cuenta que este libro fue escrito en 2006).

## QUINTO DÍA DEL SUBMUNDO GALÁCTICO: 24 DE NOVIEMBRE DE 2006–18 DE NOVIEMBRE DE 2007

El quinto día (la fase de brote) es cuando llega *la síntesis unificadora avanzada* y las creaciones anteriores del submundo galáctico se hacen realmente visibles y comienzan a adueñarse del terreno. Las cuestiones del submundo nacional son creaciones surgidas entre 40 y 434 d.C., cuando el cristianismo se formuló y se alineó con el Imperio Romano, con lo se convirtió en un sistema global que sustituyó a muchas otras creencias. Ahora está decayendo y los aspectos desatendidos del cristianismo inicial están dejándose ver. Durante el quinto día surgirán situaciones que despojarán al Vaticano de su poder. Como hemos visto, está surgiendo una nueva cristología y muchas personas están fascinadas por ella. Si el Vaticano no reconoce rápidamente al nuevo Cristo erótico, la creencia en la iglesia romana colapsará en medio de la jerarquía masculina embalsamada. Si no lo hacen, los potentes movimientos fundamentalistas que están creciendo dentro de la Iglesia Católica se adueñarán de las estructuras y esto marginará al catolicismo porque los fundamentalistas son fanáticos.[10] El materialismo fue el dios durante el quinto día del submundo planetario (1913–1932). Como resultado, surgirán nuevas expresiones del valor material durante el quinto día del submundo galáctico. Predigo que éste será el comienzo del fin de las economías de crecimiento, pues de todos modos ya no podemos seguir creciendo, aunque los países conspirarán por conseguir la mayor cantidad posible de petróleo. Además, durante el quinto día del submundo galáctico, veremos grandes movimientos humanos, como los movimientos de efectivos militares durante la Primera Guerra Mundial, y es probable que haya pandemias, como la gripe española que mató a millones de personas entre 1918 y 1919.

En nuestros tiempos podría estallar una gran guerra entre Oriente y Occidente (si no ha sucedido ya) y esto podría causar mayores movimientos de personas. Desafortunadamente, a medida que se transmute el aferramiento materialista del submundo planetario, es probable que en el submundo galáctico haya una pandemia y una gran guerra. Los movimientos masivos de microbios suelen desencadenarse por la arrogancia de los humanos en su proceder; irónicamente, los Estados Unidos podrían obtener dividendos de una pandemia. Sin embargo, predigo que muchas personas serán mucho más inteligentes en cuanto a las vacunas, los consejos de salud impartidos por los medios de información y la manipulación médica durante el quinto día del submundo galáctico. Se considerará que la medicina alopática es una gran causante de muertes, y las personas enfadadas se alzarán colectivamente contra ella.

Como hemos visto durante lo otros días del submundo galáctico, es probable que se registren grandes cambios planetarios, y los cambios climáticos serán un grave problema. Por lo que respecta a las guerras, los países que se encuentran en la línea media serán los nuevos líderes a favor de la paz mientras los Estados Unidos se empantanan en un mar de sangre y déficit económico debido a su participación excesiva en los conflictos del Oriente Medio. También durante el quinto día, la mayoría de las personas se darán cuenta de que las fuerzas armadas son la mayor fuente de contaminación y los mayores despilfarradores de preciosos recursos energéticos en el planeta. La gente no estará dispuesta a sufragar los gastos de combustible de los aviones militares de carga y los F-16 cuando no puedan dar calefacción a sus propias casas. El quinto día de ninguna manera será pan comido para nadie, ni siquiera para la élite.

Mientras estén teniendo lugar estas grandes transformaciones de la materia, grandes poderes espirituales inundarán los corazones de la gente cuando ayuden a otros a sobrevivir. La gran potencia espiritual del submundo galáctico inspirará a las personas a atesorar el amor y la vida ante tanta muerte sin sentido. Tenemos que aprender a hacer frente a la muerte y la desilusión, porque sin ellas no puede nacer nada nuevo. A medida que se pierdan más y más vidas y la gente sienta el gran dolor del prójimo, se verá obligada a encarar la inevitabilidad de la muerte y apreciar el éxtasis de su liberación. La generación de mis padres, que vivió la

Gran Depresión y la Segunda Guerra Mundial, tenía tanto miedo de su propia muerte que rara vez procesaba sus propios problemas emocionales. Cuando envejecieron, se obsesionaron con evitar la muerte, la peor batalla perdida de todas. Para la "generación más grande", luchar contra la muerte era como ganar la Segunda Guerra Mundial, y así fue como las empresas farmacéuticas tomaron control de sus vidas. Los hijos de la explosión demográfica han visto los resultados de la batalla perdida de sus padres y, si la medicina alopática sigue estando controlada por las empresas farmacéuticas, esa nueva generación de jubilados la harán entrar en crisis al no apoyarla.

La revelación más importante en 2007 será que *la mayor causa evitable del sufrimiento humano es la superpoblación, teniendo en cuenta lo que puede dar la Tierra y lo que pueden soportar las familias.* Durante 2007, habrá en la Tierra una gran ola de sana ira, generada por la ceguera de las religiones ante las necesidades de las mujeres y niños. La gente se dará cuenta de cómo las religiones en general han manipulado la sexualidad humana para hacer que las mujeres produzcan más almas cristianas, judías o musulmanas. También se darán cuenta de que las religiones son la causa de las horribles guerras que parecen estar fuera de control.

Veamos las estadísticas demográficas a la luz de la aceleración del tiempo. Cuando se inició el submundo planetario en 1755, había aproximadamente 1.000 millones de habitantes en el planeta. Esta cifra empezó a aumentar a principios del siglo XIX y entonces, cuando se descubrió el petróleo en el decenio de 1860, la población se amplió más allá de la capacidad del planeta hasta alcanzar el nivel actual de 6000 a 7.000 millones de habitantes. Durante la fase inicial del submundo planetario, Thomas Robert Malthus (1766–1834) planteó que la población humana sin restricciones aumentaría exponencialmente y tropezaría con estrictos límites naturales.[11] Lógicamente, la planificación demográfica debió haber sido una parte esencial de la búsqueda de comodidad del submundo planetario, pero esta posibilidad fue bloqueada a nivel mundial por el Vaticano.

El quinto día será el año en que la mayoría se dará cuenta de que *la explosión demográfica es el mayor desastre del mundo industrial,* y se establecerán nuevos sistemas para buscar un equilibrio entre el número de personas y el hábitat. China será un modelo para resolver este problema que es al mismo tiempo urgente y simple, y también serán un modelo los países cercanos a la línea media que ya están aprendiendo a vivir con bajas tasas de natalidad. A la larga, el nacimiento de menos niños significará que cada niño recibirá la atención y el cariño de sus padres y sus comunidades. Los adultos podrán acceder a estados avanzados de apertura espiritual de parte de sus hijos, lo que desde el punto de vista de los padres será una de las mejores razones para tener un hijo. Cuando muchas personas vean el enorme sufrimiento de los pobres, hacinados en las ciudades del mundo en busca de comodidad durante el submundo planetario, se reconocerá que el exceso de alumbramientos es la mayor expresión de crueldad humana. Actualmente hay unos pocos miles de millones de personas atrapadas en esa difícil situación, la que quedará expuesta por completo durante las guerras y desastres climáticos. Los líderes suramericanos, como Hugo Chávez de Venezuela, podrán ser considerados modelos de cómo balancear los recursos entre ricos y pobres. El despertar de los hombres ante la perspectiva de la diosa (el reconocimiento de que el patriarcado ha usado durante miles de años a las mujeres como máquinas para la reproducción) será tan profundo que muchas personas nunca más aceptarán los embarazos no planificados.

El pico petrolero (el punto en que ya se habrá agotado la mitad más fácil de extraer de las reservas de petróleo del mundo) significa que la población mundial se verá reducida significativamente dentro de muy pocos años.[12] Si esta perspectiva le aterra, sepa que soy una mujer que ya ha perdido a dos de sus hijos, por lo que le puedo decir que usted es más fuerte de lo que cree. Mis hijos mayores no están conmigo, pero existen eternamente como almas en mi corazón. La nueva conciencia compasiva del submundo galáctico que está surgiendo ahora encontrará maneras de mitigar el dolor de lo que ya se aproxima. Estas grandes pérdidas significarán que sólo tendrán hijos los padres que están realmente calificados en todos los sentidos. Dentro de pocas generaciones, todos los niños del mundo serán amados, alimentados y protegidos, y el mundo verá el espíritu en sus ojos.

El despertar más grande y doloroso durante el quinto día será en los Estados Unidos. Muchos ciudadanos se darán cuenta de que están atrapados en un país fascista que usa sus impuestos para matar a otras personas por el mundo mientras sus propios recursos van menguando. Los estadounidenses se escandalizarán cuando vean hasta qué punto su gobierno promueve la guerra en el Oriente Medio. La mayoría de los estadounidenses detestarán lo que está haciendo su gobierno en el extranjero (y en las fronteras y en su propio territorio), y buscarán maneras de no seguir contribuyendo a la guerra y a la fabricación de armamentos.

Durante el quinto día, muchas personas se darán cuenta de que el sistema médico estadounidense está controlando sus cuerpos con fines de lucro (no de salud) y se retirarán del sistema. Se intentará aplicar vacunas por la fuerza, y esto dará lugar a una gran rebelión, como la de los conscriptos durante la guerra de Viet Nam. La mayoría se negará a recibir las inyecciones y luego pondrán en tela de juicio todos los demás aspectos del sistema médico. Las personas dejarán de consumir medicamentos cuando se den cuenta de que éstos van consumiendo su salud a largo plazo y su dinero. Estoy segura de que esto sucederá, porque ya hubo algunos giros muy importantes en este sentido exactamente durante el punto medio de la cuarta noche (27 de mayo de 2006), cuando surgieron por primera vez las cuestiones principales del quinto día. Un estudio muy publicitado concluyó que los estadounidenses se enferman mucho más que los ingleses y los canadienses, aunque gastan mucho más en atención de salud.[13] Conclusión: El consumo excesivo de fármacos y los exámenes médicos excesivos están haciendo que los estadounidenses se enfermen. Preveo una gran erosión del poder de la mafia médica durante el quinto día. Aunque los exámenes médicos dejarán de ser constantes cuando la gente se niegue a ser ratas de laboratorio, las operaciones quirúrgicas y otros tipos de procedimientos médicos sofisticados seguirán existiendo. Por supuesto, este rechazo a la mafia médica sólo tendrá lugar si la gente rechaza el sistema colectivamente, y creo que así será. De lo contrario, los Estados Unidos quedarán divididos entre los que tienen y los que no tienen acceso al sistema médico y, mientras más "atención" uno reciba, más se enfermará. Además, se dedicarán inmensos recursos del gobierno a la medicina avanzada de emergencia en guerras en el extranjero, lo que irá en detrimento de la atención médica básica para el público estadounidense.

## QUINTA NOCHE DEL SUBMUNDO GALÁCTICO: 19 DE NOVIEMBRE DE 2007–12 DE NOVIEMBRE DE 2008

La quinta noche será un momento de profunda integración de todo lo que ha acontecido durante el quinto día, que habrá pasado tan rápidamente que la gente apenas podrá recuperar el aliento. Los cambios que ocurrirán durante el quinto día serán los más grandes de los últimos cinco mil años, porque la gente comenzará a pensar en formas radicalmente nuevas. Durante la quinta noche, *aunque el mundo aún no habrá cambiado, las mentes humanas sí habrán cambiado*. Un gran porcentaje del público estadounidense se opondrá a las guerras que agotarán el poder de los Estados Unidos. Este trabajo de integración será muy intenso y perturbador, porque entraña el reconocimiento por el hombre de su propia inhumanidad. En este momento, será evidente que los líderes poderosos y crueles casi nunca pensaron realmente en el bien de sus rebaños durante los submundos nacional y planetario, caracterizados por la insensibilidad. Las estructuras de estos submundos inferiores serán transformadas porque nadie cree más en ellas.

Mientras más capaces seamos de enfrentar la fría verdad cara a cara y de cambiar nuestras costumbres, mejor nos irá. Un aspecto positivo que se puede señalar del submundo galáctico es que antes las guerras duraban muchos años, pero ahora, debido a la aceleración del tiempo, este proceso ocurre mucho más rápidamente. Los avances espirituales logrados durante el quinto día (el aumento de la independencia personal, la capacidad de apoyar al prójimo en lugar de a los sistemas, y los impresionantes avances intelectuales, emocionales y físicos) provocarán al principio una reacción antagónica menor. Los medios de información y los controladores harán todo lo posible por convencer a las personas de que siguen estando indefensas, que siguen necesitando fármacos y que no pueden vivir sin sus líderes, pero esto no dará resultado porque ya está en marcha la erosión del sistema dominante.

Se vendrán abajo el coloso tambaleante de 5.125 años de dominación patriarcal y los 256 años de búsqueda de comodidad y, durante la quinta noche, es probable que este desplome también tenga una dimensión financiera, lo que a su vez podría poner coto al belicismo. De ahí que la manera de ser independiente y tener la capacidad de ayudarse uno mismo y ayudar al prójimo consista en saldar todas las deudas, ser propietario de su propia casa, tener muchas formas distintas de ganarse la vida y cultivar alimentos y desarrollar lazos en la comunidad. El trueque (el verdadero libre comercio) será algo común cuando los gobiernos se desarticulen debido a la deuda y la incompetencia; entretanto, se fortalecerán los gobiernos y comunidades locales. Calleman dice que el procesamiento de las cuestiones del submundo nacional durante la quinta noche "entrañará un regreso momentáneo al mundo tribal y nómada de los hunos y las tribus de saqueadores sajones", y que el procesamiento de la quinta noche del submundo planetario producirá autócratas como Hitler que basan su poder en la supuesta superioridad de la sangre.[14] Creo que tiene razón y prefiero no imaginarme cómo se desenvolvería esto, pero recuerde que todo ocurrirá en un período de un año, no en los ciclos de oscuridad de diez a treinta años del pasado. Pase lo que pase, usted debe sustraer su energía de la mente colectiva o se verá arrastrado por la demencia colectiva que muy probablemente habrá en los Estados Unidos, ¡y todo esto en medio del proceso de elecciones presidenciales de 2008! Llegará un punto en que *los viejos métodos atávicos no serán dominantes porque habrán sido suficientemente procesados*. El 15 de agosto de 2008 es el comienzo del cuarto mundo del submundo galáctico, cuando surgirán nuevas posibilidades y habrá creaciones completamente nuevas.

El cuarto mundo del submundo nacional (730–2011 d.C.) conoció el apogeo de los reinados divinos en Europa y, a la postre, la desaparición de esta manera de gobernar. El inicio del cuarto mundo del submundo planetario en 1947-1948 nos trajo el movimiento de paz de Gandhi y el establecimiento del Estado judío. Durante la quinta noche, resultará evidente para todos que el Estado judío debe ir acompañado de un Estado palestino. Predigo que, simplemente para poder sobrevivir, los antiguos hermanos harán las paces en Israel entre el 15 de agosto y el 13 de noviembre de 2008, aunque sólo sea porque nadie estará dispuesto a seguir soportando la violencia y porque, fuera de Israel, los países estarán tan preocupados con sus propios problemas que dejarán de tener que ver con el conflicto. Además, como verá en un momento, es posible que una entidad externa, quizás extraterrestre, obligue a Israel y Palestina a hacer las paces.

Mientras trataba de imaginarme estos cambios en el mundo a principios de junio de 2006, oí un informe en Noticias ABC sobre un país que ha hecho las cosas correctamente durante el submundo galáctico; ese país, Noruega, constituye un excelente modelo que demuestra que *es posible cambiar*. Los Estados Unidos importan inmensas cantidades de petróleo y, en mayo de 2006, el precio de la gasolina estaba alrededor de tres dólares por galón. Aunque se sabe muy bien que ya hemos llegado al pico petrolero, el desarrollo de tecnologías de energías alternativas en los Estados Unidos es mínimo. Noruega dispone de inmensas reservas de petróleo, no tiene que importarlo y se ha dedicado a almacenarlo en grandes cantidades. En Noruega, el precio de la gasolina es de más de siete dólares por galón, pero con la mira puesta en el futuro, ese país está desarrollando innovadoras fuentes alternativas de energía. En general, Europa tiene una actitud mucho más sensata en cuanto al uso de energía que los Estados Unidos y los países cercanos a la línea media se están comportando más sabiamente en este momento.

De modo que, al sobrevenir la inevitable crisis financiera, los estadounidenses sufrirán terriblemente a menos que sean lo suficientemente inteligentes como para buscar la independencia energética, saldar sus deudas y ahorrar, y aprender a compartir con otras personas muy necesitadas. Será de gran importancia la fortaleza de cada familia, incluidos los parientes menos cercanos. A nadie que haya seguido la versión de Calleman del calendario maya se le excusa no saber que la quinta noche será muy difícil, y uno debería prepararse lo más posible para esto desde ahora. En medio de todo esto, como una exquisita oración cantada del Corán, empezará a llegarnos una ola de amor en agosto de 2008, y todo el mundo responderá ante ella.

Por lo que respecta a la atención de salud, ha ido creciendo un gran movimiento de medicina alternativa en los Estados Unidos desde los años 70, y muchas personas conocen y ponen en práctica formas naturales de lograr la salud. Cuando se desmorone el coloso farmacéutico y médico, prosperará la atención alternativa de salud. Eliminaremos el control que tiene de nuestra salud la maquinaria médica. La medicina alopática representa un importante sector de la economía estadounidense, por lo que habrá, por supuesto, un gran estrés económico cuando esto ocurra. Como la medicina alternativa casi nunca está incluida en los seguros, más y más personas dejarán de abonar primas y pagarán directamente por su atención médica. Esto significa que habrá menos pruebas y menos fármacos y que las personas se ocuparán de sí mismas. De este modo, la gente será más feliz y se sentirá mejor, e incluyo en esto a los de la tercera edad. Nuestros ancianos son los que más han sufrido las consecuencias de la medicina alopática, y será motivo de alegría verlos abandonar este cruel sistema y, en lugar de ello, confiar en la sabiduría de sus organismos.

## SEXTO DÍA DEL SUBMUNDO GALÁCTICO: 13 DE NOVIEMBRE DE 2008–7 DE NOVIEMBRE DE 2009

El sexto día del submundo galáctico (florecimiento) es cuando experimentamos *el renacimiento de la síntesis unificadora avanzada* que surgió por primera vez durante el quinto día.[15] Si usted es optimista, como lo soy yo, aparecerán algunas posibilidades verdaderamente fascinantes durante esta época. Para empezar, los dos último días y la última noche del submundo galáctico tienen lugar durante el cuarto mundo (15 de agosto de 2008–28 de octubre de 2011), la cosecha de la mente colectiva. Creo que esto da a entender que la humanidad dejará de tener mente colectiva el 28 de octubre de 2011, porque habremos alcanzado un estado de iluminación.

En lo que respecta al sexto día en ese momento, la mayoría de las personas habrá aceptado la realidad de que se ha alcanzado el pico petrolero y muchos países y empresas tendrán que adoptar una filosofía radical de conservación de los combustibles fósiles restantes. El desperdicio de recursos, especialmente en guerras, se considerará obsceno. La humanidad utilizará los recursos que quedan para desarrollar tecnologías de energías alternativas que funcionan *con* los poderes de la Tierra. Los países europeos que se encuentran en la línea media serán los líderes del planeta y el euro será la moneda mundial, porque estos países habrán invertido grandes sumas de dinero, con excelentes resultados, en tecnologías alternativas en materia de salud y energía. En Europa, los líderes empezarán a planificar para el nuevo mundo porque habrán estudiado el calendario maya.

Durante el sexto día, los estadounidenses dejarán de ser los consumidores de la mayoría de los recursos del mundo y los inversionistas pondrán su dinero en nuevas tecnologías. Las ventas de armas estadounidenses a otros países se reducirán; los Estados Unidos no tendrán los recursos energéticos necesarios para seguir desplegando sus propias armas por el mundo. Como resultado de esto, la industria de armamentos se desplomará como un King Kong ebrio. Las religiones organizadas tendrán poca influencia en el mundo, pues muchas personas habrán entrado en contacto directo con la divinidad y participarán en la cocreación consciente. Los líderes de las religiones organizadas se darán cuenta de que el mundo no se va a acabar como siempre pensaron que pasaría. Despertarán y se darán cuenta de que deberán hacer cosas que no son de su gusto, como reconocer el valor de la mujer y construir comunidades sanas.

Se utilizará la medicina natural para casi todas las necesidades de salud y la medicina alopática quedará circunscrita únicamente a los cuidados intensivos y la cirugía. La era de los fármacos será recordada con horror, como mismo sucedió con la era de las sanguijuelas, y millones de jóvenes trabajarán como sanadores de animales, plantas y personas. Se habrá establecido la paz en Israel, y las tres grandes religiones compartirán gozosamente los sitios sagrados. *Las personas no recordarán por qué se peleaban antes.* Habrá un número mucho menor de habitantes en el planeta debido a las guerras, las pandemias y los cambios planetarios, y cada anciano, adulto y niño será apreciado por el simple hecho de estar vivo y de participar. Los cambios planetarios aún serán muy intensos y difíciles pero habrá menos sufrimiento al haber en el planeta menos habitantes, que morarán en viviendas más sencillas. Las economías se recuperarán porque las inversiones en nuevos estilos de vida equilibrada comenzarán a rendir dividendos. Si esto se le antoja demasiado positivo, no es que todo va a ser así de pronto, pero nos encaminaremos por esos rumbos.

En la mayor medida de lo posible, los científicos dejarán de extraer energía de la Tierra porque podrán notar concretamente el daño provocado por estas actividades; descubrirán que la sobreexplotación de la Tierra es lo que produce las tormentas, sismos y pandemias. Calleman dice que los temidos cambios planetarios son consecuencia de la terminación de los valores antiguos como resultado de los cambios en la conciencia.[16] Ir con la corriente de la expresión de la Tierra en lugar de apoderarse de lo que uno desea será una transición muy difícil. Los científicos sentirán una terrible energía oscura dentro de sus propios cuerpos cuando traten de usar indebidamente los poderes de la Tierra y cambiarán cuando vean morir a sus colegas. Muchos reconocerán esta verdad venerable y abandonarán gustosamente los viejos valores lo antes posible antes que sufrir más horrores de tormentas y terremotos. Por ejemplo, los codiciosos se darán cuenta al fin de que no podemos seguir quemando petróleo en la atmósfera porque esto provoca un aumento insoportable de las temperaturas.

Los humanos se verán humillados, pero al mismo tiempo se encontrarán en éxtasis con la divinidad. Muchos líderes se valdrán del calendario maya para dirigir a las culturas y muchas personas participarán en ceremonias y creaciones a fin de prepararse para el submundo universal, la iluminación venidera de la Tierra. Usted se preguntará cómo es posible que me imagine semejantes cosas. Lo que lo hace tan fácil es otro factor decisivo: *la exopolítica.*

## LA VERDAD ACERCA DE LA EXOPOLÍTICA
## DURANTE EL SEXTO DÍA DEL SUBMUNDO GALÁCTICO

El renacimiento de la síntesis unificadora avanzada podría tener lugar por medio de la *exopolítica,* el sistema político que gobierna el universo. Según Alfred Lambremont Webre, futurista del Instituto de Investigaciones Stanford radicado en Canadá, la Tierra es un planeta aislado en medio de un universo interplanetario, intergaláctico y multidimensional en evolución y altamente organizado.[17] La Tierra es miembro de un universo colectivo que se rige por la ley universal. La vida fue plantada y cultivada en nuestro planeta bajo la custodia de sociedades más avanzadas. Si un planeta pone en peligro al todo colectivo, como es evidente que lo está haciendo la Tierra, el "Gobierno del Universo" puede retirar de circulación a ese planeta en la sociedad universal.[18] Como dice Webre: "La Tierra ha sufrido durante eones como proscrita exopolítica dentro de la comunidad de civilizaciones del universo".[19] Es decir, ¡la Tierra *ha sido puesta en cuarentena!*

Creo que la Tierra fue puesta en cuarentena cuando los humanos nos convertimos en una especie traumatizada durante el cataclismo de 9500 a.C. descrito en el capítulo 3. Además, como el eje de nuestro planeta se inclinó y la mayoría de los otros planetas también se vieron afectados, debe haberse desequilibrado la geometría de todo el sistema solar. Creo que en 2011 los humanos habremos evolucionado hasta abandonar la mentalidad de trauma colectivo y se levantará nuestra cuarentena si cada uno de nosotros se ha preparado adecuadamente. Esta situación hipotética no es un ejemplo de *deus ex machina,* porque sólo sucederá si los humanos asumimos la responsabilidad de nuestro hábitat. *Responsabilidad* significa "capacidad de responder"; estaremos preparados porque los cambios planetarios obligarán a toda la humanidad a sentir su relación con la Tierra, a responderle a ella. Le recuerdo lo que hicieron los pueblos indígenas de las Islas Andamán cerca de Sumatra, quienes supieron exactamente qué hacer cuando el terremoto y tsunami del 26 de diciembre de 2004 arrasó con su territorio. Nadie va a arreglar a nuestra especie; lo tenemos que hacer nosotros mismos. Ésa es ni más ni menos la lección del submundo galáctico.

Centro mi atención en la exopolítica porque está en profunda resonancia con los conocimientos que obtuve en las Pléyades sobre lo que aconteció a la Tierra en años tan recientes. Calleman observa que la primera gran oleada de informes sobre los OVNI ocurrió en 1947, exactamente cuando comenzó el cuarto mundo del submundo planetario.[20] En su opinión, esto no significa necesariamente que tales informes se refieren a visitas verdaderas de otros planetas y, como verá dentro de un momento, yo tampoco lo pienso. Pero ambos creemos que estos informes quieren decir que las personas comenzaron a imaginarse que existen seres inteligentes en otros planetas y que podemos comunicarnos con ellos. Si usamos los distintos puntos de viraje del calendario maya a la luz de la teoría de Calleman (especialmente 1947), vemos que durante estos puntos de viraje han surgido importantes revelaciones.

Yo he declarado públicamente desde hace más de veinte años que mi conciencia existe simultáneamente en Alción, la estrella central de las Pléyades, y en la Tierra. Mantengo esta sintonía por medio de la conciencia multidimensional, que está al alcance de todos. Los lectores tendrán que consultar mis otros libros para conocer más detalles sobre esto, pero este punto de vista es muy pertinente a la exopolítica, de la que no me cabe duda que será la próxima etapa de la política mundial, pues ya está siendo tomada muy en serio por muchos científicos y personas en altas posiciones en los gobiernos del mundo. La exobiología es un nuevo campo de la ciencia que ocupa una posición limítrofe entre la astrofísica, la biología, la ingeniería e incluso la sociología.[21] Según lo que me parece, la élite mundial sabe todo acerca de la cuarentena de la Tierra, que ha sido, para empezar, lo que les ha permitido controlar a los humanos. Como usted verá, a esa élite *le gusta* la cuarentena y mantendrá a la humanidad en la ignorancia durante el mayor tiempo posible. Debemos entender en primer lugar qué es la exopolítica y luego añadiré la aceleración del calendario maya a esta idea radicalmente nueva. Si estas dos teorías son exactas, deberían complementarse entre sí. Entretanto, le pregunto, ¿nunca ha sentido que quizás la Tierra sea objeto de una cuarentena en el universo?

Webre afirma que la cuarentena comenzó a levantarse desde 1947, y por eso es que predigo que el conflicto palestino-israelí se resolverá mediante la influencia extraterrestre en agosto de 2008, o sea, en el punto del submundo galáctico análogo a la entrada del cuarto mundo del submundo planetario en 1947. Webre dice que estos importantes encuentros con OVNI ocurridos en 1947 son muestras de la "porosidad del embargo", lo que da a entender que estos encuentros son en realidad "fugas" intencionales en la cuarentena total de la Tierra.[22] Los distintos canalizadores de los habitantes de las Pléyades, como Barbara Marciniak y yo, también somos indicios de fugas. Teniendo en cuenta lo difícil que es establecer cualquier cuarentena, imagínese lo que sería necesario para poner a la Tierra en cuarentena en relación con un universo poblado. Webre señala esta dificultad y observa que el gobierno del universo tendría que poner en práctica "una *cuarentena* interplanetaria e *interdimensional* de la Tierra mediante la aplicación de principios paracientíficos avanzados [las cursivas son mías]."[23]

La cuarentena interplanetaria supondría el uso de tecnologías sofisticadas de supervisión y bloqueo que apenas ahora podemos comenzar a imaginar porque estamos usando tecnologías basadas en frecuencias. En lo que respecta al bloqueo interdimensional, es exactamente lo que tratamos de penetrar durante las activaciones del plan de las Pléyades. En esto obtenemos resultados más o menos satisfactorios según el nivel de apertura de los estudiantes. En relación con la cuarentena, no dudo que los humanos somos vigilados por la sociedad universal, y la parte de mi conciencia que reside en Alción opina que lo merecemos. Soy pacifista, y el nivel de espantosa violencia y crueldad de los humanos nunca deberá llegar a las Pléyades ni a ningún otro lugar en la sociedad universal. La violencia humana nos mantendrá bloqueados de la sociedad universal hasta que cambiemos. A medida que un mayor número de seres humanos bondadosos y gentiles busquen una relación de amor con este conjunto mayor, esta nueva energía positiva irá derrumbando las barreras interdimensionales.

Como soy maestra en esta especialidad, nadie sabe mejor que yo que este avance tomará tiempo. Debemos tener cuidado de no ir demasiado rápido con los estudiantes y por eso tenemos en nuestras activaciones a un sanador por cada diez estudiantes. Desde mi perspectiva a mediados de 2006, y especialmente en vista de que el comienzo del quinto día es el 24 de noviembre de 2006, muy pronto todo este proceso va a acelerarse verdaderamente. Tiene que hacerlo porque, según el calendario, no nos queda mucho tiempo en la Tierra. O habremos logrado ingresar en la sociedad universal en 2011, o la humanidad como la conocemos dejará de existir. Según Webre, ahora se nos mantiene al margen porque la sociedad universal no quiere que la Tierra exporte la guerra y la violencia al espacio interestelar o interdimensional. Según sus palabras, "Quizás la *militarización del espacio exterior* sea el factor más importante que impide la terminación del aislamiento de la

Tierra de la sociedad espacial civilizada [las cursivas son mías]".[24]

Quisiera añadir por qué siento que se nos está manteniendo al margen: los humanos estamos afligidos por *la concreción errónea* (la tendencia a pretender que los seres etéreos sean materiales) porque la ciencia materialista eliminó la posibilidad de que la conciencia sea el factor motivador en la evolución durante el submundo planetario. La necesidad de que los seres extraterrestres sean sólidos para poder creer en ellos, como los avistamientos de OVNI o de la Virgen María, ha hecho que se elimine el contacto con la mayor parte de la inteligencia interdimensional. Los extraterrestres pueden efectivamente aparecer en forma sólida en la dimensión terrestre, pero esto los obliga a usar inmensas cantidades de energía, cosa que la sociedad universal considera un despilfarro. Durante las activaciones, enseñamos que es más fácil que salgamos de nuestra cuarentena aprendiendo a tener acceso y comunicación con seres en otras dimensiones según sus frecuencias, lo que produce un éxtasis espiritual a los humanos.

La introducción de la exopolítica como renacimiento de la síntesis unificadora avanzada del calendario durante el sexto día del submundo galáctico significa que no seguiré teorizando sobre lo que sucederá durante la sexta noche y el séptimo día, pues el rumbo será evidente cuando explique un poco más sobre las implicaciones de la exopolítica y el calendario maya. El séptimo día del submundo galáctico (3 de noviembre de 2010–28 de octubre de 2011) es también cuanto ocurre el submundo universal de 260 días de duración, la aceleración del noveno y último submundo. Como estamos hablando del submundo universal y de la sociedad universal, resulta evidente lo que debe pasar durante el séptimo día del submundo galáctico y durante todo el submundo universal. Experimentaremos increíbles niveles de crecimiento, estrés e integración durante la sexta noche (8 de noviembre de 2009–2 de noviembre de 2010). Cuídese de la concreción errónea de la élite mundial cuando traten de asustar a la humanidad mediante el uso de tecnologías de hologramas con láser y de efectos especiales hollywoodenses para proyectar imágenes de aterrizajes masivos de extraterrestres en los desiertos. Recuerde que la sociedad universal nunca gastaría energía de esa manera, ¡así que tómelo como una travesura muy artística de Hollywood y ríase de todo corazón!

El próximo capítulo abarca los aspectos científicos de lo que sucederá en nuestro sistema solar y en el universo durante el fin del calendario, así como el gran salto de apertura espiritual que va a sobrevenir. De momento sólo quiero señalar que la gran batalla por la humanidad, que tendrá lugar desde el 15 de agosto de 2008 hasta el fin del calendario (una vez que se establezca la paz en Israel) va a ser por la militarización del espacio. Desde mi perspectiva como mujer y maestra espiritual, es evidente que los científicos y líderes mundiales malintencionados están militarizando el espacio para que continúe la cuarentena de la Tierra y ellos puedan mantener su poder y control. Como la cronología de la aceleración del calendario maya es tan evidentemente sincrónica con los planes de la sociedad universal, creo que *nuestro Sol entrará en erupción para detener la militarización del espacio*. Habrá enormes erupciones y fulguraciones solares que destruirán la tecnología que de otro modo podría hacer llegar la guerra y la violencia al espacio. De esto simplemente no cabe duda, y los cambios planetarios, los cambios de conciencia y los cambios climáticos que ocasionará el Sol serán verdaderamente cataclísmicos desde 2008 hasta 2010.

Por último, la Tierra se integrará a la sociedad universal en 2011 durante el submundo universal. No digo estas cosas para asustar a nadie, sino para ofrecer una explicación realista de lo que tal vez esté sucediendo. Para terminar este capítulo, expongo lo que sé acerca de la cuarentena de la Tierra desde la perspectiva de las Pléyades. Esto pone de relieve exactamente lo que cada uno de nosotros debe hacer para cambiar desde ahora.

## UN MENSAJE DE LAS PLÉYADES ACERCA DEL FIN DE LA CUARENTENA DE LA TIERRA EN EL UNIVERSO EN EL AÑO 2011

Según la información que canalicé de Alción en 1994, los habitantes de las Pléyades estaban profundamente vinculados con la vida y la evolución en la Tierra hasta el cataclismo de 9500 a.C. El antropólogo Richard Rudgely observa que la tradición de legar conocimientos sobre las Pléyades (la observación práctica de las Pléyades o las Siete Hermanas, como también se les llama) se remonta como mínimo a cuarenta mil años atrás, a la época en que los humanos desarrollaron la conciencia simbólica.[25] O sea, *durante el submundo regional en la cultura paleolítica éramos parte de la sociedad universal*.

He regresado al submundo regional mediante el uso de las posturas paleolíticas y tengo la impresión de que en ese entonces no estábamos excluidos del espacio cósmico. Webre observa que la sociedad universal dispone de sofisticadas tecnologías vitales (por ejemplo, para determinar cuándo los planetas tienen los elementos adecuados para que la vida evolucione en ellos y para llevar a cabo programas de implantación que se puedan usar en planetas adecuados como la Tierra) y este proceso toma miles de millones de años. Webre añade: "Cuando nuestros científicos humanos descubren más detalles sobre el pasado científico de nuestro planeta, están descubriendo en realidad el producto de la labor de agentes altamente avanzados en nuestro universo".[26] Una vez más, ¿por qué se puso a la Tierra en cuarentena? Según Webre, "Los humanos somos los hijos de un cataclismo universal ocurrido durante el transcurso de nuestra evolución planetaria. El subsiguiente aislamiento de nuestro planeta es lo que explica el estado de grave conflicto, violencia, ignorancia y confusión que ha reinado en nuestra historia y nuestra sociedad. No es ningún accidente que los seres humanos vivamos afligidos por la guerra, la violencia, la pobreza, la ignorancia y la muerte. La violencia del siglo XX no habría ocurrido en un planeta normal con formas de vida que no hubieran experimentado semejante desastre evolutivo".[27] Coincido con él, y exactamente ese cataclismo y sus secuelas ya han sido descritos en el capítulo 3. Lo que en realidad representa la nueva línea cronológica de la figura 3.2 es la cuarentena de la Tierra en 9500 a.C., que dio lugar a una regresión humana hasta épocas muy recientes. Webre observa: "La cuarentena de nuestro planeta permite que se sienta el efecto pleno del cataclismo planetario".[28] Creo que esto ha sucedido y que ya está terminando. "El control sobre la evolución," continúa Webre, "se activa cuando se ve amenazada la existencia misma de un fin evolutivo deseado".[29] Creo que la posibilidad de que esté amenazado el fin evolutivo deseado de la Tierra es lo que explica por qué existe el Árbol del mundo y lo que causa la aceleración del tiempo, y creo que el calendario maya podría ser un antiguo calendario exopolítico que se remonta hasta 9500 a.C., a la época de los primeros Vedas. El cataclismo y sus secuelas hicieron que la humanidad se convirtiera en una especie politraumatizada que ha sufrido el máximo de desafíos en la supervivencia, pero hemos sobrevivido y lo seguiremos haciendo. Creo que el velo ya se está alzando y que la cortina se va a levantar durante el quinto día del submundo galáctico. No me cabe duda de que lo rebasaremos. Webre cree que *el aislamiento de la Tierra nos ha hecho desarrollar almas capaces de sobrevivir con sólo la esperanza.*[30] Tengo gran esperanza en el futuro y soy optimista, aunque sé por lo que tendrá que pasar nuestra especie para poder volver a entrar en la sociedad universal en 2011. Es posible que, después de todo lo que hemos experimentado, la Tierra llegue a ser en la sociedad universal la maestra de la sanación después de cataclismos y cuarentenas.

Por otra parte, creo que nuestro Sol responde a la atmósfera terrestre, pues la Tierra responde a las condiciones reinantes en el Sol. Nos convertimos en una especie violenta y belicista como resultado de cataclismos muy recientes en el sistema solar. Ahora, con la militarización del espacio, la élite mundial amenaza al propio sistema solar, quizás a la propia galaxia. Como los Estados Unidos y sus aliados proyectan sus propios temores sobre otros y luego los atacan por el simple hecho de existir y de poseer algo deseado, *un poder mayor en este sistema solar restringirá esa fuerza destructiva*. Como dice Webre, cuando un fin evolutivo deseado se ve amenazado, se activa el control sobre la evolución. Por eso es que no tiene sentido que una gran conspiración de tontos menesterosos pueda destruir nuestro planeta. Nuestra conciencia superior, el calendario maya, exige que levantemos la cuarentena.

Como verá durante los próximos años, el rey del sistema solar (el Sol) es quien está al mando, pues esta crisis involucra a todo el sistema solar. Pero, hablando de ser una especie que ha existido con sólo la esperanza, ¿cómo lidiaremos con los cambios del Sol cuando éste deje inutilizadas las tecnologías terrestres basadas en la emisión de frecuencias electromagnéticas? La respuesta es: desarrollando el potencial espiritual real de la humanidad. Nuestro verdadero carácter espiritual nos vincula con el cosmos, que es la verdadera fuente de nuestra capacidad personal de tener esperanza en el futuro de la Tierra.

En el próximo capítulo examinaremos las pruebas de la influencia de la orientación espiritual de los procesos evolutivos en la Tierra.

# 8

# CRISTO Y
# EL COSMOS

## QUETZALCOATL Y LAS NUEVE DIMENSIONES

Las implicaciones de la teoría de Carl Johan Calleman de la aceleración del tiempo como fuerza motriz de la evolución son desconcertantes,
sobre todo si se tiene en cuenta que todo el proceso culmina en 2011 y
llega a un equilibrio en 2012, como se explica en detalle en el apéndice
B. Por último, expongo ahora algunas ideas sobre las relaciones entre
la teoría evolutiva de Calleman y otras ideas extremadamente radicales
acerca del universo y la conciencia.

Este último capítulo es sumamente especulativo y complejo porque en
él me pregunto si la encarnación de Cristo, la intervención de ángeles en
los asuntos humanos y ciertas entidades cosmológicas poco conocidas
estarán orquestando la aceleración del tiempo y la evolución humana.
En otras palabras, exploro la posibilidad de que *ciertas fuerzas espirituales que funcionan en el reino material estén orientando la evolución.*
Tal idea requiere que explique cómo llegué a ella, pues todo lo que he
comprendido sobre la aceleración del tiempo viene de lo que he experimentado como maestra y chamán.

Cuando me di cuenta de la importancia global de las teorías de
Calleman en junio de 2005, empecé a incluir su trabajo junto con el
mío en todos mis cursos. Pero es insólito que una persona que haya sido
escritora y maestra durante más de veinticinco años incluya en sus lecciones amplias referencias a las ideas de otra persona. Esto ha ocurrido
como resultado de lo que descubrí al escribir *The Pleiadian Agenda:*

*A New Cosmology for the Age of Light* [*El plan de las Pléyades: Una nueva cosmología para la Era de la Luz*]. En ese libro describo nueve dimensiones de la conciencia que quedarán plenamente abiertas para todos los seres humanos no más tarde de 2012, así como una décima dimensión que es el corredor de la energía que va desde el núcleo cristalino de hierro en el centro de la Tierra (primera dimensión) hasta el agujero negro en el centro de la galaxia de la Vía Láctea (novena dimensión).

Cada una de las nueve dimensiones tiene su guardián (una forma de conciencia que mantiene su estructura) y cada dimensión tiene un lugar en el espacio, por ejemplo, en los sistemas estelares de las Pléyades, Sirio u Orión. Cuando este banco de datos cósmicos me llegó en 1995; sólo entendí las cinco dimensiones inferiores. Al principio, no les encontraba mucho sentido a las cuatro dimensiones superiores: creación con la geometría y la resonancia mórfica (sexta dimensión), creación con el sonido (séptima dimensión), creación con la luz (octava dimensión), y creación con el tiempo (novena dimensión). Sin embargo, cada vez que enseñaba este modelo dimensional, la gente *entraba en resonancia* con él, lo cual me pareció impresionante. ¿Qué significa entrar en resonancia? La gente podía sentir en sus cuerpos que este modelo dimensional era preciso e importante, pues se conectaba con algo que ya sentían por dentro. Sentían que comprender esto representaría el paso siguiente en su despertar personal. Pues bien, obtuve la misma resonancia cuando enseñé las ideas de Calleman en 2005 y 2006. La mayoría de los estudiantes sintieron una gran resonancia con su modelo de aceleración del tiempo; podían sentir su importancia decisiva como la sentía yo. Les resultaba difícil asimilar los rápidos cambios en sus propias vidas y les reconfortaba enterarse de que había motivos para esos cambios. Es posible que usted sienta cierto alivio de la aceleración del tiempo con sólo leer este libro, y quizás la "Guía al submundo galáctico" que figura en el apéndice C sea aún más útil.

La gente sentía una resonancia tan intensa con el modelo dimensional de *The Pleiadian Agenda* [*El plan de las Pléyades*] que dediqué ocho años a buscar sus fundamentos científicos. Publiqué mis conclusiones en 2004 en *Alquimia de las nueve dimensiones,* que es un análisis científico de un libro canalizado. Entre 1995 y 2003, la mayoría de las teorías dimensionales contenidas en el libro quedaron verificadas por nuevos descubrimientos científicos, como el de la existencia del agujero negro en el centro de la galaxia de la Vía Láctea en 2003. Todas estas verificaciones se documentan en *Alquimia de las nueve dimensiones.*

De este modo, en 2004 ya había llegado a entender al fin los significados de la sexta, séptima y octava dimensiones, pero aún no alcanzaba a comprender todas las implicaciones de la novena dimensión. Lo que sí entendía sobre la novena dimensión era que está situada en el agujero negro que se encuentra en el centro de la galaxia de la Vía Láctea, donde se generan los planes del tiempo que dan lugar a los procesos de creación en la tierra, es *decir ¡a los nueve submundos!* Este vínculo entre la aceleración evolutiva y la novena dimensión es la razón por la que adopté el modelo de Calleman. Esta conexión con el calendario maya me hizo ir más allá con mi propio modelo dimensional, pues los habitantes de las Pléyades dicen que la novena dimensión es el Tzolkin. Como sabemos, el calendario de 260 días es el Tzolkin, por lo que me parecía un misterio por qué los habitantes de las Pléyades decían esto, pero esta idea al menos me dio una pista para darme cuenta de que el tiempo está situado en la novena dimensión.

*Lo que yo no entendía sobre la novena dimensión era por qué sus guardianes son los enoquianos.* Pues bien, es posible que estos guardianes revelen el mecanismo verdadero de los procesos evolutivos, como verá más adelante. A la postre, esto me condujo a la revelación de que Cristo (Quetzalcoatl para los mayas) es la figura motivacional central de los procesos evolutivos, el punto de nexo entre los reinos material y espiritual. No se trata de una idea nueva, pues desde sus mismos inicios, la Iglesia tenía dificultades para definir la naturaleza humana y espiritual de Cristo. No obstante, no creo que la ortodoxia de la Iglesia inicial haya sido capaz de definir este nexo físico-espiritual, probablemente porque los planes políticos dentro de la Iglesia distorsionaban su imagen de Cristo. Nuestra comprensión de Cristo sigue en evolución y ya nos hemos referido al impacto cultural de la cristología de Dan Brown durante el submundo galáctico. Tenemos frente a nuestros ojos un gran avance espiritual, pero son pocos los que pueden reconocerlo mientras todavía no hayan terminado de procesarse todos los asuntos de todos los submundos. Lo cierto es que todos somos espirituales y también materiales, y esa es la revelación de la Encarnación. Piense en esto: si fuéramos meramente materiales, la fuerza impulsora de los procesos evolutivos sería algún tipo de verificador mecánico del tiempo, la máquina más complicada y controladora que jamás haya conocido la humanidad. Entretanto, si los humanos somos capaces de identificar la fuerza espiritual en la que se basa la evolución, creo que nos convertiremos instantáneamente en guardianes responsables de la tercera dimensión. Después de todo, los humanos hemos sido responsables de nuestro hábitat durante los últimos 100.000 años y sólo en tiempos recientes hemos perdido ese equilibrio. Por supuesto, nos diferenciamos de los seres humanos del paleolítico, que carecían de ego, lo cual representa una fase necesaria de desarrollo de la conciencia.

Estamos a punto de asumir nuestra responsabilidad como especie cimera en la cadena evolutiva. Cuando nos damos cuenta de que Cristo revela nuestro verdadero potencial, ¿cómo podríamos destruir el planeta donde él encarnó? Aunque muchos escritores han dicho muchas cosas sobre Cristo, son muy pocos los que han dicho algo nuevo. Para asimilar el sentido de la Encarnación, debemos comenzar en los confines del cosmos, pues seguramente Cristo provino de esos reinos. Al final, volveremos de regreso a la Tierra para investigar la verdad acerca de la vida de Cristo.

## LAS SUPERONDAS GALÁCTICAS Y EL CATACLISMO DE 9500 a.C.

Paul A. LaViolette es físico y cosmólogo, y autor del libro *Tierra bajo fuego*, donde investiga la gran catástrofe descrita en el capítulo 3.[1] LaViolette dice que una *"gran superonda"* llegó hasta la Tierra desde el centro de la galaxia hace entre 14.000 y 11.500 años. Modificó el clima terrestre y ocasionó los enormes cambios planetarios y las olas de muerte conocidas como las extinciones del Pleistoceno. Según LaViolette, una superonda es un arco en expansión de radiación "que avanza en forma radial desde el núcleo galáctico a una velocidad cercana a la de la luz" y penetra a través de la galaxia y más allá del disco de brazos en espiral.[2]

Las superondas pueden hacer que las estrellas se conviertan en supernovas o que los cometas impacten estrellas y planetas, lo cual puede ocasionar catástrofes. La teoría de superondas de LaViolette ha atraído la atención de algunos investigadores de las fechas finales del calendario maya porque LaViolette cree que pronto vendrá otra superonda. En realidad, no coincido con él en esto (aunque tal vez él tenga razón), pero creo que sí está en lo cierto en cuanto a la superonda que afectó a nuestro sistema solar hace 14.000 ó 15.000 años. En su obra *¡Cataclismo!*, Allan y Delair exponen la teoría de que los fragmentos de la supernova Vela fueron los que estuvieron a punto de destruir la Tierra hace 11.500 años, y observan además que "un número sorprendente [de supernovas] ha hecho explosión inesperadamente cerca de nuestro sistema solar".[3] Basándome en ¡Cataclismo! y en Tierra bajo fuego, creo que una superonda provocó la explosión de la supernova Vela (ocurrida entre 10.000 y 12.000 años atrás, y algunos dicen que hace 14.300 años), y entonces los fragmentos de esa supernova embistieron contra nuestro sistema solar, que está sólo a 800 años luz del sistema de Vela.[4] Sabemos por los grandes cambios climáticos ocurridos hace 11.000 ó 14.000 años que la Tierra sufrió el impacto de un objeto cósmico y la teoría de las superondas explica muchos detalles de lo que sucedió durante esos miles de años.

LaViolette no se refiere exclusivamente al cataclismo de 9500 a.C. Sin embargo, sus escritos me inspiraron a acuñar un término (catastrofobia) que se refiere a un síndrome según el cual, después de este acontecimiento, nos convertimos en una especie politraumatizada y comenzamos un proceso de degeneración. La idea es que mucha gente teme una catástrofe en el futuro cercano porque tienen las mentes llenas de visiones del cataclismo pasado, aunque no pueden identificar el contenido de esos recuerdos porque hasta hace muy poco la ciencia no había descrito estos horribles acontecimientos. Yo digo que esos recuerdos pasados son como destellos en el cerebro humano (que salen a relucir especialmente cuando las personas se ven en medio de bombardeos y guerras) y piensan que están viendo visiones de un futuro inminente. Quizás éste sea el proceso más intenso que ocurre en la trasmutación durante el submundo galáctico.

Los fundamentalistas están particularmente contaminados con este detritus mental, que les hace anhelar un rápido fin a la vida en la Tierra: el Rapto, el apocalipsis. Estos temores sin resolver que ciegan a la mente humana están contaminando las interpretaciones de la fecha final del calendario maya. No creo que vaya a venir pronto otra superonda, porque creer esto es lo que llamo catastrofobia primaria. También creo que el eje de la Tierra se inclinó hace sólo 11.500 años y que la Tierra y todo el sistema solar se encuentran en medio de un proceso de nuevas alineaciones. Hay pruebas que respaldan esta idea, como puede ver en el apéndice A, y muchos astrofísicos han detectado cambios fenomenales en muchos de los planetas, lo que puede ser una clara señal de que el sistema solar se está asentando.[5]

Entretanto, otro aspecto de las investigaciones de LaViolette (la teoría de los pulsares) es sumamente pertinente durante los últimos años del calendario maya. Tuve que empezar por describir esta teoría de las superondas porque LaViolette asegura que los pulsares son un sistema de señalización de inteligencias extraterrestres que nos da información sobre las superondas del pasado y, quizás, nos advierte sobre posibles superondas en el futuro. Los pulsares son estrellas que emiten ondas de radio y destellos de luz a distintas frecuencias e intervalos, y fueron detectados por primera vez en 1967. Ahora hemos llegado al momento en que es posible imaginarse cómo una inteligencia extraterrestre podría enviar señales a la Tierra, pues nosotros mismos ya disponemos de tecnologías (como los aceleradores de rayos de partículas y los máseres) con las que podríamos lograr el mismo efecto.[6] Partiendo del supuesto de que efectivamente estamos en cuarentena porque somos una especie politraumatizada y violenta, la existencia de un sistema de inteligencia extraterrestre que utilice los pulsares añade todo un nuevo nivel de significación al reciente período de cataclismos en la Tierra. En otras palabras, *es posible que alguna forma de inteligencia extraterrestre nos esté enviando señales para aclararnos lo que realmente nos sucedió y para que podamos comprender a nuestra propia especie.* Es hora de que nos demos cuenta de que no en balde hemos evolucionado más allá de ser simios y simples homínidos.

## COMPRENSIÓN DE LA REALIDAD A TRAVÉS DE LA CONCIENCIA INTERIOR

Para seguir adelante con este tema, debo aclarar por qué veo las cosas del modo en que las veo. Desde 1982 hasta 1992, me sometí a más de cien sesiones de hipnosis para explorar mis "vidas anteriores". Independientemente de lo que en realidad suceda durante este tipo de sesiones, cualquier persona puede zambullirse dentro de sí mismo y viajar en el tiempo, hacia el pasado o el futuro. Esto se debe a que el pasado, el presente y el futuro dominan nuestros cuerpos, pero no nuestras mentes infinitas. Publiqué estas conclusiones de las sesiones en mi libro *The Mind Chronicles* [*Crónicas de la mente*].[7]

El primer volumen, titulado *El ojo del centauro,* fue publicado en 1986, y en él se exploran distintas vidas egipcias, minoenses, druídicas y del Oriente Medio. La mayoría de las fechas y acontecimientos históricos que mencioné en las sesiones, aunque no todos, coincidían en buena medida con la historia y la arqueología convencionales. Después de cada sesión, me informé sobre los períodos históricos y me percaté de esas diferencias, pero publiqué la información exactamente como me llegó a mí. Después de la publicación de *El ojo del centauro*, cuando los investigadores cambiaban las fechas históricas, éstas a menudo se acercaban más a las que yo había mencionado. El mismo proceso tuvo lugar con los dos libros siguientes, *Heart of the Christos* [*El corazón del Cristo*] en 1989, y *Signet of Atlantis* [*El sello de la Atlántida*] en 1992. El caso es que *quedé completamente sorprendida ante lo mucho que sabía dentro de mí sobre la línea cronológica de la Tierra.* Inventé un nombre para referirme a este dispositivo interno: cronómetro estelar interno. Algunos dirían que yo era una intérprete natural de los archivos akáshicos, los cuales contienen un registro en el plano psíquico de todo lo que ha acontecido jamás. Fuese lo que fuese, yo estaba desarrollando la confianza en mí misma para interpretar los ciclos temporales en la Tierra.

Este proceso se aceleró cuando recibí *The Pleiadian Agenda* [*El plan de las Pléyades*], lo estudie científicamente y luego escribí *Alquimia de las nueve dimensiones*. Ese libro hace un seguimiento de este proceso de verificación, cosa que yo no había hecho con *The Mind Chronicles* [*Crónicas de la mente*]. Entretanto, me preguntaba cómo era posible que una madre trabajadora con cuatro hijos, que apenas sabía nada de ciencia, fuera capaz de canalizar un libro como *El plan de las Pléyades*. ¡Y resulta que sus descabelladas teorías científicas han sido verificadas una por una después de su publicación! Por si fuera poco, cuando recibí *The Pleiadian Agenda* [*El plan de las Pléyades*], estaba trabajando como editora de adquisiciones en la casa editorial Bear & Company, donde descubrí que había por lo menos otros cuatro autores que había obtenido la misma información durante el mismo período de tiempo. Recibí un manuscrito terminado, dos esbozos detallados y una indagación telefónica en la que se describían las nueve dimensiones de la conciencia (situadas en las Pléyades, Sirio, Orión, la Galaxia de Andrómeda y el centro de nuestra galaxia) que iban a llegar a nosotros por medio de una "banda de fotones" (una banda de partículas de luz) a partir de 1987 y hasta 2012. No se trata de una mera palabrería de la Nueva Era sobre el "amor y la luz". De vez en cuando conozco alguna persona que dice haber recibido datos similares entre 1994 y 1995; se refieren a datos cósmicos recibidos en el plano de la Tierra que han producido resonancia en las personas que los han captado.

*Actualmente tengo un profundo nivel de confianza en lo que cada uno de nosotros efectivamente conoce por dentro.* En este capítulo se tratan temas que sé que son ciertos porque he accedido a ellos desde un lugar de profunda intuición. Esta capacidad de acceder a información de esta manera representa un enfoque potencialmente válido porque quizás ya no quede mucho tiempo.

¿Qué decir del tiempo que efectivamente queda? El calendario maya termina de 2011 a 2012 y muchos piensan que cesará en 2012. Llegar al final del tiempo no significa llegar al final de la vida, pero sí significa *el fin de la recopilación de información acerca de nuestro relato.* Es muy importante que aprendamos los últimos conocimientos que debemos recibir acerca de la historia y la evolución. En cuanto a lo que yo pienso, creo que debemos averiguar lo que están planificando realmente para la tierra las Potencias y Principados (la élite mundial). Por ejemplo, ¿qué pasa si la élite está enterada de todos los detalles sobre un sistema de pulsares controlados por inteligencias extraterrestres que envía señales a la Tierra? ¿Qué pasaría si tienen planes de bloquear esas señales de los pulsares con el sistema de defensa, misiles de "La Guerra de las Estrellas"? ¿Qué pasa si el sistema de la guerra de las estrellas estaba en funcionamiento en 1995 y bloqueó las trasmisiones de las Pléyades? ¿Qué pasa si la guerra de las estrellas pudiera bloquear la involución de los ángeles, y qué pasa si esto está sucediendo aún?

Si podemos funcionar con nueve dimensiones de la conciencia (y activar muchas otras enseñanzas importantes), creo que estaremos en libertad de ser readmitidos en la sociedad universal, como vimos en el marco de la exopolítica. La élite no estará con nosotros (a menos que también ellos despierten y abran sus corazones) porque todo su mundo se basa en bloquear la libertad humana y devorar el hábitat. A eso se debe que ellos y nosotros estemos en cuarentena.

Creo que lo que sucederá durante el submundo universal en 2011 es que llegará a su fin el programa de control de la élite. Dado que la élite opera en secreto, alcanzar ciertos niveles de conocimiento es la salida de la "prisión de frecuencias" que han erigido para todos menos para sí mismos. Hasta donde puedo ver, lo más importante que ellos no quieren que usted ni yo sepamos es que los pulsares se están comunicando con la Tierra. Pero han fracasado en este intento, pues esa información ya está publicada en el libro *Decoding the Message of the Pulsars* [*Descodificación del mensaje de los pulsares*], de Paul A. LaViolette.[8]

Sea como sea, lo más importante es que enormes erupciones solares impedirán la militarización del espacio en el período 2008–2010.

## PAUL A. LAVIOLETTE
## Y EL MENSAJE DE LOS PULSARES

Llevo más de diez años pensando en las ideas de Paul A. LaViolette, y encuentro que su teoría sobre los pulsares es muy pertinente a este libro. Si los pulsares son sistemas de señalización de inteligencias extraterrestres, ésa sería *la noticia cosmológica más importante de todos los tiempos,* y deberá pasar a ser de conocimiento público durante el submundo galáctico. Esto significaría que no estamos solos, que las civilizaciones extraterrestres envían señales a la Tierra para indicarnos su existencia y su interés en nosotros.

Cuando el astrónomo Jocelyn Bell de Cambridge descubrió los primeros pulsares en 1967, creyó seriamente que había detectado señales enviadas por inteligencias extraterrestres. Tanto así, que dio al primer pulsar el nombre de LGM-1, usando las siglas de "little green men" ("hombrecitos verdes", en español). Sin embargo, consideró que no debía dar a conocer este descubrimiento sin antes consultar con autoridades superiores e incluso se preguntó si no sería más conveniente para la humanidad destruir las pruebas.[9] En los días iniciales de las investigaciones sobre los pulsares, muchos astrónomos creían que los pulsares eran señales de inteligencias extraterrestres. Por supuesto, el gobierno encontró una manera fácil de ocultar estas ideas: se dejó bien claro que los científicos que buscaran comunicaciones con inteligencias extraterrestres dejarían de obtener subvenciones del gobierno. Para mediados de los años 70, era anatema hablar de las teorías sobre inteligencias extraterrestres. La ciencia ortodoxa postula que los pulsares son estrellas giratorias de neutrones que surgieron debido a explosiones de supernovas. LaViolette acribilla estas teorías ortodoxas y simplemente procede a descodificar los pulsares como sistemas de señalización de inteligencias extraterrestres.

Por supuesto, para conocer toda su hipótesis tendría que leer *Decoding the Message of the Pulsars* [*Descodificación del mensaje de los pulsares*]. En un trabajo anterior, *Genesis of the Cosmos* [*Génesis del cosmos*], LaViolette revela cómo las tradiciones esotéricas, como la astrología y el tarot, contienen en forma codificada una clara información cosmológica, geológica y evolutiva.[10] Dice que el zodíaco (las constelaciones visibles en la eclíptica) cuenta un relato de creación y destrucción en el universo desde la perspectiva de la Tierra, y que el zodíaco y la sabiduría estelar relacionada con éste son conocimientos humanos muy avanzados que han perdurado de una civilización anterior al diluvio o al cataclismo.[11] Es decir, la astrología nos aporta datos *antediluvianos*.

La astrología utiliza una rueda de 360 grados con 360 símbolos sabianos, que es lo mismo que el año divino del calendario maya basado en tunes y la cosmología védica temprana, como ya hemos dicho. Si el zodíaco representa conocimientos antediluvianos, eso significa que es de gran importancia e indica la posibilidad de que los pueblos antiguos fueran muy avanzados en sentido espiritual. LaViolette asegura además que el zodíaco y la sabiduría estelar de la constelación de Sagitario indican que sus diseñadores originales conocían la ubicación del centro de la galaxia, lo que da a entender que los antiguos seguían una visión galactocéntrica.[12] A diferencia de la mayoría de los astrónomos, LaViolette respeta la astrología por lo que es y no le molesta utilizar la perspectiva geocéntrica (es decir, centrada en la Tierra). Por supuesto, también sabe que la Tierra gira en torno al Sol, el cual gira en torno a la galaxia. *Después de todo, la perspectiva geocéntrica es lo que permite reconocer que los pulsares pudieran estar enviando señales a la Tierra.*

## LOS PULSARES COMO SISTEMAS DE SEÑALIZACIÓN DE INTELIGENCIAS EXTRATERRESTRES

Al investigar los pulsares como sistemas de señalización de inteligencias extraterrestres, LaViolette concluye que "determinados pulsares han sido colocados en forma no aleatoria en el cielo, y las balizas más distintivas se sitúan en lugares clave de la galaxia que son puntos de referencia significativos desde la perspectiva de las comunicaciones interestelares".[13]

Al preguntarse cómo las civilizaciones galácticas podrían llegar a nosotros, LaViolette empezó a percatarse de algunas actividades cósmicas muy inusuales. Si hay otras personas inteligentes en el universo, las relaciones matemáticas y geométricas y los puntos de referencia astronómicos importantes serían para ellos formas lógicas de conectarse con nosotros. El punto más evidente es el centro de la galaxia, pues sería considerado como tal por todas las civilizaciones de la galaxia. Por

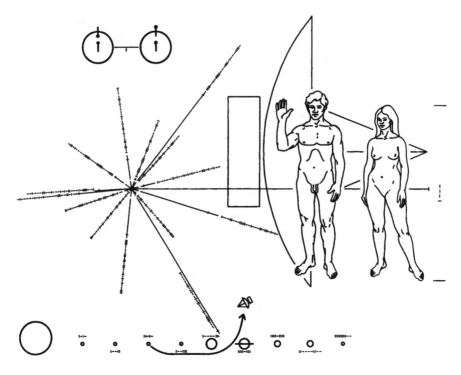

**Fig. 8.1.** *La Pioneer 10 muestra a los extraterrestres la ubicación del planeta Tierra.*

ejemplo, como puede ver en la figura 8.1, los diseñadores de la placa que acompaña a la sonda espacial Pioneer 10 tuvieron en cuenta ideas similares cuando trataron de indicar la ubicación de la Tierra a cualquiera que pudiera encontrar la sonda.

LaViolette vio que los pulsares más visibles desde el punto de vista de la Tierra solían encontrarse cerca de la demarcación de un radián.[14] Concluyó que así sería como una civilización extraterrestre trataría de atraer nuestra atención y luego notó la existencia de algunos pulsares muy importantes. El pulsar más rápido en el cielo (PSR 1937+21) es el que se encuentra más cercano al punto septentrional de un radián en el Ecuador galáctico. Si fuera posible oír sus destellos, sonarían como la nota musical "mi" encima de un "do" agudo, y son emitidos con una frecuencia más precisa que la de los mejores relojes atómicos.[15]

Los pulsares rápidos se llaman "pulsares de milisegundos", y específicamente el PSR 1937+21 es denominado el Pulsar de Milisegundos porque es el más rápido y más luminoso, y emite destellos que son visibles con telescopios ópticos, lo cual es muy poco común.[16] Es ideal como "baliza espacial" porque sus pulsaciones visibles por medios ópticos facilitan su detección y también porque periódicamente produce pulsaciones de alta intensidad que se conocen como pulsaciones gigantescas.[17]

Las ubicaciones de la estrella Gamma Sagittae y el pulsar de Vulpecula (PSR 1930+22) dan a entender que los creadores de este sistema "tendrían que saber la apariencia que tiene el cielo nocturno desde nuestra ubicación particular en la galaxia".[18] En otras palabras, *¡el diseñador de este sistema sabe de nuestra perspectiva geocéntrica!* En esta importante sección del cielo se encuentra otro pulsar de milisegundos distintivo (PSR 1957+20) en la constelación de Sagitario, y su período de pulsación es prácticamente idéntico al Pulsar de Milisegundos.[19] El PSR 1957+20 es un pulsar binario eclipsante cuyos planos orbitales se orientan de canto en nuestra dirección, y su estrella enana acompañante pasa periódicamente frente a él (lo eclipsa) y ocluye su señal.[20] El PSR 1957+20 también tiene pulsaciones gigantescas. ¡Estas entidades muy notables e insólitas en el cielo realmente atraen nuestra atención en la Tierra! Y, dice LaViolette, "las probabilidades de que esta distribución de pulsares sea casual son de una en 10 a la 28ª potencia".[21]

## LOS PULSARES Y LA EXOPOLÍTICA

Con este breve resumen de ideas tan complejas, apenas le hago justicia a la teoría de los pulsares de Paul A. LaViolette. Los lectores deberían estudiarlo para poder comprender las implicaciones de lo que dice. Además, LaViolette se pregunta si los pulsares serán equipos de señalización que se encuentran en estrellas de neutrones dispuestas de tal manera que puedan verse desde nuestro sistema solar. Su conclusión es que "existe efectivamente una civilización galáctica insólitamente avanzada y está tratando de comunicarse con nosotros", lo cual sería muy significativo desde el punto de vista de la exopolítica.[22] Las pulsaciones de radio que vemos actualmente del Pulsar de Milisegundos fueron emitidas hace 11.700 años (porque se encuentra a 11.700 años luz de distancia), lo que me hace preguntarme si comenzó a enviarnos señales justo antes del cataclismo o durante éste, y sólo ahora las vemos. ¿Será que estas señales están despertando nuestras mentes e inspirándonos a procesar traumas reprimidos del cataclismo? He postulado la tesis de que nuestra especie dejará de ser violenta y destructiva una vez que identifiquemos y procesemos los recuerdos de la catástrofe. Entonces se levantará la cuarentena y seremos invitados a volver a integrarnos en la sociedad universal.

LaViolette dice que estos pulsares indican el avance de una superonda galáctica desde el momento en que abandonó el centro de la galaxia hace unos 14.000 años hasta 1054 d.C., cuando la onda atravesó la Nebulosa del Cangrejo. Plantea la hipótesis de que la sección del zodíaco que muestra a Orión oponiendo su escudo al toro embestidor de Tauro pudiera contener advertencias sobre una superonda *futura,* y destaca también la existencia de un curioso chorro óptico en la Nebulosa del Cangrejo (que es bastante paralela al plano de la eclíptica de la Tierra).[23] Se pregunta, "¿Podría ser que la civilización que creó los vestigios de la supernova de la Nebulosa del Cangrejo y su singular baliza de pulsares también esté mostrándonos una tecnología que quizás un día nos proteja de la próxima superonda arrasadora?"[24] Entonces, partiendo del supuesto de que se nos está advirtiendo sobre algo que vendrá, presenta algunas ideas sobre cómo nuestros científicos podrían crear tecnologías basadas en campos de fuerzas que podrían desviar los rayos cósmicos de las superondas.[25]

En relación con la exopolítica, musita: "Para que una civilización planetaria pudiera defenderse satisfactoriamente frente a semejante desastre galáctico y sobrevivir como sociedad pacífica sin caer en una caótica 'época de oscurantismo', ¿sería considerada entonces digna de librarse de la cuarentena y de ser admitida en la federación galáctica?"[26] Advierto que los gobiernos de la Tierra apenas han desarrollado tecnologías pacíficas; de hecho, ¡la élite mundial actúa como el toro embestidor en Tauro! Hay toda clase de señales de que los gobiernos secretos están haciendo todo lo posible por mantenernos en la cuarentena, y LaViolette incluso presenta pruebas de ensayos militares secretos de estos tipos de tecnologías. Por ejemplo, se han visto en el cielo nocturno extrañas esferas luminosas (plasmoides) que son generadas probablemente por rayos de microondas.[27]

*¿Por qué tanto secreto?* El agotamiento de los últimos recursos financieros de las sociedades para la militarización del espacio mediante el plan de la Guerra de las Estrellas sería el mayor cataclismo de todos, a menos, por supuesto, que nuestros gobiernos levantaran el velo de secreto y pidieran apoyo del público para incurrir en los enormes gastos necesarios para la protección de la Tierra. Me parece que si seguimos por el camino de la guerra de las estrellas estaríamos dando a las civilizaciones extraterrestres la prueba definitiva de que no pueden levantar

la cuarentena impuesta a la Tierra. Por lo que a mí respecta, es hora de dejar de buscar enemigos y procesar los profundos recuerdos que hacen que los humanos veamos la vida con temor. La contemplación de esta idea me remontó a los extraños ángeles vigilantes que se mencionan en la Biblia, pues el período de supervivencia justo después del cataclismo sería el mejor lugar para indagar por qué los humanos nos entregamos al miedo con tanta facilidad. Después del cataclismo, mientras la humanidad se encontraba en un estado de degeneración, inventó la religión, que se basa en la historia de los vigilantes y de su dios, Yahvé.

## LA RECUPERACIÓN DE NUESTRO POTENCIAL ESPIRITUAL Y LOS VIGILANTES

Creo que la recuperación de nuestra espiritualidad es la única manera de que podamos volver a ingresar en la sociedad universal. Ya he sugerido que la recuperación de la mentalidad del submundo regional anterior al cataclismo (el período antediluviano) podría ayudarnos a recuperar nuestras facultades espirituales y por eso he buscado rastros de la mentalidad antediluviana. Estos rastros se remontan en el pasado lejano a la época de los grandes y ominosos ángeles vigilantes, que se mencionan en la Biblia, en el Libro de Daniel.[28]

En la tradición bíblica y en otras fuentes que describo, los ángeles vigilantes tenían grandes alas de ave y se apareaban con mujeres de la raza humana. Los vigilantes también están profundamente vinculados con los misteriosos enoquianos (los guardianes de la novena dimensión) y la mejor fuente acerca de ellos es el Libro de Enoc, uno de los primeros textos sagrados judíos. Aunque a menudo me siento como si dedicara demasiado tiempo a limpiar el ático polvoriento de un ministro fallecido, constantemente busco información sobre los vigilantes y los enoquianos. En su libro *From the Ashes of Angels* [*De las cenizas de los ángeles*], Andrew Collins hace el seguimiento de las pruebas referentes a estos ángeles en parte aves y en parte humanos hasta 8870 a.C. (justo después del cataclismo), en la caverna de Shanidar en una región del Kurdistán turco.[29] La caverna de Shanidar es uno de los hallazgos arqueológicos más importantes que se ha hecho en el planeta. Tiene dieciséis niveles de ocupación que datan de hace cien mil años, lo que significa que estuvo ocupada durante todo el submundo regional.

Los paleontólogos Ralph y Rose Solecki encontraron alas articuladas de buitres en las capas correspondientes a 8870 a.C., que los chamanes prehistóricos habrían usado para metamorfosearse en buitres durante sus rituales.[30] Interpretaron este descubrimiento como una prueba del chamanismo temprano basado en la imitación del buitre o zopilote, lo que dio a entender a Collins que este hallazgo representaría la intrusión de los vigilantes en una caverna que había sido un sitio de refugio invernal para las tribus nómadas en la región durante 90.000 años.[31]

En su calidad de chamanes imitadores de buitres, estos vigilantes habrían sido humanos semidivinos, pues en las culturas de cazadores y recolectores se considera que el convertirse en ave confiere acceso al plano de los espíritus. Esto sigue siendo así en la actualidad. Una noche en la Kiva oriental del Instituto Cuyamungue, Felicitas Goodman me hizo entrega de su manto y me pidió que hiciera la danza del águila. Para convertirme en águila, describí círculos en torno al sipapu (un agujero hacia el centro de la Tierra) mientras hacía movimientos de ascenso y de descenso en picada. He experimentado este potente acceso a la conciencia antigua, lo que me ayuda a comprender a los vigilantes.

Con el paso del tiempo, según el Libro de Enoc, las hijas de los hombres dieron luz a los *nefilim* (los gigantes producidos por la degeneración de los vigilantes) los que se desenfrenaron e infligieron gran dolor a los

*Fig. 8.2. La metamorfosis de un chamán imitador del buitre.*

humanos.[32] Los relatos sobre estos gigantes se remontan al horroroso período de supervivencia inmediatamente después del cataclismo, y nuestras mentes están llenas de malos recuerdos de ellos, aún sin procesar. El famoso sitio de Jericó en Palestina/Israel data de 9000 a.C. (justo después del cataclismo), y la arqueóloga Kathleen Kenyon ha estudiado seis mil años de habitación en ese sitio. En la capa correspondiente a 6832 a.C., se descubrió una masacre de infantes, y el experto en Sumeria Christopher O'Brien sugiere que esto podría ser un indicio de la aniquilación de los nefilim, los hijos renegados de los vigilantes, o del asesinato de niños a manos de los nefilim.[33] Con aniquilación o sin ella, los genes de los nefilim son parte de la raza humana.

El abuso infantil, el asesinato y la violación no son comportamientos humanos normales, y creo que estos comportamientos se originaron en el horroroso sufrimiento ocurrido después del cataclismo. Creo que *el nefilim sin procesar que llevamos por dentro* puede ser lo que se adueña de la mente de los criminales más repugnantes. Cuando estos contenidos arcaicos perturban a las personas desde lo hondo de sus mentes, la mayoría de los psicólogos y siquiatras no tienen la menor idea de lo que está ocurriendo y por eso no pueden dar ningún tipo de ayuda a los peores criminales. Creo que esta situación podría cambiar algún día, cuando los terapeutas aprendan más sobre estas sombras arcaicas. Hablando de la genialidad de Dan Brown para revelar arquetipos profundos y ocultos, Silas, el asesino en la película *El código da Vinci*, representa la idea clásica de un nefilim que había degenerado y que era muy útil a la Iglesia Católica; era un asesino natural porque no poseía ninguna comprensión de los niveles profundos de su propia mente arcaica.

Los relatos más completos sobre los vigilantes y su descendencia, los nefilim, se encuentran en el Libro de Enoc, un libro espiritual muy estimado y atesorado por los judíos, que fue escrito antes de 200 a.C. En 325 d.C., el padre San Jerónimo de los primeros tiempos de la iglesia declaró que el Libro de Enoc era apócrifo, aunque se mantuvo en el canon la mayor parte del Génesis (que dice muy poco de los vigilantes). Los libros declarados apócrifos solían considerarse heréticos, por lo que las copias del Libro de Enoc desaparecieron misteriosamente. Durante más de 1.500 años, esta importante fuente de información sobre los vigilantes estuvo perdida. Incluso los judíos perdieron esta valiosa crónica, que se mencionaba ocasionalmente en trabajos posteriores.[34]

El francmasón escocés James Bruce encontró una copia del Libro de

Enoc en Axum, Etiopía, en 1762, e inmediatamente la tradujo al francés y el inglés. Se encontraron más versiones del Libro de Enoc en 1947 entre los pergaminos del Mar Muerto en Qumrán, y ahora este libro ha vuelto a ser objeto de estudios serios. Contiene amplia información sobre las civilizaciones antediluvianas y describe aspectos del cataclismo y el sufrimiento de los ángeles vigilantes, es decir, el monstruo se ha escapado de la jaula, por así decirlo. Todo esto era muy fascinante, pero yo todavía no alcanzaba a ver cómo esto explicaba porqué los enoquianos eran los guardianes del tiempo y de la novena dimensión, de modo que seguí buscando, como si fuera un misil termodirigido.

## LOS ENOQUIANOS Y LA MÁQUINA DE URIEL

Seguidamente, leí el libro *La máquina de Uriel*, de los eruditos masónicos Christopher Knight y Robert Lomas, con el que profundicé mi comprensión de los enoquianos.[35] Uriel era un arcángel (término que hace muchísimo tiempo significaba "vigilante"), y es una figura importante en el Libro de Enoc y también en los rituales masónicos. En el "Libro de las luminarias celestiales", una de las secciones del Libro de Enoc, Uriel muestra al patriarca Enoc una fantástica y reluciente estructura blanca con la que se podían observar los movimientos del Sol y de Venus, lo que parece avenirse a la descripción de un declinómetro. Knight y Lomas creen que esta estructura blanca reluciente es Newgrange, un templo megalítico de cuarzo blanco cerca del río Boyne en Irlanda, en las cercanías de Tara, donde se coronaban los antiguos reyes irlandeses.[36] Newgrange es famoso porque el sol naciente durante el solsticio de invierno ilumina espirales sobre la superficie trasera del recinto interior. Es posible que este templo sea el que se describe en el Libro de Enoc pues, como verá en un momento, hay muchas pruebas de la existencia de contactos culturales entre el Oriente Medio y las Islas Británicas hace cinco mil años.

Gerry y yo visitamos Newgrange en 1996 después de celebrar el solsticio de verano y de hacer una activación del plan de las Pléyades en Findhorn en el noreste de Escocia. Estábamos muy emocionados después de esta experiencia, pero esto no explicaba la energía que ambos sentíamos en la cámara de Newgrange. El lugar daba una sensación de seguridad, como de un vientre materno, y podíamos sentir la presencia de seres muy etéreos. Podía sentir que mi cerebro recibía datos de la antigüedad (muchas veces mi cerebro responde como una computadora cuando visito sitios megalíticos), pero todo parecía carecer de sentido hasta el año 2000, cuando leí *La máquina de Uriel.*

Al igual que Newgrange, muchos de los primeros sitios megalíticos fueron construidos durante el primer día del submundo nacional. Basándose en un amplio estudio de la mitología irlandesa y galesa y en pistas de la francmasonería, los autores creen que esta hermosa cámara fue usada para algo más que observaciones astronómicas. En forma fragmentada, muchas creencias antiguas se refieren a un proceso por el que se transfieren a niños recién nacidos las almas de chamanes y reyes fallecidos a fin de proporcionar a la comunidad una corriente de almas reencarnadas de sabios, cosa que puede haber ocurrido en recintos como éste.[37] Pero, ¿qué pruebas hay de este tipo de proceso?

La francmasonería, que se deriva en parte del Egipto antiguo, vincula la luz de Venus con la resurrección. Por ejemplo, los reyes y faraones del Egipto antiguo eran los hijos de Dios porque experimentaban la resurrección a la luz de Venus naciente.[38] El antiguo libro galés *Tríadas de la Isla de Bretaña* cuenta el relato de Gwydion ap Don, madre de un tribu sagrada que trajo al mundo a los Hijos de la Luz, quienes eran astrónomos y conocían los secretos de la agricultura y la metalurgia.[39]

Pues bien, ésas son las mismas habilidades de los vigilantes descritas en el Libro de Enoc; son habilidades clásicas de la época antediluviana relatadas por casi todas las culturas antiguas.[40] Julio César escribió acerca de la creencia de los druidas en el renacimiento controlado (la transferencia del alma del muerto a un infante), y los druidas modernos dicen que heredaron esta creencia de sus antepasados.[41] ¿Qué importa esto? Knight y Lomas presentan argumentos convincentes de que el Libro de Enoc y la francmasonería contienen pruebas de una astronomía de Venus altamente desarrollada que se utilizaba para transferir a recién nacidos las almas de grandes líderes.[42] Pero, ¿por qué habrían de molestarse con esto?

## LA TRANSFERENCIA DE LAS ALMAS PARA PROTEGER LA SABIDURÍA PERENNE

La transferencia organizada de almas era probablemente la manera en que las culturas antiguas retenían los conocimientos acumulados de sus antepasados. Esta ciencia esotérica va mucho más allá de la reencarnación: era una técnica de manipulación de almas para hacerlas volver a nuevos cuerpos y continuar las tradiciones de sabiduría del pasado. ¿Le parece excesivo? Entonces, ¿por qué vivimos en un mundo que se está degenerando rápidamente aunque la mayoría de las personas sean de buen corazón y estén haciendo un gran esfuerzo por vivir éticamente? Los primeros cristianos creían en la reencarnación, y la Biblia nos dice que Jesús era la reencarnación de Eliseo y Juan Bautista, la reencarnación de Elías. Sin embargo, en 553 d.C. la iglesia decretó que la reencarnación era una herejía.[43]

Los primeros patriarcas de la iglesia querían un control total sobre la salvación individual, y todo esto definitivamente explica por qué estaba oculto el Libro de Enoc. En lo que respecta a mi trabajo con regresiones mediante hipnosis a vidas anteriores, mi hipnoterapeuta, Gregory Paxson, dedicó su vida a hacer regresiones a las personas para ayudarlas a recuperar sus conocimientos acumulados de vidas anteriores. Luego podrían avanzar más en esta vida, en lugar de tener que volver a aprenderlo todo en cada vida. ¿No sería más fácil verter conocimientos perennes en los pequeñines desde su nacimiento? ¿La manera más rápida de hacerlo no sería mediante la encarnación de grandes sabios en niños recién nacidos? Creo que eso está pasando ahora mismo; hay grandes sabios que están renaciendo en los llamados niños índigo, el regreso de los Hijos de la Luz.[44]

Los pergaminos del Mar Muerto fueron descubiertos en 1947 d.C., y son una de las principales fuentes de información sobre los "hijos de la luz" o los "hijos del alba" (Venus), que son títulos de sacerdotes druidas y esenios.[45] Los pergaminos describen dos líneas de sacerdotes hebreos que existían antes del nacimiento de Jesús (los enoquianos y los zadoquitas). Los romanos exterminaron a los enoquianos durante el genocidio de los judíos en 66 d.C., pero no a los zadoquitas.[46] Posteriormente, el Libro de Enoc quedó excluido del canon como se ha mencionado antes. Para empezar, ¿por qué los romanos se lo quitaron a los judíos? Lo que es aún más extraño, el Libro de Santiago quedó relegado a los apócrifos, aunque Santiago era hermano de Jesús y tomó las riendas de la iglesia incipiente después de la crucifixión de Jesús.[47] Pues bien, en Santiago 21:1–3 dice que Jesús nació en una caverna, a la luz de una estrella reluciente que guió a los tres reyes magos. Esa estrella, por supuesto, es Venus.[48]

Knight y Lomas aducen: "Herodes temía tanto a Jesús como a Santiago, porque ambos eran el foco central del auge de una antigua tradición cananita de culto que podría socavar la autoridad de Herodes si se les permitía llegar a ser líderes."[49] Por supuesto, esta antigua tradición de culto tiene que haber sido la de los rituales de nacimiento de Venus, que pudiera haber sido utilizada para conseguir la involución del alma de Jesús.

Lomas y Knight encontraron rituales masónicos que "presentan a *Jesús como el personaje principal en lugar de Enoc* [las cursivas son mías]."[50] Pero, ¿qué tal si el alma de Enoc fue transferida a Jesús? Ésa sería una buena razón para que los romanos quitaran a los judíos el Libro de Enoc pues, sin éste, no reconocerían al Mesías. Knight y Lomas se preguntan si el pasaje del libro de Santiago quiere decir que éste era el mismo ritual que ellos creen se realizaba en Newgrange tres mil años antes para transferir el alma del rey a un recién nacido.[51] Para que esto sea cierto, tendría que haber pruebas de contactos tempranos entre los cananitas y las Islas Británicas hace cinco mil años. Como verá, así es. Este poderoso ritual relacionado con los reyes cananitas explica definitivamente por qué Herodes tenía tanto miedo de este niño adorado por los Tres Reyes Magos (los tres astrólogos) y por qué Herodes masacró a los primogénitos de Israel para eliminar su linaje. Este niño llegaría a tener un poder superior al que tenían Herodes o Roma. Según Gordon Strachan, escritor del nuevo paradigma, quizás haya más que eso aún.[52] Termino con el tema de *La máquina de Uriel* mencionando que Knight y Lomas descubrieron que Venus durante el solsticio de invierno (cuando la luz solar entra en el recinto de Newgrange y en muchos otros templos megalíticos) se encontraba en 2001 d.C. en la misma posición en que estaba en 7 a.C., año en que probablemente nació Jesús.[53]

## JESUCRISTO COMO PANTOCRÁTOR

En su libro *Jesús el maestro constructor,* Strachan descubre una importante red de antiguas conexiones entre las Islas Británicas y el mundo mediterráneo. Todo comenzó cuando Strachan visitaba Tel Gezer en Israel, un sitio antiguo donde se encuentran en línea recta diez megalitos verticales que tienen entre dos y cuatro metros de altura. Strachan recordó haber visto megalitos de 3000 a.C. en una distribución similar en Callanish, en las Hébridas Exteriores. En ambos casos los megalitos están orientados hacia el Norte, lo que debe haber sido muy difícil de lograr, pues en esos días no se conocía la Estrella Polar ni había brújulas.

Posteriormente preguntó a un guía cuál era la aldea que se encontraba hacia el norte, y la respuesta fue "Avalón".[54] Esto hizo que Strachan investigara muchas conexiones entre el antiguo Israel y Gran Bretaña mediante la tradición de Pitágoras, una excelente escuela de misterios que existió durante los tiempos de los druidas y de Pitágoras. Terminó por remontarse a miles de años atrás, a la época megalítica cuando se construyeron Tel Gezer y Callanish.

Nacido alrededor de 580 a.C., Pitágoras se hizo muy famoso durante el punto medio del submundo nacional en 550 a.C. Era experto en matemáticas y en las proporciones numéricas en que se basa la escala musical. Viajó a muchos lugares de Egipto, Mesopotamia y Persia, donde dominó las antiguas tradiciones esotéricas de muchos maestros.[55] Siguiendo estrictos votos de secreto administrados por sacerdotes que trataban de salvaguardar valiosos conocimientos antediluvianos, Pitágoras se dedicaba a la transmisión oral de la sabiduría de civilizaciones más antiguas que la suya. Quienquiera que fuesen esos antiguos maestros esotéricos, hacían bien en hacer votos de secreto, pues a la postre los romanos y cristianos quemaron gran parte del tesoro que conservaban en la Biblioteca de Alejandría en Egipto. Aparte de algunos fragmentos que sobrevivieron, antes de que se encontraran el Libro de Enoc y los pergaminos de Qumrán, Pitágoras y Platón han sido prácticamente nuestras únicas fuentes de datos antediluvianos.

Para los seguidores de Pitágoras, los números son ante todo principios (la esencia de la realidad material) que han existido desde los inicios del tiempo.[56] Hay muchas similitudes entre la filosofía de Platón y de Pitágoras y, hasta la época de las ciencias, estas ideas eran compatibles con el cristianismo. Estas antiguas tradiciones sagradas vuelven ahora a cobrar vida con las proporciones geométricas y numéricas de los círculos en las cosechas que han inspirado un nuevo despertar de la geometría sagrada. Por ejemplo, al añadir los números como expresión espacial a los números como expresión cuantitativa, surge la geometría, que es una *teología de la proporción* que establece vínculos entre todos los conocimientos. Llegué a descubrir que el pensamiento de Pitágoras es la base de mi modelo de nueve dimensiones, y que la geometría existe eternamente en la sexta dimensión y guía a la proporción en la tercera dimensión.

La enseñanza de Pitágoras acerca de los números (denominada gematría) es que las letras también son números. Los gnósticos (cristianos esotéricos que fueron condenados como herejes por la iglesia inicial) la adoptaron como creencia central. Con la gematría, si usted conoce los códigos de número de las letras, puede leer conocimientos secretos en la escritura codificada, por ejemplo, en la Biblia, lo que puede resultar entretenido. Los orígenes de este alfabeto numérico se remontan a una época muy antigua, lo que da pruebas de una planificación altamente inteligente y sugiere que se trata de un sistema antediluviano.

Strachan se vale de la gematría para analizar los tres nombres de Jesús (Jesús, Cristo y Jesucristo) y lo que descubrió invita a la reflexión. Al analizar con la gematría los nombres de Jesús en griego, se obtienen tres números: 888, 1.480 y 2.368. La *relación proporcional* entre estos números es de 3 a 5 y 5 a 8, que equivale a la escala de Fibonacci o la Sección Áurea, la base matemática de la creación en la naturaleza, que puede verse fácilmente en las flores y las conchas.[57] Strachan observa que, independientemente de si lo sabía o no, "Jesucristo incorporaba en sus propios nombres el principio de proporcionalidad media, o mediación, que forma parte de la esencia de su enseñanza acerca de las relaciones recíprocas entre el propio Jesús, Dios y sus discípulos".[58] Según el modelo de nueve dimensiones, esto significaría que Jesús se encontraba en perfecta alineación con su fuente, o sea, que estaba en resonancia con la sexta dimensión. Luego hizo que todas las dimensiones superiores se introdujeran de nuevo en su cuerpo mientras era completamente humano, o sea, en la Encarnación. Al ser rabino, se habría casado y habría tenido familia al mismo tiempo que era cocreador con Dios. Lo más importante es que Cristo llegó a revelar lo que cada uno de nosotros puede lograr como guardián de la tercera dimensión: *Lo que busca el calendario maya es que cada persona vuelva a estar en relación proporcional con la naturaleza como guardianes de la Tierra.*

Por supuesto, como hemos visto, la iglesia inicial suprimió toda esta información. Además, a los lectores que estén pensando que mis reflexiones acerca de Cristo revelan un sesgo favorable al cristianismo, debo decir que la Iglesia no se limitó a suprimir la gematría de los nombres de Cristo. Los sufis (una ramificación mística del islamismo) afirman que Jesús no murió en la crucifixión. Existen relatos fidedignos de que, unos años después de la crucifixión sirvió como ministro a los judíos en Persia, Afganistán, la India y Asia Central. Jesús es reverenciado también en el Corán, las escrituras islámicas, que también dicen que Jesús no murió en la crucifixión.[59]

Menciono esto para insistir en que Cristo es más universalmente estimado de lo que parecen reconocer la mayoría de los cristianos. Toco el tema de Cristo en este libro porque Quetzalcoatl suele ser visto como el Cristo de la tradición maya. El hecho de considerar que Cristo representa la cúspide de la evolución humana (como hace Strachan al investigar la tradición según la cual él era el Pantocrátor) lo libera de la cruz y de la dominación cristiana de su relato. Strachan observa que, según muchos eruditos del Nuevo Testamento, los pasajes de la Biblia que hablan de "Jesús como *Pantocrátor*" (el creador de todas las cosas) son meramente afirmaciones posteriores por "hagiógrafos devotos" que siempre tratan de divinizar a Jesús.[60] Sin embargo, el análisis de sus nombres griegos mediante la gematría indica que Cristo es efectivamente un cocreador con Dios, o sea, un Pantocrátor. Al analizar sus nombres con la gematría, se lo identifica con la proporción divina, es decir, con el simbolismo de la Trinidad y la serie de números de Fibonacci. Esto coloca a Cristo en los reinos de la geometría y el sonido sagrados, la esencia del Creador: *Cristo como personificación viva y culminante de la naturaleza.* Si es cierto que se utilizó la luz divina de Venus para hacer volver a la Tierra un alma como la suya (quizás la reencarnación de Enoc), entonces la misma alineación de Venus en 2001 d.C. daría a entender que los rituales antiguos deben volver durante nuestra propia época.

He dedicado mucho espacio a la sabiduría antigua, pero nos queda por considerar a otro escritor del nuevo paradigma, Ian Lawton, quien me ayudó a responderme al fin por qué los enoquianos son los guardianes de la novena dimensión. También me ayudó a imaginarme cómo podría funcionar en la práctica el proceso de la involución de las almas y a investigar este proceso como fuerza impulsora de la evolución propiamente dicha. Como los guardianes mantienen la forma de las dimensiones, tendría sentido pensar que ciertas fuerzas muy espirituales estén controlando la novena dimensión, la dimensión más elevada accesible a los humanos, que es también el calendario maya.

## LA SABIDURÍA ANTEDILUVIANA CONTENIDA EN *EL GÉNESIS REVELADO*

La obra *Genesis Unveiled* [*El Génesis revelado*], del escritor esotérico inglés Ian Lawton, es un libro completo sobre la raza humana antediluviana.[61] Lawton cree (como lo creo yo también) que esta raza era muy espiritual pero se degeneró justo antes del cataclismo y/o durante el período de supervivencia que le siguió. Lawton cree que es por lo general una gran pérdida de tiempo buscar pruebas de tecnologías avanzadas antiguas, pues la mayoría de los vestigios de las culturas antediluvianas quedaron destruidos con el cataclismo y el aumento del nivel del mar.[62] En lugar de ello, Lawton busca establecer el carácter espiritual de los pueblos antediluvianos a partir de los relatos sobre ellos que se encuentran en los mitos y la literatura de la antigüedad. Valiéndose de este enfoque, Lawton ha obtenido nuevas y sorprendentes perspectivas sobre esta raza espiritual originaria que añade más información a las teorías evolutivas de Calleman.

Como hemos visto, en el libro *From the Ashes of Angels* [*De las cenizas de los ángeles*] se establece que los vigilantes existían alrededor de 8900 a.C. en la caverna de Shanidar, pero Lawton se remonta a una época aún anterior y profundiza en una información que me parece ha sido una de las más suprimidas en la historia. Después de todo, si la involución de las almas guiada por la conciencia divina es parte de la esencia real de la evolución humana, no es necesario que existan la religión organizada ni la élite mundial y sus ejércitos.

En los capítulos 4 a 6 del Génesis, se nos dice que los descendientes de Set eran originalmente una raza sencilla que veneraba a Dios, pero que los descendientes de Caín eran materialistas y decadentes. Dado que los descendientes de Caín prevalecieron sobre los de Set, Dios destruyó a la humanidad con el diluvio universal para purgar al planeta de esta raza envilecida.[63] Por supuesto, esto implica decir que la degradación de la humanidad ocasionó el cataclismo, lo que no es en absoluto una conclusión necesaria. Los cambios planetarios son una realidad y lo importante es si la evolución continúa o no. Hasta hace poco, los teólogos cristianos sostenían que el diluvio universal había ocurrido alrededor de 4000 a.C. Sin embargo, en investigaciones más recientes se calcula que habría ocurrido alrededor de 9500 a.C. También hubo otras grandes inundaciones después del cataclismo mundial, como la inundación del Mar Negro en 5600 a.C. y una gran inundación localizada en Sumeria alrededor de 4000 a.C.[64] Desafortunadamente, como he mencionado antes, todos estos acontecimientos están entreverados en los mitos y epopeyas que describen el gran diluvio que estuvo a punto de destruir a la raza humana, seguido por distintas fases de degeneración de la raza humana desde 9500 a.C. hasta alrededor de 6000 a.C.

## EL LIBRO DE ENOC

En sus inicios, el judaísmo atesoraba el Libro de Enoc porque contiene información antediluviana que describe a la raza humana antes de su degeneración. Después de leer el Libro de Enoc, me he preguntado si la raza antediluviana tenía conocimientos sobre nuestro pasado evolutivo. Seguramente esto explicaría por qué los calendarios sagrados más antiguos siempre se basan en 360 días. Calleman ha demostrado que el calendario maya es un registro de la línea cronológica evolutiva, que los pueblos védicos protegieron sus propios datos antediluvianos en los Vedas y que en los fragmentos antediluvianos se encuentran partes de la línea cronológica evolutiva. ¿Sería que los primeros judíos veneraban el Libro de Enoc porque sabían que era una crónica de su propio pasado evolutivo? Imagínese lo preciosa que habría sido esta información para ellos.

*¿Qué sabía exactamente la raza antediluviana?* Si los seres humanos antediluvianos realmente tenían conocimientos sobre la gran y lenta transición de los animales unicelulares a los seres humanos, complejos y con capacidad espiritual, ¿sería por eso que se decía que Enoc había andado con Dios, es decir, que había cocreado con el espíritu?[65] ¿Sería que Enoc, con su propia disposición a encarnar, ayudaba a Dios a saber cuándo los humanos estaban listos para evolucionar? ¿Cambiaríamos si todos llegaran a conocer estos notables procesos evolutivos en el tiempo? ¿Cómo sería la vida en la Tierra si todos nos diéramos cuenta de que andamos con Dios cada día de nuestras vidas a medida que evolucionan nuestras células, huesos y mentes?

La raza antediluviana en el Libro de Enoc era la de los vigilantes, o sea, los "despiertos". ¿Quiénes eran ellos? Encontramos parte de su relato en los capítulos siete y ocho del Libro de Enoc, que resumiré: Los habitantes de la Tierra (los hijos del hombre) se habían multiplicado y habían tenido bellas hijas. Al verlas, lo vigilantes (hijos del cielo) se enamoraron de ellas y decidieron seleccionar a algunas para procrear. Doscientos vigilantes descendieron a la Tierra (pese a la oposición de su líder, Semyaza) y cohabitaron con las mujeres, quienes dieron a luz a gigantes, los *nefilim*. Cuando éstos crecieron, se volvieron contra los humanos y los devoraron, además de devorar a los animales, reptiles y peces. Después de entrar en contacto con los nefilim, la gente se volvió disoluta en su actividad sexual. Los nefilim les enseñaron a crear armas y también les enseñaron las artes esotéricas.[66]

Esta descripción de en qué se convirtió la gente también tiene implicaciones con respecto a cómo eran *antes* de degenerarse. El hecho de que comenzaron a comer animales implica que, en su momento, los terrícolas eran vegetarianos y, como no disponían de armas, al principio no eran propensos a las guerras. Deben haber olvidado las artes mágicas, y por eso volvieron a recibir instrucción en ellas. En los partos, las mujeres daban a luz a gigantes, lo cual se relaciona con la maldición de Dios a que se hace referencia en el Génesis sobre la dificultad en los alumbramientos. Aunque sepamos que el Libro de Enoc es una combinación de conocimientos muy antiguos y adiciones posteriores por traductores que se esforzaron por entenderlo (o por cambiarlo), de todos modos nos facilita una gran cantidad de información sobre cómo habríamos sido los humanos antes del cataclismo ocurrido en 9500 a.C.

El término *vigilantes* da a entender que estos ángeles tenían una conciencia especial, y el Libro de Enoc relata que algunos de los vigilantes y sus líderes se oponían a procrear con las hijas del hombre.[67] Lawton propone que estos pasajes sólo tienen sentido en el marco de una visión espiritual del mundo, o sea del avance humano logrado mediante fases de encarnación de las almas.[68] Dice Lawton: "Como parte del género *Homo*, seguramente servíamos de algún modo como receptáculo para almas progresivamente más avanzadas a medida que evolucionábamos. ¿Qué pasa entonces si en determinada etapa de nuestra evolución, la especie humana parecía lista para recibir al menos la encarnación de algunas almas que hasta ese momento tuvieran un grado inigualable de adelanto kármico?"[69] En otras palabras, es posible que los doscientos vigilantes fueran más avanzados que los humanos existentes, lo que también explica por qué algunos de ellos no habrían deseado reproducirse con las hijas de los hombres. Después de todo, una vez que nació su progenie, o sea, los nefilim, éstos se convirtieron en anatema para ángeles y humanos por igual.

Cualquiera que fuera el resultado, Lawton propone que estas encarnaciones de almas avanzadas de ángeles habrían representado "el impacto más explosivo jamás sentido en la evolución cultural humana".[70] Por lo que respecta a la perplejidad que expresan los antropólogos acerca del avance evolutivo de los homínidos hace 2 millones de años y el surgimiento del *Homo sapiens* hace cien mil años (capítulo 2), ¿es realmente posible que existan procesos controlados de infusión de almas que produzcan avances evolutivos durante la aceleración del tiempo en cada nuevo submundo? ¿Nos encontramos en medio de importantes procesos de infusión de almas durante el submundo galáctico? Y, ¿cómo habría sido para las primeras mujeres humanas la experiencia de dar a luz a gigantes?

## EL NACIMIENTO DE LOS GIGANTES
## Y EL AUMENTO DE LA CAPACIDAD CRANEANA

Piense en esta posibilidad: El nacimiento de gigantes y las dificultades del parto descritas en el Génesis y el Libro de Enoc podrían haber sido ocasionados por los problemas que experimentaban los primeros homínidos y los primeros humanos debido al aumento de la capacidad craneana. Por ejemplo, en la línea evolutiva que desembocó en el *Homo sapiens,* las dimensiones medias del cráneo del *Homo habilis* (hace 2 millones de años) eran de 600 a 750 centímetros cúbicos (cc); las dimensiones del cráneo del *Homo erectus* (hace 1,5 millones de años) eran de 850 a 1100 cc; y las dimensiones del cráneo de los humanos modernos son de alrededor de 1350 cc.[71]

Hay sugerencias adicionales de dificultades en el camino evolutivo en otras fuentes antediluvianas. Cuando los expertos en Mesopotamia reunieron distintos textos sumerios y acadianos durante el siglo XIX (y se dieron cuenta de que eran fuentes de la creación antediluviana anteriores al Génesis), surgió el relato de los misteriosos Anunaki (que trajeron la civilización a la humanidad). El Atrahasis acadiano describe la creación de la humanidad, cuando los dioses mezclaron su inteligencia con la arcilla para crear a los humanos. Lawton se pregunta, ¿será esto "una descripción velada de cuando la humanidad recibió por primera vez un alma relativamente avanzada?"[72] En la epopeya acadiana de *Gilgamesh,* hay una breve descripción de la creación de seres humanos con arcilla y del nacimiento de Enkidu, el "descendiente del silencio", es decir, que no hablaba. Además, Enkidu tenía cabello desgreñado, se alimentaba de la vegetación y tomaba agua como una gacela, lo que da la idea de un cazador-recolector, o uno de los primeros homínidos.[73]

El Popol Vuh de los mayas describe la creación de distintos seres antes de que se creara al primer ser humano; estos pasajes siempre me han causado perplejidad porque describen muchos intentos fallidos. Algunos han opinado que estas fases se referían a lo que experimentaron los humanos durante las eras mundiales de los aztecas, pero hay algo más en todo esto. El Popol Vuh dice que el Creador o Modelador creó distintos animales, pero que éstos no podían hablarle ni alabarlo. El Modelador hizo varios intentos de crear seres humanos con el barro, que es la mezcla universal en las leyendas sobre la creación. El Creador pasó por varias etapas, pero no conseguía que sus creaciones se mantuvieran íntegras ni que hablaran. Entonces, hizo maniquíes, o tallas de madera, pero éstos no recordaban el Corazón del Cielo. Por último, el Creador colocó un corazón en sus creaciones y éstas poblaron la Tierra, pero aún no tenían la facultad del habla. Entonces fueron destruidas en un gran diluvio, que se sabe que fue el final de una de las eras mundiales.[74]

El Popol Vuh nos dice que los simios parecen humanos porque son *señales de una creación anterior*.[75] Esto tendría que referirse al submundo tribal de 41 millones de años de duración, cuando los simios evolucionaron lentamente hasta convertirse en homínidos. Es posible que las crónicas antediluvianas hubieran contenido el banco de datos de la evolución, pues algunas leyendas aún tienen fragmentos como aquél, pero la mayor parte de este preciado recuerdo se ha perdido o ha sido suprimida. Lawton observa que se hace hincapié en que las creaciones iniciales no eran capaces de hablar y de orar a los dioses, lo que sería un requisito previo para la creación de una 'raza de oro', o sea, una raza que pudiera alabar al Creador.[76] Dice que "tal vez estas tradiciones más complejas sobre la creación describan simplemente la idea de que almas relativamente avanzadas puedan haber tratado de encarnar en forma humana *antes* de que nuestra raza estuviera lo suficientemente avanzada en el camino de la evolución para que el experimento fuera viable".[77]

Ésta es una perspectiva singular y sumamente interesante sobre la involución de seres espirituales hasta convertirse en seres humanos durante nuestra evolución. Hace muchos años, pedí a los habitantes de las Pléyades que me llevaran de vuelta al momento en que los humanos se conectaron con Dios. Sentí que era un ser silente que lograba al fin expresarse y dirigirse a Dios, parecido a cuando un niño pequeño habla por primera vez a su madre o su padre.

Desde mi perspectiva, la involución de las almas de seres avanzados daba respuesta a por qué los enoquianos son los guardianes de la novena dimensión. O sea, los habitantes de las Pléyades me estaban indicando que *los enoquianos son los guías espirituales de todo el proceso evolutivo*, y la fuerza impulsora es el Árbol del mundo. De este modo, cuando los homínidos estuvieron listos para convertirse en los primeros humanos, los enoquianos comenzaron a hacer encarnar sus propias almas, para que hubiera seres en la Tierra que pudieran reconocer al Creador y alabar a la divinidad. Lawton llama a esto un "punto de arranque" en la evolución humana, que se remonta a hace cien mil años, cuando ocurrió ese "punto decisivo en el desarrollo humano", que es, por supuesto, el inicio del submundo regional.[78] Lawton observa que hace cien mil años fue cuando tuvimos las primeras pruebas de entierros humanos como ritual, lo que implica tener cierta concepción sobre la vida de ultratumba.[79] Esta conexión con la vida de ultratumba es lo que está haciendo que los humanos evolucionen hasta convertirse en cocreadores con Dios.

El Popol Vuh contiene aún más información sobre estos procesos de creación. Según este antiguo texto, después de varios intentos fallidos, la diosa Xmucané molió maíz amarillo *nueve veces* y moldeó a nuestra primera madre-padre. Estos primeros seres eran capaces de hablar y escuchar, eran videntes y omniscientes y tenían grandes conocimientos, lo que da prueba de una profunda conciencia espiritual.[80] Esto es una descripción de la creación de *la raza de oro,* la raza antediluviana antes de que degenerara, lo que sugiere que *la raza de oro tenía nueve dimensiones* (porque Xmucané molió maíz nueve veces).

Sin embargo, por alguna razón, los dioses sintieron que la raza de oro era demasiado buena y era una amenaza potencial, por lo que les quitaron su visión y sus conocimientos, lo que debe haber representado el envilecimiento de una creación altamente espiritual y omnisciente.[81] Pues bien, creo que esta descripción de la creación de los seres humanos y la posterior limitación de sus facultades son claramente un intento torcido de explicar la degeneración de la humanidad, lo que pudiera ser el proceso más doloroso que la humanidad haya experimentado jamás. La pérdida del acceso espiritual debe haber tenido lugar debido al trauma del cataclismo y, cuando los humanos trataban de contar este relato, ya se habían apartado mucho de sus orígenes y no podían recordar las cosas. Creo en realidad que los que estaremos aquí en la Tierra en 2011 volveremos a ser seres omniscientes, lo que representará un regreso a nuestro derecho de nacimiento.

En los relatos de los hopi sobre la creación, también hay etapas en las que los humanos no podían hablar, lo que parece ser una prueba más de las "dificultades que encontraron las almas avanzadas cuando intentaron por primera vez encarnar en formas humanas o incluso protohumanas".[82] Corroboran estas dificultades las narraciones de Berossus, un sacerdote-historiador babilonio del siglo III a.C., que conservó pasajes extremadamente antiguos de los primeros relatos sobre la creación, en los que se describían extraños seres, mezcla de humanos y animales, que habitaban Babilonia y también se describen en muchas otras tradiciones.[83]

Lawton resume así estas crónicas sobre la creación de la humanidad: "He postulado que esta era [la edad de oro] surgió cuando las primeras almas de ángeles pudieron encarnar en forma humana en la Tierra para poder enseñar a sus iguales con almas humanas la verdadera naturaleza del universo etéreo y del universo físico".[84] Una vez que los humanos aprendieron sobre el universo etéreo, enterraron a sus muertos para que éstos pudieran vivir en dicho universo. Esos seres que viven en el plano etéreo (los enoquianos) son los guardianes de todos los procesos de infusión de las almas en la Tierra.

Para terminar este libro, añado mis propios pensamientos sobre la edad de oro.

## LA EDAD DE ORO
## Y LA CELEBRACIÓN DEL AVANCE

La edad de oro fue una época en que los humanos eran verdaderamente espirituales y se encontraban en comunión con los seres que los habían creado. Aún no habían experimentado el cataclismo cuando la Tierra estuvo a punto de sucumbir y luego, durante el largo período de supervivencia y dolor, los humanos perdieron gradualmente el recuerdo de la edad de oro. Al irse degenerando su conciencia, llegaron incluso a creer que habían enojado a Dios y habían ocasionado el desastre.

Los enoquianos, que les profesaban amor, reencarnaban periódicamente para vivir como sabios que ayudaban a la humanidad a mantener vivo el recuerdo de la visión inherente a cada persona. A la larga, hace 5.125 años, las culturas humanas comenzaron de veras a experimentar la aceleración. Cuando llegó el momento durante el punto medio del submundo nacional en 550 a.C., la Tierra se llenó de almas muy avanzadas como la de Pitágoras, Zoroastro, Buda, Solón, Lao Tse, Isaías II, Mahavira, Confucio y muchos otros sabios que aún hoy recordamos. Al ver que la humanidad estaba despertando, Isaías anunció que venía la proporción divina (el Cristo) como el Mesías, el ungido. Una vez nacido, se unió con su mitad femenina y estableció su linaje. A lo largo de sesenta generaciones su linaje se ha mezclado con la de la humanidad. En busca de la estirpe dorada, muchas personas de distintas razas se han casado con representantes de otras razas para producir descendientes conocidos como niños índigo, los "hijos de la luz".

Actualmente, durante el submundo galáctico, la aceleración del tiempo es tan intensa que todos los traumas y bloqueos emocionales de los últimos 11.500 años se están transmutando a través de las acciones de todos los humanos durante unos pocos años. El vórtice de esta transmutación es el Oriente Medio, y por eso es que el mundo sufre tanto dolor actualmente. Entre las explosiones de bombas, millones de personas recuerdan el cataclismo sucedido hace tanto tiempo, y pronto las bombas quedarán relegadas gracias a la revulsión colectiva de todos los habitantes de la Tierra. Entonces, en los últimos años del submundo galáctico, los humanos procederemos a deconstruir las religiones que han bloqueado su acceso a los seres etéreos. Al caer las religiones, cesará la guerra y la destrucción de la vida humana en nombre de Dios.

Comenzando con el avance del quinto día del submundo galáctico (24 de noviembre de 2006) todos los humanos comenzaremos a responder ante el llamado de la sociedad universal a que pidamos orientación. Cada persona deseará saber lo que cada uno de nosotros deberá hacer a medida que se desmoronen los gobiernos y las religiones. Durante el submundo universal en 2011 d.C., la sangre de Cristo se hará sentir en las venas de toda la humanidad, y el amor será la fuerza principal en la Tierra. Las madres y padres se negarán a enviar a sus descendientes a las guerras porque sus hijos y Cristo serán uno mismo. Cesarán las guerras porque la gente reconocerá que no es necesaria la religión para estar en comunión con la divinidad.

Los guardianes de la Tierra (la humanidad) comenzarán la larga y ardua tarea de restaurar y revigorizar los ecosistemas de la Tierra. Veremos de nuevo que cada planta y animal está infundido con la luz de Dios. Durante el submundo universal en 2011 (la fiesta cósmica) todos los humanos existiremos en unidad con el hábitat de la Tierra, el vientre de la conciencia divina en el universo. Durante 2012, se celebrarán todos los festivales de las estaciones, los equinoccios y los solsticios.

Y, cuando termine el tiempo y se complete al fin la activación evolutiva impulsada por el Árbol del mundo, los habitantes de la Tierra habremos olvidado todo lo relativo a la historia y al calendario maya. Nos encontraremos en el éxtasis de la comunión con la naturaleza y el Creador.

# REFLEXIONES SOBRE EL EJE INCLINADO DE LA TIERRA

A continuación presento las reflexiones de J. B. Delair sobre por qué podría haberse inclinado el eje de la Tierra hace 11.500 años, tomadas de su artículo titulado "Planeta en crisis".[1] Describo también la investigación de Alexander Marshack sobre las marcas en huesos del Paleolítico y el Neolítico así como algunas investigaciones de vanguardia sobre la astronomía del Neolítico realizadas por otros expertos. Este material podría haber tomado un capítulo completo, pero decidí incluirlo en un apéndice debido a su elevada calidad técnica y a que la teoría sobre la inclinación del eje es una hipótesis de trabajo que definitivamente no he demostrado.

Comenzamos con las palabras de J. B. Delair:*

La imagen que más inmediatamente llama la atención con respecto a la Tierra es que su rotación ocurre sobre un eje inclinado a 23,5° en relación con la vertical. Su órbita no es un círculo perfecto y no es estrictamente concéntrica con el Sol. La inclinación del eje explica la variación en la cantidad de horas de luz por día entre distintas partes del mundo a lo largo del año. En combinación con la revolución excéntrica de la Tierra en su traslación alrededor del Sol, la inclinación produce las estaciones y la diferencia entre las temperaturas medias de verano al norte y al sur del ecuador. El eje

---

*Las citaciones para el artículo Delair aparece al fin de este apéndice. Vea página 250.

de rotación de la Tierra no coincide con su eje magnético. Esto también tiene una conexión aparente con la rotación variable de la Tierra, que fluctúa a lo largo de un período de diez años.[28,29]

Al seguir su órbita, la Tierra también oscila cíclicamente: es un ciclo de 14 meses que se ha dado en denominar la "Oscilación de Chandler".[30-32] Esta oscilación también está vinculada con la viscosidad del núcleo de la Tierra,[33] por lo que forma parte integrante del actual mecanismo interno de la Tierra.

Dado que, teóricamente, la Tierra debería rotar sobre un eje vertical, y es posible que así lo hiciera en su pasado geológico reciente,[34,35] *estos detalles sugieren que el planeta, en tiempos no muy remotos, habría experimentado graves perturbaciones* [las cursivas son mías]. De ser cierto, estos "engranajes terrestres mal ajustados" [el hecho de que el núcleo interno de la Tierra rota con mucha mayor rapidez que el resto del planeta], que aparentemente sólo funcionan a través de la presencia y la acción de la viscosidad interior de la Tierra, podrían considerarse anormalidades.

Sin embargo, varias de estas características, incluida la inclinación del eje y la trayectoria orbital excéntrica, son compartidas por varios de los planetas vecinos de la Tierra. En vista de lo anterior, ¿son realmente "normales" estos planetas equivalentes a la Tierra? Las pruebas dan a entender lo contrario. Allan y Delair han analizado algunas de estas pruebas y de sus ramificaciones para todo el sistema solar.[36]

*Todo planeta similar a la Tierra que no haya experimentado ninguna perturbación durante largas épocas debería tener su eje en posición vertical* [las cursivas son mías]. Con esto se unificaría la situación de los polos geográficos y magnéticos, se garantizaría una cantidad equitativa de luz diurna en todas las latitudes y virtualmente se eliminarían las estaciones del año. No habría ninguna necesidad de que las distintas capas que se encuentran bajo la corteza terrestre funcionaran en forma distinta ni sería necesario el actual mecanismo reológico. No obstante, el abultamiento ecuatorial seguiría siendo una característica estabilizadora esencial, y la retención de una órbita no circular y no concéntrica probablemente aún produciría pequeñas diferencias climáticas de una estación a otra, en función de cuando la Tierra estuviese más cerca o más lejos del Sol.

Lo que sigue en el artículo "Planeta en crisis" son algunos comentarios sobre las implicaciones de estas anormalidades y luego Delair describe los cambios planetarios ocurridos en el Holoceno. Observa que estos cambios planetarios relativamente recientes deben haber sido resultado de la influencia de otras fuerzas en la profundidad de la Tierra y especula sobre las posibles "causas o causa del grupo de catástrofes ocurridas en el Holoceno" en la siguiente sección, titulada "La ruptura".

La inestabilidad esencial de la Tierra, reflejada por sus "anormalidades" estructurales y de comportamiento debe reflejar algún desequilibrio interno persistente al que aún no se ha dado explicación. No obstante, ya hemos visto que el límite entre el manto sólido y el núcleo externo líquido es irregular, quizás hasta el punto de reproducir rasgos topográficos,[119] y que la superficie exterior del núcleo interno sólido tampoco es lisa.[120] De hecho, no se sabe si el núcleo interno es efectivamente esférico: al moverse dentro del medio viscoso del núcleo externo, no es necesario que lo sea. Sin embargo, un núcleo interno no esférico o de superficie irregular generaría mayor inestabilidad.

Dados estos detalles y el hecho de que el núcleo interno tiene una mayor velocidad de rotación [toma entre 400 y 500 años un giro completo en relación con el núcleo interno], las irregularidades de su superficie deben estar en constante y variable oposición a las del límite interior del manto, que avanza más lentamente. En consecuencia, los materiales del núcleo externo que los separa deben, en vista de su plasticidad, experimentar cierto desplazamiento a medida que se modifican las distancias entre las irregularidades opuestas. Debe producirse una constante compresión y liberación de este material como resultado de esas disparidades en la rotación. Estos movimientos internos de la Tierra se investigan en la actualidad mediante procedimientos de deducción.[121]

No es descabellado inferir que existen crestas de compresión aguda del núcleo externo y hondonadas de relajación compensatoria que deberían surgir alternadamente en función de las distintas intensidades subsuperficiales experimentadas en diferentes momentos en los distintos hemisferios. Entre los resultados probables, que ocasionalmente podrían ser bastante repentinos, se incluirían acontecimientos que a menudo se han calificado como catástrofes del Holoceno medio. Son ejemplos típicos de ello los ajustes litosféricos como las inclinaciones de los lagos en Escandinavia, los Alpes y América del Sur, las amplias subsidencias regionales como las de las zonas de Indonesia, Australasia y Melanesia, los cambios a gran escala en el manto freático, como los ocurridos en las regiones árabe y sahariana y los sismos y el vulcanismo severo, como la erupción en Santorini y sus secuelas que se sintieron en tantos lugares.[122] Además, no hay duda de que los grandes sismos, como el que estremeció una vez al Imperio Romano, están estrechamente vinculados con la Oscilación de Chandler,[123,124] la que a su vez está conectada inseparablemente con la actividad relacionada con la viscosidad en el núcleo terrestre.[125]

¿A qué se debe que el núcleo interno rote más rápidamente que el resto del planeta y que la inclinación del eje no coincida con la del planeta en su conjunto (téngase en cuenta la diferencia en las situaciones de los polos geográficos y magnéticos)? *Habría que ser muy crédulo para suponer que cualquier planeta similar a la Tierra, que no haya sufrido perturbaciones causadas por influencias externas durante millones de años, pudiera haber adquirido naturalmente y por sí mismo un eje inclinado, una rotación variable o una Oscilación de Chandler* [las cursivas son mías].

La mayoría de los geocientíficos que han estudiado este tema coinciden en general en que cualquier acontecimiento o serie de acontecimientos que produzcan características tan profundas como éstas tendrían casi definitivamente que estar vinculados con alguna importante fuerza externa. En otras palabras, la Tierra tendría que verse sometida a alguna fuerza extraterrestre lo suficientemente potente como para interferir en el funcionamiento de su mecanismo interno, pero sin llegar a destruirlo.

A lo largo de los siglos, precisamente una fuerza de ese tipo es lo que se ha creído que habría ocasionado acontecimientos catastróficos tradicionales, como el diluvio universal, la pérdida de una edad de oro inicial, el comienzo y el fin de la Edad de Hielo, la congelación repentina de los mamuts de Siberia y Alaska e incluso la desaparición de reinos legendarios como la Atlántida, Lyonesse, etc.[126–135]

Seguidamente, el artículo examina la principal hipótesis catastrófica y presenta las siguientes posibles causas de las anormalidades de la Tierra, como la inclinación de su eje.

Después de su influencia aparentemente desfavorable sobre muchos de los planetas exteriores del sistema solar, el supuesto visitante cósmico habría conseguido retardar temporalmente la rotación del manto y la litosfera de la Tierra, pero no habría logrado detener la rotación del núcleo interno, debido a la viscosidad del núcleo externo. Como consecuencia de esta perturbación, habrían aumentado enormemente en los niveles térmicos y electromagnéticos de la Tierra, con toda clase de efectos no deseados. Al parecer, uno de estos efectos habría sido la *inclinación del manto y de la corteza en relación con el eje hasta quedar a un ángulo distinto al del núcleo interno sólido* [las cursivas son mías]. Efectivamente, es posible que el propio núcleo interno haya sido desplazado por un efecto gravitacional hasta una posición descentrada dentro del núcleo externo líquido, lo que habría hecho que la Tierra se desviara levemente o retemblara (o ambas cosas), como efectivamente afirman algunas tradiciones en las que se recuerdan estos sucesos. Tales movimientos serían únicamente posibles debido a la viscosidad del núcleo externo. También es probable que el "asaltante cósmico" haya empujado a todo el planeta hasta que éste adoptó su actual inclinación, dado que cualquier régimen planetario anterior *normal* tendría, por necesidad, que haberse desarrollado sobre un eje más vertical.

La reanudación de la rotación del manto y la litosfera en torno a un núcleo interno que, aunque estuviera levemente descentrado (el núcleo externo líquido sería insustancial en este momento) siguiera rotando todavía a distintas velocidades en torno a distintos ejes (los polos geográfico y magnético) imponía grandes tensiones a la Tierra. Tendrían un papel destacado la rotación fluctuante y la Oscilación de Chandler. Un núcleo descentrado sólo permitiría un regreso muy lento y a tientas a la normalidad planetaria, marcado esporádicamente por ajustes terrestres catastróficos. La historia del Holoceno está colmada de ejemplos de esto. Aunque sean a menudo alarmantes, no son más que las toses y resuellos de un mundo aún en crisis.

La catastrofobia es el síndrome psicológico resultante de estos cambios planetarios a lo largo de 11.500 años. Al recordar el acontecimiento original y reconocer los valerosos ajustes a la nueva Tierra que tuvieron que hacer los pueblos del Neolítico, podemos curar este síndrome. Se han conservado los recuerdos de estas catástrofes porque los pueblos de la antigüedad sabían que sus antepasados (todos nosotros) necesitarían esta información para poder alcanzar la fase siguiente de la evolución. Esto es lo que se llama Medicina Tortuga. Recientemente se han presentado algunas nuevas y asombrosas teorías sobre la astronomía antigua que ponen de relieve cómo los humanos del Neolítico asumieron los cambios ocurridos en el planeta. Me referiré en breve a algunas de estas nuevas teorías, pues podrían ser terreno fértil para otras personas que deseen estudiar si el eje de la Tierra se habría inclinado recientemente, haciendo que la vida en nuestro planeta cambiara por completo.

En 1962 los directores del programa espacial pidieron al escritor de ciencias Alexander Marshack que fuera coautor de un libro que explicaría la forma en que la humanidad había llegado al punto de planificar un alunizaje. Cuando Marshack entrevistó a muchas de las personas más importantes en el programa espacial, se dio cuenta de que ninguno de ellos sabía *por qué* se realizaban expediciones al espacio; lo único que les importaba era que tenían las destrezas necesarias para hacerlo. Se suponía que escribiera algunas páginas sobre el albor de la civilización y sobre cómo el desarrollo de las matemáticas, la astronomía y la ciencia desemboca en los viajes al cosmos. Estudió la interpretación ortodoxa de nuestro surgimiento histórico y tropezó con todas los sucesos "repentinos" que comenzaron hace 10.000 años, como el modelo de florecimiento instantáneo de la civilización egipcia.[2]

Se remontó a las culturas paleolíticas para ahondar en ellas, y entonces experimentó el gran despertar que le cambió toda la vida, y que también cambió nuestro entendimiento actual de la ciencia del Paleolítico y el Neolítico: descubrió que era capaz de leer y descodificar las incisiones hechas por los primeros humanos sobre huesos antiguos. Irónicamente, estaba trabajando en un proyecto que debía explicar cómo llegar a la Luna, ¡y descubrió que los huesos tallados del Paleolítico y el Neolítico eran calendarios lunares! Llegó a intrigarlo el hecho de que, desde los tiempos más antiguos hasta 9000 a.C. (Neolítico temprano), se han usado huesos como calendarios lunares. Hace unos 10.000 años, se añadió el factor del sol a las notaciones lunares. De repente, las fases lunares se dividieron en fases semestrales, lo que da a entender que estas fases comienzan con un equinoccio o un solsticio.[3] *Las investigaciones de Marshack y de muchos otros paleocientíficos indican que los primeros humanos no dieron ninguna muestra de ser conscientes de la existencia de las cuatro estaciones hasta hace 10.000 años.* Me parece poco realista conjeturar que antes los humanos no se percataban de cómo el sol salía por un lado del horizonte y se ponía por el otro, ni de los cambios de las estaciones, sencillamente por el hecho de que se hayan obsesionado con este factor hace aproximadamente 10.000 años.

La laboriosa descodificación realizada por Marshack de las incisiones en los huesos como calendarios lunares desde antes de 10.000 a.C. ha sido ampliamente aceptada por la mayoría de los expertos en prehistoria de los últimos cuarenta años.[4] Marshack llegó a percatarse de que las marcas en los huesos eran calendarios lunares hasta el final del Paleolítico y luego añadió el factor solar hace 10.000 años. Pasó veinte años tratando de descifrar las incisiones de una placa hallada en 1969 en la Gruta de Tai que tiene entre 10.000 y 11.000 años de antigüedad, porque tiene los ciclos lunares típicos con algunos elementos nuevos. Para descodificarla, Marshack se valió de todos sus conocimientos de los signos y el arte del Paleolítico Superior combinadas con el arte y las notaciones de las culturas del Neolítico que aún no habían desarrollado el lenguaje escrito. Esta placa es uno de los objetos científicos más antiguos y complejos del Neolítico temprano y es probablemente uno de los primeros objetos que registran intentos humanos de indicar que existen aproximadamente seis ciclos lunares entre los solsticios y los equinoccios.[5] El antropólogo Richard Rudgley observa que las anotaciones de Tai llenan el vacío existente "antes del desarrollo aparentemente repentino de las observaciones astronómicas en el período neolítico en Europa noroccidental, representado por el alineamiento de los monumentos megalíticos, como el de Stonehenge".[6] Con respecto a las anotaciones astronómicas del Neolítico temprano, lo que más me llama la atención es el arte mural de Çatal Hüyük, los complejos diseños geométricos de Natufia, y las espirales y galones con incisiones de Newgrange, que muestran el año dividido en dos mitades, una iluminada y otra oscura, con las fases lunares delineadas.[7]

Apenas hemos comenzado a darnos cuenta de lo avanzada que era la astronomía neolítica porque sólo ahora estamos descifrando sus monumentos, signos y artefactos. Nos resulta muy difícil tomar seriamente su obsesión con el cielo porque en nuestras ciudades modernas apenas podemos ver el cielo. Se evidencia un gran cambio en las representaciones del cielo en el Neolítico y creo que la inclinación del eje fue lo que ocasionó este cambio. Creo que de repente podemos ver cosas que teníamos justo bajo nuestras narices porque nuestra propia perspectiva se está ampliando. Por ejemplo, Robert Temple, el autor de *The Sirius Mystery* [*El misterio de Sirio*], publicó un brillante libro, *The Crystal Sun* [*El sol de cristal*], que demuestra definitivamente que los humanos han usado telescopios y lentes desde hace miles de años para potenciar el sentido de la vista, y muchas de las lentes han estado expuestas en museos de todo el mundo desde hace cientos de años.[8]

Ralph Ellis, autor de *Thoth,* expone convincentemente la tesis de que el círculo de Avebury es una representación de la Tierra flotando en el espacio. Además, según Ellis, ¡*el círculo de Avebury exhibe la inclinación del eje de la Tierra!*[9] Los lectores interesados deben estudiar los diagramas y textos de Ellis. Por lo que a mí respecta, en los años 80 me percaté de que los senderos norte/sur que llevan a Avebury presentan una inclinación de unos 23 grados en relación con los senderos este/oeste, y me pregunté por qué. ¿Por qué se tomarían el trabajo de representar a la Tierra en el espacio con una inclinación en su órbita alrededor del sol? Sucede que la astronomía megalítica exhibe una obsesión virtual con los solsticios y equinoccios. Por ejemplo, Newgrange capta la primera luz del solsticio de invierno cuando el Sol envía dagas de luz a lo más hondo de sus recintos donde iluminan el centro de espirales complejas. Muchos otros recintos megalíticos capturan la luz en el momento exacto del equinoccio de primavera u otoño. Incluso el centro del Vaticano está construido de forma que capture la luz del equinoccio de primavera. (Me percaté de esta orientación cuando visité el Vaticano en 1979.)

En *La máquina de Uriel,* Christopher Knight y Robert Lomas han expuesto cómo las culturas prehistóricas llegaron a extremos casi increíbles hasta comprender, registrar y pronosticar la luz proveniente del Sol y de Venus. Han demostrado que los rombos representados en las vasijas de barro con muescas y las esferas de piedra con incisiones del Neolítico portan efectivamente información astronómica. Las formas creadas en los rombos a lo largo del año por la salida y la puesta del Sol cambia con la latitud. Por eso creen que estos rombos representan la latitud donde se encontraban los artesanos que las crearon.[10] La latitud se convirtió de pronto en algo importante porque los ángulos solares según la temporada cambian drásticamente en las latitudes septentrionales.

Las increíbles teorías expuestas en *La máquina de Uriel* aún deben someterse a muchas pruebas, y las conclusiones originales del autor sobre el recinto megalítico de piedra Bryn Celli Ddu en la Isla de Anglesey (3500 a.C.) merita una seria atención. Los autores demuestran, valiéndose de la arqueoastronomía que Bryn Celli Ddu es un recinto sofisticado que se usó para corregir la deriva del tiempo en los calendarios solar y lunar mediante la calibración de las épocas del año basada en el ciclo sinódico de retorno de Venus, de ocho años, con el solsticio de invierno. Cada ocho años, cuando Venus alcanza su máximo brillo, envía una brillante daga de luz hacia dentro del recinto de Bryn Celli Ddu. Según el historiador romano Tácito, éste era el momento en que aparecía la Diosa y, en vista de que Venus es el indicador más preciso de la época del año, qué relación habrá entre el tiempo y la Diosa?[11]

En un exhaustivo estudio de los templos estelares del antiguo Egipto, titulado *The Dawn of Astronomy* [*El albor de la astronomía*], Sir J. Norman Lockyer reveló que, incluso desde 6400 a.C., muchos templos están alineados con ciertas estrellas clave. Demostró además que "las aperturas en los pilones y muros de separación de los templos egipcios representan exactamente los diafragmas del telescopio moderno", y observó que los egipcios "no tenían ningún conocimiento sobre telescopios".[12] Robert Temple ha demostrado posteriormente que los egipcios antiguos sí tenían telescopios, por lo que quizás sus templos tenían el mismo uso que los observatorios modernos, que albergan grandes telescopios.[13]

Uno aquí estos detalles vinculados entre sí porque creo que *el eje inclinado inspiró antes del desarrollo del lenguaje escrito una revolución científica* que estamos descodificando en nuestra época. La inclinación del eje hizo que cambiara la forma en que recibimos la luz en la Tierra. A Alexander Marshack se le pidió que averiguara de dónde provenía la capacidad humana de llegar a la Luna, y lo que descubrió fue que los pueblos de la antigüedad mantenían ya en su época una profunda conexión con la Luna. Sugiero que la forma de trascender la catastrofobia es hacer despertar esta inteligencia arcaica que, a mi parecer, está codificada en los cambios de luz ocasionados por los ángulos solares (el movimiento del Sol en el horizonte) que varían con arreglo a los grados latitudinales, o sea, la Luz. Según las tradiciones indígenas, la Luz está infundida de información cósmica, y la ciencia moderna ha descubierto que los fotones portan dicha información. La astronomía megalítica y la astronomía indígena dan a entender que la Luz es más potente y transmutativa para los humanos durante los equinoccios y solsticios y durante la Luna nueva y la Luna llena. Quizás esa sintonía intencional despierta a la inteligencia cósmica. Quizás comenzó una nueva forma evolutiva cuando el eje inclinado hizo que la Tierra se abriera de golpe, como si fuera un huevo cósmico listo para empollar en el universo.

## NOTAS DEL ARTÍCULO DE J. B. DELAIR:

28. Lambeck, K, *The Earth's Variable Rotation: Geophysical Causes and Consequences* (Cambridge, 1980).

29. Rochester, MG, *Phil.Trans.Roy.Soc.Lond.*, vol. A306, 1984, pp. 95–105.

30. Ray, RD, Eames, RJ y Chao, BF, *Nature*, vol. 391, 1996, n. 65831, pp. 595–597.

31. Dahlen, FA, *Geophys.Journ.Roy.Astron.Soc.*, vol. 52, 1979.

32. Guinot, B, *Astron.Astrophys.*, vol. 19, 1972, pp. 207–214.

33. Ibíd.

34. Harris, J, *Celestial Spheres and Doctrine of the Earth's Perpendicular Axis,* Montreal, 1976.

35. Warren, RF, *Paradise Found; The Cradle of the Human Race at the North Pole. A Study of the Prehistoric World,* Boston, 1885, p. 181.

36. Allan, D. S., y Delair, J. B., *When the Earth Nearly Died,* Bath, 1995. [Ésta es la edición inglesa de *Cataclysm! (Cataclismo!),* Santa Fe, 1997].

119. Keaney, P., ed., *The Encyclopedia of the Solid Earth Sciences,* Oxford, 1993, p. 134.

120. Whaler, K y Holme, R, *Nature,* vol. 382, no. 6588, 1996, pp. 205–206.

121. Ramalli, G, *Rheology of the Earth,* 2ª ed., Londres, 1995.

122. Pellegrino, O, *Return to Sodom and Gomorrah,* Nueva York, 1995.

123. Mansinha, L y Smylie, DL, *Journ.Geophys.Res.,* vol. 72, 1967, pp. 4731–4743.

124. Dahlen, FA, *Geophys.Journ.Roy.Astron.Soc.,* vol. 32, 1973, pp. 203–217.

125. Yatskiv, YS y Sasao, T, *Nature,* vol. 255, no. 5510, 1975, p. 655.

126. Whiston, W, *A New Theory of the Earth,* Londres, 1696.

127. Catcott, A, *A Treatise on the Deluge,* Londres, 2ª ed., 1761.

128. Donnelly, I, *Ragnarok: The Age of Fire and Gravel,* 13ª ed., Nueva York, 1895.

129. Beaumont, C, *The Mysterious Comet,* Londres, 1932.

130. Bellamy, HS, *Moons, Myths, and Men,* Londres, 1936.

131. Velikovsky, I, *Worlds in Collision,* Londres, 1950.

132. Patten, DW, *The Biblical Flood and the Ice Epoch,* Seattle, 1966.

133. Muck, O, *The Secret of Atlantis,* Londres, 1978.

134. Englehardt, WV, *Sber.Heidel.Akad.Wiss.Math.Nat.KL.,* 2 abh, 1979.

135. Clube, V, y Napier, WR, *The Cosmic Serpent,* Londres, 1982.

# TRÁNSITOS ASTROLÓGICOS HASTA EL AÑO 2012

## DATOS ASTROLÓGICOS QUE RESPALDAN LA TEORÍA DE LA ACELERACIÓN DEL TIEMPO

El submundo galáctico (5 de enero de 1999 a 28 de octubre de 2011) es un ciclo que procesa el desarrollo de la civilización durante el submundo nacional (3315 a.C. hasta el 28 de octubre de 2011 d.C.) y el auge de la tecnología durante el submundo planetario (1755 hasta el 28 de octubre de 2011). Durante el submundo galáctico, todo irá tan rápido debido a la aceleración del tiempo (veinte veces más rápido que durante el submundo planetario) que las creencias y necesidades del pasado se transformarán en nuevas formas de ser. Como habrá una aceleración final a la vigésima potencia durante el submundo universal (11 de febrero de 2011 a 28 de octubre de 2011), no hay duda de que este proceso culminará. Por supuesto, es casi imposible imaginar que en 2011 la vida irá veinte veces más rápido de lo que ha ido desde 1999.

Durante el submundo nacional se desarrollaron sistemas de poder y control a través de teocracias y de distintos sistemas políticos que ahora están cambiando. Durante el submundo planetario, la industria y la tecnología conectaron a todas las personas del planeta, pero estos sistemas también están cambiando. Ahora, con la llegada del submundo galáctico en 1999, el plan de la evolución es la *iluminación humana,* una época en que las personas entrarán en armonía con la naturaleza. Todas las actividades y creencias que separan a las personas de la naturaleza deberán cambiar. Es una época en que todos los sistemas de control políticos y los sistemas tecnológicos que explotan la vida deberán desaparecer.

Los humanos vivimos en un planeta que es uno más entre muchos otros que orbitan alrededor del Sol. Nuestro Sol es una estrella que nada alrededor del centro de la galaxia de la Vía Láctea como un delfín de luz que emerge y se sumerge a través del plano galáctico. Como astróloga, he visto que las situaciones y aspectos de los planetas expresan grandes pautas arquetípicas que influyen en el comportamiento humano y en el Sol. La astrología nos enseña que las cualidades de los campos planetarios (así como otros factores en el universo, como el Sol, la Luna y la galaxia) influyen en el comportamiento humano. Por ejemplo, Venus estimula la atracción humana, Marte nos inspira a expresar nuestro poder y Júpiter nos muestra cómo encontrar comodidad y abundancia. El hecho de saber sobre estas fuerzas arquetípicas hace que sea posible vivir la vida con mayor conciencia y previsión, o identificar en retrospectiva por qué las cosas han resultado de la forma en que lo han hecho para que aprendamos de nuestros errores.

Mi labor astrológica personal desde 1991 se ha centrado en la *macro-astrología*, consistente en el análisis de pautas muy amplias. En mi sitio web, www.handclow2012.com, explico cómo las fuerzas planetarias influyen en los sistemas políticos y en nuestras vidas dentro de estos sistemas. Como he revelado en este libro, basado en las investigaciones de Calleman, estoy convencida de que el calendario maya describe efectivamente nueve submundos de evolución en el universo que se han ido acelerando en múltiplos de veinte desde hace 16.400 millones de años. Por ser astróloga, también estoy convencida de que, para que la humanidad alcance la iluminación durante el submundo galáctico, las pautas astrológicas deberían mostrar cómo las grandes fuerzas arquetípicas podrían facilitar este proceso. La astrología se basa en el principio hermético "como es arriba, es abajo", de modo que, si la astrología constituye una influencia real en los sentimientos y el comportamiento humanos, las pautas planetarias deberían describir efectivamente el logro de la iluminación de 1999 a 2011. Veamos.

Anteriormente (en el apéndice A de *The Pleiadian Agenda* [*El plan de las Pléyades*]) describí los tránsitos astrológicos de 1972 a 2012. Al volver a consultar ese apéndice, encuentro que mis análisis anteriores eran precisos y útiles, aunque abarcan un período más extenso que el submundo galáctico. Ahora tenemos la ventaja de saber lo que efectivamente sucedió entre 1999 y el verano de 2006, un período que abarca más de la mitad del submundo galáctico. La previsión anterior daba una buena orientación en ese entonces, pero ahora tenemos muchos más datos en qué basarnos. Además, en esos días nadie hablaba de la aceleración del tiempo en múltiplos de veinte, ni de que se registrarían saltos graduales primero el 5 de enero de 1999 y luego el 11 de febrero de 2011. Ahora puedo mirar atrás, al período comprendido entre 1999 y 2006, para ver cómo funcionaban los patrones astrológicos durante este período de extraordinaria aceleración que comenzó a principios de 1999.

¿Por qué digo *"extraordinaria aceleración"*? En este libro, ya hemos visto que la alineación galáctica de 1998 coincidió con cambios físicos detectables en la Tierra y el universo. Ahora que la aceleración galáctica va a toda marcha, nos interesa determinar cómo los patrones astrológicos están ayudando a la humanidad a alcanzar la apoteosis—la iluminación—en unos pocos años.

## LOS PLANETAS EXTERIORES Y LA ILUMINACIÓN HUMANA

La actual transición en la conciencia humana hacia la iluminación empezó en realidad con el séptimo día del submundo nacional (1617 a 2011), que era y sigue siendo la *fase de fructificación* del submundo nacional. Desde que comenzó el séptimo día en 1617, se han descubierto tres planetas exteriores—Urano en 1781, Neptuno en 1846, y Plutón en 1930—y también el importantísimo Quirón (que orbita entre Saturno y Urano) en 1977. El descubrimiento de Urano coincidió con el descubrimiento de la electricidad, y el de Neptuno con la intensificación de la espiritualidad en la vida cotidiana, que se expresó en el auge del espiritualismo y el trascendentalismo durante este período. Plutón es la fuerza transformativa más obstinada en el sistema solar, y su descubrimiento tuvo lugar cuando el fascismo y el comunismo se adueñaban de Europa y Rusia y coincidió también con la invención de la bomba nuclear. Quirón, el sanador herido, nos ayuda a ver cómo las heridas personales nos impulsan a evolucionar y nos obligan a hacer frente a los rincones ocultos más dolorosos de nuestras almas. Necesitamos el proceso del sanador herido porque es imposible alcanzar la iluminación sin entregarse a las tinieblas interiores y dejar espacio para la luz cósmica.

En general, los planetas exteriores—Quirón, Urano, Neptuno y Plutón—dominan los estados transpersonales de conciencia; nos instigan a recordar que *la iluminación es el motivo de vivir.* Las influencias astrológicas más internas—Mercurio, Venus, la Luna, Marte, Júpiter y Saturno—crean constantes cambios, semejantes a los cambios diarios del clima. Los cuerpos celestes interiores no se analizan a menos que participen en configuraciones importantes con los planetas exteriores. Júpiter, debido a que sus dimensiones son comparables a las de una estrella, suele tener una gran influencia en nuestras vidas personales, por lo que siempre me fijo en su intervención en configuraciones de los planetas exteriores. Saturno estructura los arquetipos de los planetas exteriores, lo que los inspira a crear pautas reales en nuestras vidas. Así, Saturno es examinado con mucho cuidado para determinar cómo podemos lograr la iluminación humana. Todos debemos aprender a utilizar la disciplina de Saturno; nos enseña a todos cómo llegar a estados mentales muy elevados. No podemos acceder a los aspectos de alta energía de los tránsitos de Quirón, Urano, Neptuno y Plutón sin la influencia de Saturno. Si las fuerzas planetarias son reales, si Saturno no estuviera desempeñando un papel importante, sería difícil de imaginar la posibilidad de alcanzar la iluminación a partir de 1999. Me fascina Saturno y la manera en que Quirón al desplazarse entre Saturno y Urano (también a veces dentro de Júpiter) rompe nuestros bloqueos emocionales, de modo que podemos valernos de Urano, indómito, transformativo y eléctrico, para acceder a los poderes de Neptuno y Plutón.

## EL DESENFRENO DE LOS AÑOS 60

Para definir el marco del drama—1999 a 2011—tenemos que viajar atrás en el tiempo en busca de antecedentes. Debemos comprender el campo de energía existente a principios de 1999. Del mismo modo que la escenografía de un teatro tiene elementos de diseño y de utilería que crean una atmósfera específica para el drama que debe escenificarse al alzarse el telón, los tránsitos durante los desenfrenados años 60 definieron el marco del submundo galáctico. Urano se aproximó a Plutón (en conjunción a menos de 5 grados) de 1964 a 1968, lo que puso en marcha una carga de profundidad con liberación gradual de transformación radical en la cultura y en las personas. Urano rige el cambio y la transformación y Plutón rige el procesamiento de nuestras emociones más profundas y oscuras. En tiempos modernos, Urano y Plutón siempre se encuentran en aspectos angulares clave cuando tienen lugar cambios radicales en la conciencia. Cuando estos planetas entran en conjunción, se ponen en marcha las fuerzas de cambio más potentes. Dado que Plutón fue descubierto apenas en 1930, en los años 60 fue que se observó la primera conjunción conocida entre Urano y Plutón. Antes de esto, ni siquiera éramos conscientes del potencial de iluminación de toda la raza humana, con excepción de un gurú o santo ocasional.

Si vuelve mentalmente a los años 60, ¿recuerda el "Verano del Amor" en San Francisco, los Beatles y la generación de los beatnik? Desde entonces, los medios de información y la generación anterior han hecho todo lo posible por hacer parecer que todo aquel comportamiento alocado ha desaparecido, pero no es así. El conocimiento personal de la conciencia ampliada ha hecho que esta simiente cultural germine dentro de la mente del submundo planetario desde los años 60. De hecho, la juventud de esa década manifestó todos los aspectos de la iluminación—meditación, arte, búsqueda personal, amor a la naturaleza, anhelo por la paz y fusión cósmica por medio de estados de conciencia alterados.

Según la astrología, lo que pueda haber sucedido durante la conjunción de Urano y Plutón en los años 60 se manifestaría a nivel mundial tan pronto como estos dos planetas alcanzaran su *primera cuadratura* (un ángulo de 90 grados entre ambos). Cada mes analizo en mi sitio web las cualidades de la Luna Nueva y trato de ver si los patrones especiales de energía que describo acerca de la Luna Nueva se hacen visibles en el cuarto creciente, la cuadratura liberadora de la Luna en relación con el Sol. Normalmente sucede así y, en caso contrario, vuelvo al inicio para ver qué omití. Durante cada ciclo lunar, todo germina durante los siete primeros días y luego se hace visible durante la primera cuadratura.

Con Urano y Plutón, cuando llegue la primera cuadratura, se hará sentir en el mundo la explosión creativa de los años 60. ¿Sabe qué? *¡Urano pasa a su cuadratura cerrada con Plutón durante 2011, y luego las cuadraturas exactas son el 24 de junio y el 19 de septiembre de 2012!* ¿Pura coincidencia? Resulta que la interpretación exacta de las cuadraturas correspondientes a Urano y Plutón de 2011 a 2013 es que *la energía de la iluminación descubierta por los "hijos del amor" se manifestará como fuerza global en 2011 y, durante 2012, nadie que viva en la Tierra podrá resistirse ante la iluminación.* Ésta será parte de cada minuto de su vida. Yo fui uno de los "hijos del amor" que vivían en San Francisco a finales de los años 60 y experimenté las olas de iluminación.

Le aseguro que no podrá resistirse a dejarse llevar por el regocijo, la creatividad y la fusión con impresionantes fuerzas cósmicas; sería como tratar de resistirse ante un tsunami.

Otra importante influencia durante los años 60 fue el tránsito de Saturno por Acuario de 1962 a 1964, cuando se sintieron las primeras vibraciones de la Era de Acuario, que aún no había llegado. Esta energía emergente fue el tema del espectáculo musical *Hair*, que creó las condiciones para la explosión creativa de Urano y Plutón. Saturno estaba en Piscis de 1964 a 1967 durante las conjunciones de Urano y Plutón, y esta fase estructural pisceana contribuyó a un despertar espiritual que volvió a surgir luego de 1991 a 1996, cuando Saturno volvió a hacer su tránsito por Acuario y Piscis. Menciono estos dos ciclos de Saturno en los años 60 porque Saturno en Acuario y Piscis (1991 a 1996) fue una fase de práctica para Urano en Acuario (1996 a 2003) y en Piscis (2003 a 2011); y para Neptuno en Acuario (1998 a 2012).

Durante los "recorridos de práctica de Saturno" de 1962–1967 y 1991–1996 estaban ocurriendo profundos cambios culturales y espirituales, como el estudio del misticismo oriental en Occidente y el movimiento de búsqueda del nuevo paradigma que se describe en este libro. Como hemos visto, estos movimientos están formulando un programa para que la iluminación sea dirigida por Urano en Acuario y Piscis (1996 a 2011) y Neptuno en Acuario (1998 a 2012). ¿Por qué? Como ya usted sabe, Urano rige la transformación radical del yo y de las culturas, y *Neptuno rige los procesos de la iluminación*. Neptuno disuelve nuestra resistencia a las fuerzas espirituales del universo y erosiona las fronteras del ego hasta que nos entregamos a la dicha. De hecho, Neptuno es el planeta más importante que debemos observar de 1999 a 2012, pues rige todos los procesos de iluminación. Neptuno en Acuario de 1998 a 2012 trae consigo la próxima era acuariana de iluminación humana.

La única manera en que podemos llegar realmente a la iluminación espiritual neptuniana consiste en transformar nuestras limitaciones espirituales haciendo nuestras la verdad y la integridad absolutas, o sea, siguiendo el plan de Plutón. Este planeta es la clave para encontrar esta pureza emocional, pues rige la transformación de la oscuridad interior para que se puedan experimentar la fusión cósmica y la integración galáctica. Por cierto, Plutón tiene una órbita muy elíptica que se adentra en la órbita de Neptuno durante unos veinte años en cada una de sus órbitas de 249 años alrededor del Sol. Plutón estuvo dentro de la órbita de

Neptuno desde 1979 hasta el equinoccio de primavera en 1999. Durante ese tiempo, sentimos intensificarse el poder transformativo radical de Plutón mientras Neptuno se encontraba en los confines más remotos del sistema solar, en comunión con el universo. Apenas unos meses después comenzó el submundo galáctico, Plutón volvió a orbitar más allá de Neptuno, y Neptuno comenzó a disolver nuevamente nuestras fronteras con la espiritualidad. Es decir, pasamos por una transformación sicológica radical de 1979 a 1999 y luego el espíritu volvió a penetrar en nuestras psiquis aguzadas por Neptuno. Quizás necesitábamos este breve descanso de Plutón a fin de prepararnos para transformar los patrones de los submundos nacional y planetario durante apenas 12,8 años. Con todo, me asalta la duda, ¿cómo puede Plutón lograr la transformación de 5.125 años de patrones culturales endémicos?

## QUIRÓN, PLUTÓN Y EL CENTRO DE LA GALAXIA

Cuando comenzó el submundo galáctico el 5 de enero de 1999, Plutón y Quirón se encontraban en Sagitario. Cuando terminó el primer día del submundo galáctico el 31 de diciembre de 1999, Quirón estaba en conjunción con Plutón, lo que representaba un importante mensaje el último día del siglo XX: *Quirón en conjunción con Plutón en 11 Sagitario es el aspecto distintivo del Nuevo Milenio y representa además la terminación del primer día del submundo galáctico.* El primer día es el día de sembrar la creación del submundo galáctico; así pues, la fuerza planetaria arquetípica que plantó la simiente de la iluminación es la de Quirón y Plutón en Sagitario, el lugar donde se encuentra el centro de la galaxia según el zodíaco.

Me parece interesante que Quirón y Plutón han tenido un destino similar en manos de los astrónomos revisionistas de hoy. Cuando Quirón fue descubierto en 1977, los astrónomos declararon que era un planeta, con lo que los astrólogos nos dimos a la tarea de determinar su influencia. Notamos que Quirón tiene una influencia desproporcionada con su tamaño: al igual que un insignificante remedio homeopático, este pequeño cuerpo celeste tiene una enorme influencia en los seres humanos. Entonces, en algún momento durante los años 90, los astrónomos decidieron que Quirón no era más que un planetoide, o quizás un cometa o asteroide. Muchos astrólogos, entre los que me incluyo, seguimos considerando que tiene una influencia importante; la mayoría de los astrólogos seguirán usando también a Plutón como un elemento fuerte en las cartas astrales de las personas. Resulta muy extraño que los astrónomos de la actualidad estén tratando de privar al público de la fuerza arquetípica de Plutón al reducirlo a la categoría de planeta enano, especialmente teniendo en cuenta que tiene su propia luna, Carón. Plutón era el dios de las profundidades desde hace miles de años, por lo que dudo que vaya a quedar relegado así como así. ¿Están incómodos los astrónomos con la exploración de las profundidades emocionales humanas emprendida desde los años 30?

Quirón rige la transmutación de los bloqueos emocionales internos al estimular a las personas a acceder a los niveles más profundos de sus heridas, es decir, a las experiencias que crearon esos bloqueos desde un inicio. A un nivel más sutil, la interpretación correcta de Quirón revela correctamente cuándo una persona se separa de la conciencia divina y queda atrapada en la percepción meramente física de sí, lo que sucede a casi todo el mundo. Somos mucho más que seres simplemente físicos, pero las personas dejan de sentir la conexión cósmica y la Tierra se convierte en una prisión. Cuando Plutón haya terminado de obligarnos a hacer frente al lado oscuro y a cambiar hondos niveles de resistencia, Quirón entrará en escena para ayudarnos a ver en qué nos hemos desconectado de la divinidad. En relación con esta dolorosa verdad acerca de nuestro propio ser, si la causa no fuera nuestro propio dolor personal (y casi siempre lo es), Quirón nos hace ver claramente la verdad de la inhumanidad del hombre hacia el prójimo, y este reconocimiento podría hacer que el mundo cambiara instantáneamente.

Por ejemplo, si la mayoría de los estadounidenses reconocieran realmente el dolor que causan en el mundo las armas fabricadas en los Estados Unidos, habría una enorme revuelta popular contra este aspecto de la economía del país. Si pudiéramos simplemente reconocer el momento en que perdimos la conexión con la divinidad, podríamos construir un puente de regreso a nuestra identidad personal más importante. Quirón estuvo en conjunción con el centro de la galaxia durante 2001, dando paso a una comprensión galáctica de las heridas humanas. Estos aspectos entre Quirón y Plutón durante el primer día del submundo galáctico dan a entender que *procesaremos las pautas limitadoras de los submundos planetario y nacional haciendo frente a nuestro propio dolor interno.* ¿Qué podrá ser eso? ¿Qué significará?

# LA TRANSMUTACIÓN DE LA BATALLA ENTRE ORIENTE Y OCCIDENTE

Mientras estoy terminando este libro, nos encontramos en la segunda mitad de la cuarta noche del submundo galáctico y es fácil ver cómo funciona este proceso. El mundo está en medio de una rápida y trágica batalla entre Oriente y Occidente, equiparable a una Tercera Guerra Mundial, que tuvo sus inicios durante el submundo nacional, y luego se tornó en un conflicto homicida cuando se usó la tecnología para perfeccionar los armamentos durante el submundo planetario. Las horribles agresiones, la defensa con la violencia y la conducta intransigente e insensible de líderes mundiales y fanáticos religiosos están poniendo de relieve la demencia de 5.125 años de guerras en nombre de Dios; la tecnología de la muerte nos obliga a todos a analizarnos introspectivamente para que podamos aclarar nuestra propia oscuridad interior. La profanación del cuerpo humano en nuestros tiempos ha alcanzado niveles increíbles; por eso llamo a esta época la "Era de las Partes del Cuerpo Voladoras". No obstante, ahora que las personas están viendo la increíble magnitud de la maldad en el mundo, resulta cada vez más insostenible vivir según los programas de los submundos nacional y planetario. Únicamente un ser humano totalmente nuevo puede transmutar estas formas antiguas de vivir. No me cabe duda de que los que sobrevivamos podremos cambiar, porque Quirón en la fase final de Acuario estará en conjunción con Neptuno en Acuario de 2009 a 2010, lo que significa que desplazaremos nuestras propias heridas espirituales para dar cabida al conjunto y que abandonaremos la violencia. Estamos perdidos si no tenemos contacto con la verdadera espiritualidad; llevamos mucho tiempo distanciados de los aspectos más nobles de la existencia humana.

Por medio de la astrología, podemos analizar distintas etapas de los aspectos planetarios de 1999 a 2012 e imaginarnos los elementos con que podría forjarse el nuevo ser humano. Esto supone examinar las relaciones angulares entre Saturno, Quirón, Urano, Neptuno y Plutón de 1999 a 2012, además de añadir a otros planetas cuando uno de sus aspectos está vinculado con estos cuerpos celestes. Para los que se estén preguntando por qué incluyo el año 2012, si la aceleración del tiempo termina en 2011, la astrología indica que 2012 es el año de aprender a aprovechar la aceleración del submundo universal. Quizás recuerde del texto que durante el fin del calendario ocurre una alineación del sol naciente del solsticio de invierno con el centro de la galaxia (con mayor aproximación en 1998). Este aumento del acceso a la energía galáctica ha alineado nuestra conciencia con la galaxia propiamente dicha, por eso incluyo en este análisis aspectos relacionados con el centro de la galaxia. El submundo galáctico es el período crítico de este ajuste de frecuencias a las frecuencias cósmicas, y luego los solsticios de invierno de 2011 y 2012 permitirán que los humanos integremos frecuencias galácticas enormemente intensificadas.

Tal vez el detalle más sorprendente sobre la danza de los planetas exteriores durante el fin del calendario es que durante 2012 Urano entra en cuadratura con Plutón, lo que significa que la iluminación contracultural liberada durante los años 60 volverá a inundar el planeta. Lo importante es que *la aceleración del tiempo durante el submundo universal en 2011 será cuando se aglutine la forma del nuevo ser humano espiritual y, en 2012, será cuando aprenderemos por primera vez a vivir como nuevos seres humanos espirituales.*

En 1998, Neptuno entró en Acuario, el signo donde se encontraba cuando fue descubierto en 1846, una época en que se establecieron en los Estados Unidos los movimientos espirituales idealistas. Neptuno completa así su primera órbita durante el submundo galáctico. Una vez que hemos experimentado la órbita completa de un planeta nuevo, el arquetipo de ese planeta se integra entonces plenamente en la psiquis humana. Cuando Neptuno complete su primera órbita solar conocida en 2011, la energía que hizo surgir los movimientos utópicos del siglo XIX volverá a hacerse sentir, especialmente en 2012, cuando Neptuno entre de lleno en Piscis, su signo de partida.

Urano fue descubierto en 1781 durante las fases iniciales del submundo planetario, lo que ha influido grandemente en el desarrollo de la tecnología durante este submundo. Plutón fue descubierto en 1930; por eso apenas ahora estamos acostumbrándonos a la intensa influencia psicológica de este dios de las profundidades. De 1983 a 1995, Plutón estaba en Escorpión, su signo de partida, lo que significa que hemos experimentado los niveles más intensos de Plutón justo antes del fin del calendario. Plutón en Escorpión (también dentro de la órbita de Neptuno) preparó el camino de un intenso trabajo espiritual al intensificar el afloramiento del subconsciente profundo; obligó a muchas personas a realizar una profunda exploración espiritual. Plutón entró en Sagitario en 1995, lo que nos impulsó a buscar la verdad y la integridad personal.

La integridad superior ha experimentado un maravilloso proceso de maduración hasta convertirse en genialidad espiritual durante Plutón en Sagitario desde 1995 hasta el presente, y seguirá haciéndolo hasta 2008. Ha sido la influencia principal para poner al descubierto las mentiras y la escandalosa deshonestidad de la Iglesia Católica Romana, que durante 1.500 años ha manipulado la verdad acerca de la vida de Cristo, como ya hemos dicho. Plutón entra en conjunción con el centro de la galaxia en 27 Sagitario durante 2006 y 2007, lo que significa que el Cristo cósmico llenará el mundo de luz. Al abandonar el centro de la galaxia, Plutón pasa a cuadraturas con los grados de los equinoccios y solsticios—a 0 grados con Aries, Cáncer, Libra y Capricornio—cuando entra Capricornio e inspira una nueva espiritualidad. Las cuadraturas de Plutón con los trimestres de las estaciones de 2008 a 2010 intensificarán grandemente los poderes de manifestación personal de las estaciones, lo que significa que la inmensa mayoría de las personas experimentarán su propia relación con Dios y aborrecerán las religiones organizadas. Durante los solsticios de invierno, Plutón seguirá intensificando la conexión humana con el centro de la galaxia precisamente durante la época del año en que se celebra el nacimiento de Cristo.

Como puede ver fácilmente, adondequiera que mire en el sistema solar hasta 2012, encontrará extraordinarias sincronías astrológicas con los planetas exteriores y el centro de la galaxia. Estas configuraciones y colocaciones son exactamente lo que necesitamos para sobrellevar la rápida aceleración del tiempo de los submundos galáctico y universal. Por supuesto, para que los humanos lleguemos a lograr algo tan profundo como la iluminación, necesitaremos fuerzas más prosaicas de estructuración y disciplina que nos lleven a superar nuestras limitaciones humanas. Estas fuerzas existen efectivamente durante el fin del calendario, y también son la razón principal de que la vida se nos haya dificultado tanto desde 1999. Por eso es que los filósofos siempre han dicho que la vida en épocas decisivas es difícil.

## LA GRAN CUADRATURA EN EL CIELO
## DURANTE EL SUBMUNDO GALÁCTICO

La manera de encontrar estas fuerzas disciplinarias estructurales consiste en buscar aspectos "estresantes" entre los planetas exteriores que también a veces involucren a algunos planetas interiores que nos vinculan con fuerzas transpersonales. Los aspectos estresantes son las conjunciones (ángulos de 0 grados); cuadraturas (ángulos de 90 grados) y oposiciones (ángulos de 180 grados). Éstos son los ángulos que ponen a nuestras almas a prueba y también los que nos hacen expresar nuestra grandeza. Una configuración extremadamente estresante es la *cuadratura en T,* cuando uno o más planetas forman una cuadratura con dos o más planetas que están en oposición. Otra es la *gran cuadratura,* cuando cuatro o más planetas están en cuadraturas (ángulos de 90 grados) en las que hay dos oposiciones.

Las conjunciones, cuadraturas y oposiciones pueden ocurrir en *signos cardinales* (Aries, Cáncer, Libra y Capricornio) que inician procesos; en *signos mutables* (Géminis, Virgo, Sagitario y Piscis) que amplían y exploran los procesos; o en *signos fijos* (Tauro, Leo, Escorpión y Acuario) que completan y fijan los procesos. Las *grandes cuadraturas fijas* traen al mundo cambios monumentales. Al igual que los cuatro jinetes del Apocalipsis, obligan a las personas a librarse de la separación e integrarse en la corriente de la vida o, en este caso, en la conciencia cósmica. Las grandes cuadraturas fijas con planetas exteriores son muy poco comunes (sólo ocurren una vez en miles de años). Tome nota: *las grandes cuadraturas fijas con los planetas exteriores son el rasgo más distintivo del submundo galáctico.* En consecuencia, debo descodificar estos patrones, aunque sean complicados para la mayoría de los lectores. Estos patrones son tan extraordinarios y duraderos que no ha ocurrido nada más desde que se inventó el calendario. Estas configuraciones tienen el potencial de culminar la evolución para que pueda nacer el "nuevo ser humano".

Si nos remontamos a agosto de 1999, durante el primer día del submundo galáctico, una gran cuadratura fija culminó durante un eclipse solar en 18 grados Leo—Marte en Escorpión estaba en oposición con Saturno y Júpiter en Tauro, y en cuadratura con la Luna Nueva en Leo, opuesta a Urano en Acuario. Esto significaba que estábamos resolviendo conflictos personales entre la voluntad (Leo) y la mente superior (Urano), al mismo tiempo que librábamos una batalla entre el materialismo (Tauro) y la búsqueda de profundidad emocional (Escorpión). Los distintos aspectos de esta gran cuadratura entraron en escena y volvieron a salir durante el verano de 1999 y la tensión era palpable y muy difícil de sobrellevar. Escribí e impartí muchas lecciones sobre esta cuadratura al mismo tiempo que observaba de cerca a las personas, y me sorprendía la testarudez y el ego que la gente mostraba desfachatadamente. Vi cómo se quebrantaban relaciones y amistades mientras que la confianza personal se iba al traste. En la política estadounidense, el Presidente Bill Clinton era objeto de calumnias para sentar las bases de la asunción del poder por los bushistas. Calleman dice que el submundo galáctico es el apocalipsis, y esto ha sido profético. Cuando enseñé a mis estudiantes sobre esta sorprendente gran cuadratura, no me di cuenta de que se trataba del comienzo del apocalipsis, pero así era.

Entretanto, durante 1999 todos también sentimos que el tiempo se estaba acelerando veinte veces más rápidamente y todo parecía estar fuera de control. Entonces, en la última jornada del primer día, Quirón entró en conjunción con Plutón, y comenzamos a procesar los problemas relacionados con el dolor profundo de los submundos nacional y planetario haciendo frente a duras verdades. Al analizar lo que decía el cielo en el verano de 1999, tiene sentido que una cábala de destructores—los bushistas—decidieran establecer un imperio global y destruir sistemas existentes en menos de trece años. Desde ese punto de vista, estos destructores ecológicos y emocionales pudieran ser los facilitadores naturales de esos cambios monumentales.

El segundo día del submundo galáctico—25 de diciembre de 2000 a 20 de diciembre de 2001—fue la fase de germinación del submundo galáctico, y el acontecimiento que lo marcó fue el ataque con bombas al Centro Mundial del Comercio, que era el símbolo clave del globalismo. La astrología del 9/11 dio predicciones tan claras que resultan sobrecogedoras. Saturno, que rige las estructuras y formas, estaba en oposición a Plutón, que rige las emociones profundas y las transformaciones radicales. Las fuerzas que dan forma a la realidad—y las que la destruyen—estaban en conflicto radical y en hostilidad directa. La profunda ira contra Occidente que se acumulaba en el Oriente Medio se hizo visible, y el ataque demostró que los Estados Unidos no eran invencibles. El derribo de las Torres Gemelas también revivió los recuerdos subconscientes de desenfreno y caos cuando Saturno entró en oposición con Plutón anteriormente en 1965 y 1966. Saturno en oposición con Plutón provoca un gran desasosiego y tensión que hacen aflorar cuestiones que antes estaban ocultas. Estos acontecimientos que cambiaban el mundo durante la fase de germinación del segundo día indicaban que la tensión entre Oriente y Occidente sería el tema central del submundo galáctico, pero la polarización presenta normalmente una tendencia a la solución. Durante las oposiciones entre Saturno y Plutón de mediados de los años 60, la idea de la iluminación llegó a Occidente a través de la espiritualidad oriental, principalmente de la India y el Lejano Oriente. En ese momento, las fuerzas controladoras en Occidente desconfiaban mucho de esas ideas. Durante las oposiciones de Plutón y Saturno en 2001 y 2002, podemos ver que los pueblos islámicos consideran que ahora ellos son los iluminados del planeta; no se amilanarán ante lo que consideran el gran mal.

Durante el tercer día del submundo galáctico (15 de diciembre de 2002 a 10 de diciembre de 2003), tuvo lugar la fase de retoño del submundo galáctico. Ése fue el año en que Urano entró en Piscis (donde se encontrará hasta marzo de 2011), lo que hace que sean más visibles los aspectos espirituales del cambio y la transformación, ejemplificados por la aparición en 2003 de la novela de Dan Brown *El código da Vinci,* que rompió todos los récord de ventas. Urano en Acuario y luego en Piscis durante el fin del calendario significa que la transformación espiritual es la esencia de todo y su auge se seguirá sintiendo hasta el final.

Durante el cuarto día del submundo galáctico (4 de diciembre de 2004 a 29 de noviembre de 2005), se estaba llevando a cabo la verdadera diseminación o proliferación del movimiento hacia la iluminación. La escena mundial estaba polarizada, y los Estados Unidos se empantanaban en Irak; sin embargo, muchas más personas sentían profundas fuerzas espirituales que eran más importantes que los sucesos noticiosos. El gran tsunami en Indonesia el 26 de diciembre de 2004, justo después del inicio del cuarto día, fue la más poderosa unión global de la necesidad y el amor en la historia de la humanidad; *la compasión tenía mayor valor que la agresión y la violencia.* Quirón entró en Acuario a principios de 2005 y se sumará a Neptuno en Acuario de 2009 a 2011. Muchas personas podían sentirse cambiar por dentro al contemplar el sufrimiento en el mundo o estaban atrapadas en medio de la acción en los distintos teatros de guerra. Durante el cuarto día, estaban apareciendo muchos grandes maestros sobre el escenario mundial y los estudiantes se daban cuenta de que ellos mismos eran maestros.

Durante el fin del cuarto día a finales de 2005, todos experimentamos otra gran cuadratura fija, que recoció nuestras almas hasta convertirlas en vehículos espirituales más completos. Durante noviembre y diciembre de 2005 y enero de 2006 (cuando comenzó la cuarta noche), Marte en Tauro (materialismo) entró en oposición con Júpiter en Escorpión (emociones profundas) y quedó en cuadratura con Saturno en Leo (voluntado y ego), opuesto a Neptuno en Acuario (ideales más elevados). Esta cuadratura de signos fijos estuvo cambiando de aspecto durante unos tres meses, porque Marte comenzó este patrón en movimiento retrógrado y luego pasó al movimiento directo. Esto indicó una lucha titánica entre las necesidades personales y la construcción de un mundo mejor. Durante estas cuadraturas, cuadraturas en T y grandes cuadraturas a finales de 2005 y principios de 2006, muchas personas se sintieron abrumadas por la falta de sentido al ver que sus estimados sistemas de creencias colapsaban en torno a ellos. Los estadounidenses perdieron la fe en su gobierno cuando éste les faltó a sus ciudadanos que sufrieron los embates de los huracanes Katrina y Rita, y cuando el gobierno malgastó en guerras miles de millones de dólares y muchos miles de vidas. Dado que estos sistemas de creencias provienen de las estructuras de los submundos nacional y planetario, tenía que sobrevenir un colapso. Sin embargo, pocas personas podían imaginarse lo que reemplazaría las antiguas formas de vivir, por lo que simplemente fueron víctimas de la depresión. La gran cuadratura fue notablemente persistente y cerrada, y pocas personas pudieron escapar a la turbulencia que provocaba en sus vidas. La cuarta noche fue un invierno de gran descontento que en realidad debía hacer que las personas se volvieran más profundas, si fueran capaces de aprender algo de ello.

## LA CAÍDA DE LOS SISTEMAS DE LOS SUBMUNDOS NACIONAL Y PLANETARIO

Durante 2006, Plutón estuvo casi en plena conjunción con el centro de la galaxia, lo que inspiró profundos niveles de integración galáctica, y Saturno pasó a una oposición exacta con Neptuno a finales de agosto. Cuando Saturno está en oposición con Neptuno, los viejos sistemas se derrumban porque es hora de alinear las reglas y leyes planetarias con un potencial espiritual superior. Por ejemplo, el Muro de Berlín cayó en 1989 cuando Saturno entró en conjunción con Neptuno, lo que fue una señal de que este ciclo entre Saturno y Neptuno representaría la caída de los sistemas de fanatismo y control. Durante la oposición Saturno/Neptuno (la fructificación de la conjunción de 1989) a finales de agosto de 2006, lo que parece desmoronarse es la influencia Occidental en el Oriente Medio. Los Estados Unidos están en un atolladero en Irak y Afganistán, e Israel es objeto de críticas por infligir tanto daño y provocar la pérdida de tantas vidas en el Líbano y Gaza.

Pase lo que pase, están ocurriendo grandes realineaciones de poder e influencia en el Oriente Medio, pues allí fue donde surgieron durante el submundo nacional las tres grandes religiones: el judaísmo, el cristianismo y el islamismo. En realidad, creo que *lo que se está desmoronando es la religión organizada,* pues a los seres humanos se les hace imposible matar en nombre de Dios a medida que se vuelven más espirituales y menos políticos.

En otras palabras, durante la alineación humana con una mayor espiritualidad inspirada por Saturno en oposición con Neptuno, las deficiencias de las religiones organizadas son demasiados para que la gente los pueda tolerar. En medio de todos los conflictos de 2006, se formó otra serie de cuadraturas de signos fijos de agosto a septiembre: Saturno en Leo (voluntad) pasó a estar en oposición con Neptuno en Acuario (aumento del potencial espiritual) y en cuadratura con Júpiter en Escorpión (necesidades sombrías sin procesar). El otoño de 2006 se convirtió en una batalla titánica sobre cuál era el dios que representaba la razón. Esta lucha no augura nada bueno en vista de las tensiones entre Oriente y Occidente, pero parece ser necesaria para liberar los viejos sistemas nacional y planetario. Lo importante es que la gente debe retirar su apoyo a esas batallas, especialmente el apoyo en Occidente a la invasión y ocupación de naciones soberanas de Oriente. La gente de Occidente debe darse cuenta de que si están en peligro es por las políticas agresivas de sus propios gobiernos, y deben reconocer que estas políticas nunca tendrán éxito porque es muy peligroso convertir en enemigos a los países de Oriente. Después de todo, Occidente es el que ha invadido a Oriente, no a la inversa.

Durante el quinto día del submundo galáctico (la mayor parte de 2007), Plutón está en tránsito por el centro de la galaxia, lo que inspirará el desarrollo de puntos de vista más universales. Las grandes cuadraturas se habrán liberado, pero Saturno vuelve a estar en oposición con Neptuno durante febrero y junio de 2007, lo que garantiza que sigan desplomándose los viejos sistemas nacional y planetario y que haya una realineación con una mayor espiritualidad. Mientras sucede esto, se hará sentir cada vez más una constante crisis de valores en las religiones principales. Muchos verán que estas religiones han sido las principales causantes de guerras durante los últimos 5.125 años, y retirarán su apoyo emocional oculto (subconsciente) a la pérdida de vidas humanas. Pero los perros rabiosos nunca se van sin antes tratar de morder, por lo que este período no será placentero. Es muy probable que haya gran tensión y violencia entre Oriente y Occidente. El mundo quedará muy cambiado una vez que se complete esta oposición en el verano de 2007, cuando se formulen nuevas alineaciones basadas en principios más elevados. Durante 2007, David estará en posición ventajosa al enfrentarse a Goliat, pues el pico petrolero hará que sea cada vez más difícil mantener en funcionamiento las máquinas de guerra.

## LA FASE FINAL DEL SUBMUNDO GALÁCTICO: 2008–2011

Entretanto, los planetas se están preparando para hacer un nuevo caldo sideral durante 2008–2011, la fase final del submundo galáctico. Esta vez Saturno, Urano y Plutón estarán en distintas formaciones de cuadratura y oposición al pasar a los *signos cardinales o procesos de puesta en marcha*. Saturno entrará periódicamente en oposición con Urano de noviembre de 2008 a julio de 2010 y en cuadratura con Plutón de octubre de 2009 a septiembre de 2010. Luego Urano estará en cuadratura con Plutón de 2011 a 2015, lo que lleva su potente fuerza hasta el final de calendario y más allá. Durante agosto de 2010, Saturno en Libra estará en oposición con Urano en la etapa inicial de Aries, mientras que Plutón en Capricornio formará una cuadratura en T con respecto a esta oposición. Los signos cardinales inician cambios, que se sentirán muy distintos a la trabazón de las cuadraturas fijas. Habrá muchos cambios rápidos y vertiginosos (muchos de ellos económicos, basados en problemas de energía) que serán muy difíciles de afrontar si uno no está libre de deudas y realmente alineado con las fuerzas espirituales. Cuando Saturno estuvo en oposición con Neptuno en 2006 (como lo volverá a estar en 2007), se desarrollaron muchas nuevas alineaciones con fuerzas espirituales superiores y, después de 2008, estas nuevas elecciones espirituales dejarán de ser sólo sueños y se convertirán en una parte verdadera de su vida.

Con Saturno en oposición con Urano, ocurrirán enormes transformaciones de estructuras existentes. Como Urano está en Aries y Saturno en Libra, las estructuras antiguas quedarán transformadas en formas impactantes que establecerán un equilibrio dentro de nuevas estructuras. Por ejemplo, esta oposición podría obligar a los Estados Unidos a reducir su consumo de energía y refrenar su tendencia a adoptar acciones rápidas sin pensar en las consecuencias. Cuando Plutón en Capricornio esté en cuadratura con Saturno en Libra, las fuerzas estructurales (Saturno) se transformarán entre revoluciones en la estructura actual del universo (Plutón). La gran lucha durante este proceso de equilibrio e integración será el nivel de cambio y transformación más agresivo (Urano en Aries) que se pueda imaginar. Pero estos son los tipos de fuerzas arquetípicas que son necesarios para empujar a las personas a escoger la iluminación en lugar del materialismo.

Durante 2011, Neptuno completará su primera órbita solar desde que fue descubierto, y cuando Neptuno entre en Piscis, resurgirán las fuerzas del espiritualismo que surgieron alrededor de 1846. Por ejemplo, el idealismo norteamericano—un movimiento que en su época inspiró al mundo entero—se expresará a través de nuevo trascendentalismo inspirado a su vez por la conciencia galáctica. Es posible que la política orientada al universo (exopolítica) sustituya a la política orientada a una visión imperial de los Estados Unidos. En todas partes se rechazarán el militarismo y el chovinismo global. Urano estuvo en conjunción con Plutón durante los años 60, lo que dio entrada a la iluminación, y al llegar Urano a su primera cuadratura con Plutón durante 2011 y 2012, no cabe duda de que la iluminación barrerá nuestro planeta al ofrecer cada país su propia contribución espiritual.

Los patrones astrológicos reinantes durante el submundo galáctico demuestran que los planetas pueden estar relacionados con las aceleraciones del tiempo teorizadas de los submundos galáctico y universal. El pequeño planeta que los astrónomos redujeron de categoría en 2006 cuenta el relato por sí mismo: durante enero de 2008, Plutón entra en Capricornio por primera vez desde que fue descubierto. Capricornio es la máxima fuerza de energía estructural que afecta a la Tierra, por lo que el paso de Plutón por Capricornio entrañará una confrontación y una rápida destrucción de los elementos restantes de los submundos nacional y planetario. Las energías más profundas disponibles en la Tierra (la capacidad de sentirnos iluminados y jubilosos) serán la creación más elevada de los submundos galáctico y universal en 2011.

# GUÍA DEL SUBMUNDO GALÁCTICO

La figura C.1—la Guía al submundo galáctico—puede usarse en muchas formas distintas. Lo primero y lo más importante es que usted fotocopie la figura sin marcar y guarde una copia en limpio, pues quizás luego desee usarla de distintas maneras.

La figura consiste en una pirámide de trece niveles del submundo galáctico en la que se indican los días iniciales de cada Día y Noche, así como la fecha del punto medio del cuarto día, la cima de la aceleración del tiempo del submundo galáctico.

Entonces, suponiendo que usted tenga ya en sus manos una copia sin anotaciones, lleve esa copia a una fotocopiadora, amplíela al doble o el triple y asegúrese de que quede mucho espacio en blanco a la izquierda y derecha de la pirámide para sus propias notas. Esto quedará bien en una página de 8,5 por 14 pulgadas (21,6 por 35,6 cm), en la que la mayor parte del espacio vacío quedará a la derecha y a la izquierda de la pirámide. Una vez que la haya ampliado y haya dejado el espacio en blanco, sería bueno que haga dos copias más para que así le queden tres copias ampliadas. ¡Ya está listo!

*Ejercicio A.* En una de las copias ampliadas, puede trazar líneas desde los niveles de la pirámide que delinean la fecha inicial de cada día y cada noche. Así creará trece espacios claramente delineados para sus notas personales. A continuación, trate de recordar lo que estaba haciendo en 1999, 2000, 2001 y así, sucesivamente. Sería bueno que indicara grandes sucesos históricos, como el 9/11 en 2001, porque esto puede ayudarle a recordar lo que estaba haciendo en esa época. Le sugiero que anote los acontecimientos históricos con tinta roja y los sucesos personales con tinta azul. Escriba estas notas en forma concisa, pues le podrían ayudar a recordar más y más sucesos a medida que avance con sus anotaciones. Es un buen momento para sacar sus calendarios, diarios y notas y para hablar con sus familiares y amigos sobre lo que hicieron en cada período.

Una vez que haya acumulado suficientes datos, notará varias cosas: (1) que su vida cambió radicalmente en 1999 y, para el año 2000, ya se preguntaba qué sería lo que estaba pasando; (2) que en 2001 aparecieron fenómenos o situaciones que habían sido creados en 1999; (3) que usted se sentía más bien perdido y hastiado en 2000, 2002 y 2004. Quizás note que los temas que surgieron durante 1999, 2001 y 2003 se potenciaron durante 2005.

¿Qué significa todo esto? En primer lugar, hacer este ejercicio le aumentará su comprensión de la aceleración galáctica, que ha sido motivo de confusión para la mayoría de las personas. En segundo lugar, en la medida de mis conocimientos, lo que cada uno de nosotros creó

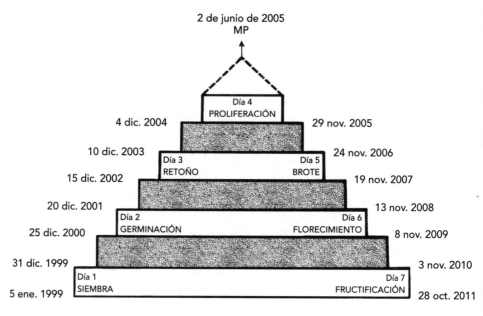

**Fig. C.1.** *Guía al submundo galáctico.*

y procesó desde el primer hasta el cuarto día representa *un importante tema de transformación para el resto del calendario.* Basándome en mi experiencia personal con el ejercicio, quizás sería conveniente que usted decidiera no abrir más ningún archivo temático hasta 2012, y que completara conscientemente todos los temas que surgieron de 1999 a 2005. Como ya sabe—si ha logrado recordar lo que hizo en cada etapa—lo que ha ocurrido en su vida es poco menos que excesivo, pero es al mismo tiempo muy valioso en su mayor parte. Es hora de que recoja la cosecha de su nuevo jardín desde el quinto hasta el séptimo día, no es el momento de plantar nuevas semillas. De esa manera, sea cual sea su don especial en este momento, lo hará madurar para que lo comparta con todos los habitantes del planeta.

*Ejercicio B.* Tome otra de las copias ampliadas y trace sus líneas para delinear los días y noches. Luego consulte el apéndice B y estudie los tránsitos astrológicos del submundo galáctico y, de ser necesario, tome algunas notas sobre ellos. Una vez que tenga una buena idea de lo que son, anótelos en sus correspondientes días y noches. Quizás también sea bueno que haga un diagrama de una configuración clave, como las grandes cuadraturas de agosto de 1999. Si es aficionado a la astrología, incluya los tránsitos descritos en el apéndice B, y luego consulte sus propias efemérides y anote algunas de ellas. Yo tenía limitaciones de espacio, pero usted no. Anote los eclipses lunares, por ejemplo, o describa cómo los tránsitos influyen en su propia carta natal y trate de recordar lo que estaba ocurriendo durante esos tránsitos. ¡Disfrútelo!

**APÉNDICE D**

# CÓMO DETERMINAR SU SIGNO DEL DÍA MAYA

*Códice de conversión del calendario maya*

Calcule su signo del día de conformidad con la verdadera Cuenta del Calendario Sagrado que han utilizado los mayas desde hace 2500 años. Este códice de conversión fue creado por Ian Lungold, quien ha autorizado su reimpresión en este libro.

**INSTRUCCIONES**

1. Busque su año de nacimiento en el cuadro de los años que figura a continuación. Anote el número que aparece debajo de su año de nacimiento. (¡Atención! Si nació en los meses de enero o febrero, utilice el año anterior a su año de nacimiento para buscarlo en el cuadro de los años. Por ejemplo: si nació en enero de 1949, calcule como si hubiera nacido en 1948.)

2. Busque su mes y día de nacimiento en el cuadro de los meses y días (vea la página 274). Anote el número del cuadro de los meses y días que se corresponde con su fecha de nacimiento.

3. Añada los números obtenidos según las instrucciones #1 y #2 arriba indicadas. Si nació antes del amanecer, deberá sustraer el número uno de la suma de los dos. Si esta suma es inferior o igual a 260, pase a la instrucción #4. Si la suma es superior a 260, réstele 260 y pase a la instrucción #4.

4. Tome el número entre 1 y 260 que obtuvo según la instrucción #3 y búsquelo en la línea inferior del calendario sagrado (vea las páginas 275–77). El número que se encuentra entre paréntesis en la línea de encima es su tono cósmico. En la columna de la izquierda sobre esa línea encontrará entonces su signo del día maya.

## CUADRO DE LOS AÑOS

| 1910 | 1923 | 1936 | 1949 | 1962 | 1975 | 1988 | 2001 |
|------|------|------|------|------|------|------|------|
| 49 | 117 | 186 | 254 | 62 | 130 | 199 | 7 |
| 1911 | 1924 | 1937 | 1950 | 1963 | 1976 | 1989 | 2002 |
| 154 | 223 | 31 | 99 | 167 | 236 | 44 | 112 |
| 1912 | 1925 | 1938 | 1951 | 1964 | 1977 | 1990 | 2003 |
| 260 | 68 | 136 | 204 | 13 | 81 | 149 | 217 |
| 1913 | 1926 | 1939 | 1952 | 1965 | 1978 | 1991 | 2004 |
| 105 | 173 | 241 | 50 | 118 | 186 | 254 | 63 |
| 1914 | 1927 | 1940 | 1953 | 1966 | 1979 | 1992 | 2005 |
| 210 | 18 | 87 | 155 | 223 | 31 | 100 | 168 |
| 1915 | 1928 | 1941 | 1954 | 1967 | 1980 | 1993 | 2006 |
| 55 | 124 | 192 | 260 | 68 | 137 | 205 | 13 |
| 1916 | 1929 | 1942 | 1955 | 1968 | 1981 | 1994 | 2007 |
| 161 | 229 | 37 | 105 | 174 | 242 | 50 | 118 |
| 1917 | 1930 | 1943 | 1956 | 1969 | 1982 | 1995 | 2008 |
| 6 | 74 | 142 | 211 | 19 | 87 | 155 | 224 |
| 1918 | 1931 | 1944 | 1957 | 1970 | 1983 | 1996 | 2009 |
| 111 | 179 | 248 | 56 | 124 | 192 | 1 | 69 |
| 1919 | 1932 | 1945 | 1958 | 1971 | 1984 | 1997 | 2010 |
| 216 | 25 | 93 | 161 | 229 | 38 | 106 | 174 |
| 1920 | 1933 | 1946 | 1959 | 1972 | 1985 | 1998 | 2011 |
| 62 | 130 | 198 | 6 | 75 | 143 | 211 | 19 |
| 1921 | 1934 | 1947 | 1960 | 1973 | 1986 | 1999 | |
| 167 | 235 | 43 | 112 | 180 | 248 | 56 | |
| 1922 | 1935 | 1948 | 1961 | 1974 | 1987 | 2000 | |
| 12 | 80 | 149 | 217 | 25 | 93 | 162 | |

*106*
*184*
*290*

# CUADRO DE LOS MESES Y DÍAS

| DÍA | ENE | FEB | MAR | ABR | MAYO | JUN | JUL | AGO | SEP | OCT | NOV | DIC |
|-----|-----|-----|-----|-----|------|-----|-----|-----|-----|-----|-----|-----|
| 1 | 46 | 77 | 0 | 31 | 61 | 92 | 122 | 153 | 184 | 214 | 245 | 15 |
| 2 | 47 | 78 | 1 | 32 | 62 | 93 | 123 | 154 | 185 | 215 | 246 | 16 |
| 3 | 48 | 79 | 2 | 33 | 63 | 94 | 124 | 155 | 186 | 216 | 247 | 17 |
| 4 | 49 | 80 | 3 | 34 | 64 | 95 | 125 | 156 | 187 | 217 | 248 | 18 |
| 5 | 50 | 81 | 4 | 35 | 65 | 96 | 126 | 157 | 188 | 218 | 249 | 19 |
| 6 | 51 | 82 | 5 | 36 | 66 | 97 | 127 | 158 | 189 | 219 | 250 | 20 |
| 7 | 52 | 83 | 6 | 37 | 67 | 98 | 128 | 159 | 190 | 220 | 251 | 21 |
| 8 | 53 | 84 | 7 | 38 | 68 | 99 | 129 | 160 | 191 | 221 | 252 | 22 |
| 9 | 54 | 85 | 8 | 39 | 69 | 100 | 130 | 161 | 192 | 222 | 253 | 23 |
| 10 | 55 | 86 | 9 | 40 | 70 | 101 | 131 | 162 | 193 | 223 | 254 | 24 |
| 11 | 56 | 87 | 10 | 41 | 71 | 102 | 132 | 163 | 194 | 224 | 255 | 25 |
| 12 | 57 | 88 | 11 | 42 | 72 | 103 | 133 | 164 | 195 | 225 | 256 | 26 |
| 13 | 58 | 89 | 12 | 43 | 73 | 104 | 134 | 165 | 196 | 226 | 257 | 27 |
| 14 | 59 | 90 | 13 | 44 | 74 | 105 | 135 | 166 | 197 | 227 | 258 | 28 |
| 15 | 60 | 91 | 14 | 45 | 75 | 106 | 136 | 167 | 198 | 228 | 259 | 29 |
| 16 | 61 | 92 | 15 | 46 | 76 | 107 | 137 | 168 | 199 | 229 | 260 | 30 |
| 17 | 62 | 93 | 16 | 47 | 77 | 108 | 138 | 169 | 200 | 230 | 1 | 31 |
| 18 | 63 | 94 | 17 | 48 | 78 | 109 | 139 | 170 | 201 | 231 | 2 | 32 |
| 19 | 64 | 95 | 18 | 49 | 79 | 110 | 140 | 171 | 202 | 232 | 3 | 33 |
| 20 | 65 | 96 | 19 | 50 | 80 | 111 | 141 | 172 | 203 | 233 | 4 | 34 |
| 21 | 66 | 97 | 20 | 51 | 81 | 112 | 142 | 173 | 204 | 234 | 5 | 35 |
| 22 | 67 | 98 | 21 | 52 | 82 | 113 | 143 | 174 | 205 | 235 | 6 | 36 |
| 23 | 68 | 99 | 22 | 53 | 83 | 114 | 144 | 175 | 206 | 236 | 7 | 37 |
| 24 | 69 | 100 | 23 | 54 | 84 | 115 | 145 | 176 | 207 | 237 | 8 | 38 |
| 25 | 70 | 101 | 24 | 55 | 85 | 116 | 146 | 177 | 208 | 238 | 9 | 39 |
| 26 | 71 | 102 | 25 | 56 | 86 | 117 | 147 | 178 | 209 | 239 | 10 | 40 |
| 27 | 72 | 103 | 26 | 57 | 87 | 118 | 148 | 179 | 210 | 240 | 11 | 41 |
| 28 | 73 | 104 | 27 | 58 | 88 | 119 | 149 | 180 | 211 | 241 | 12 | 42 |
| 29 | 74 | 105 | 28 | 59 | 89 | 120 | 150 | 181 | 212 | 242 | 13 | 43 |
| 30 | 75 | | 29 | 60 | 90 | 121 | 151 | 182 | 213 | 243 | 14 | 44 |
| 31 | 76 | | 30 | | 91 | | 152 | 183 | | 244 | | 45 |

# EL CALENDARIO SAGRADO

### Caimán

| (1) | (8) | (2) | (9) | (3) | (10) | (4) | (11) | (5) | (12) | (6) | (13) | (7) |
|---|---|---|---|---|---|---|---|---|---|---|---|---|
| 1 | 21 | 41 | 61 | 81 | 101 | 121 | 141 | 161 | 181 | 201 | 221 | 241 |

### Viento

| (2) | (9) | (3) | (10) | (4) | (11) | (5) | (12) | (6) | (13) | (7) | (1) | (8) |
|---|---|---|---|---|---|---|---|---|---|---|---|---|
| 2 | 22 | 42 | 62 | 82 | 102 | 122 | 142 | 162 | 182 | 202 | 222 | 242 |

### Hogar

| (3) | (10) | (4) | (11) | (5) | (12) | (6) | (13) | (7) | (1) | (8) | (2) | (9) |
|---|---|---|---|---|---|---|---|---|---|---|---|---|
| 3 | 23 | 43 | 63 | 83 | 103 | 123 | 143 | 163 | 183 | 203 | 223 | 243 |

### Lagartija

| (4) | (11) | (5) | (12) | (6) | (13) | (7) | (1) | (8) | (2) | (9) | (3) | (10) |
|---|---|---|---|---|---|---|---|---|---|---|---|---|
| 4 | 24 | 44 | 64 | 84 | 104 | 124 | 144 | 164 | 184 | 204 | 224 | 244 |

### Serpiente

| (5) | (12) | (6) | (13) | (7) | (1) | (8) | (2) | (9) | (3) | (10) | (4) | (11) |
|---|---|---|---|---|---|---|---|---|---|---|---|---|
| 5 | 25 | 45 | 65 | 85 | 105 | 125 | 145 | 165 | 185 | 205 | 225 | 245 |

### Muerte

| (6) | (13) | (7) | (1) | (8) | (2) | (9) | (3) | (10) | (4) | (11) | (5) | (12) |
|---|---|---|---|---|---|---|---|---|---|---|---|---|
| 6 | 26 | 46 | 66 | 86 | 106 | 126 | 146 | 166 | 186 | 206 | 226 | 246 |

### Venado

| (7) | (1) | (8) | (2) | (9) | (3) | (10) | (4) | (11) | (5) | (12) | (6) | (13) |
|---|---|---|---|---|---|---|---|---|---|---|---|---|
| 7 | 27 | 47 | 67 | 87 | 107 | 127 | 147 | 167 | 187 | 207 | 227 | 247 |

### Conejo

| (8) | (2) | (9) | (3) | (10) | (4) | (11) | (5) | (12) | (6) | (13) | (7) | (1) |
|---|---|---|---|---|---|---|---|---|---|---|---|---|
| 8 | 28 | 48 | 68 | 88 | 108 | 128 | 148 | 168 | 188 | 208 | 228 | 248 |

## Agua

| (9) | (3) | (10) | (4) | (11) | (5) | (12) | (6) | (13) | (7) | (1) | (8) | (2) |
|---|---|---|---|---|---|---|---|---|---|---|---|---|
| 9 | 29 | 49 | 69 | 89 | 109 | 129 | 149 | 169 | 189 | 209 | 229 | 249 |

## Perro

| (10) | (4) | (11) | (5) | (12) | (6) | (13) | (7) | (1) | (8) | (2) | (9) | (3) |
|---|---|---|---|---|---|---|---|---|---|---|---|---|
| 10 | 30 | 50 | 70 | 90 | 110 | 130 | 150 | 170 | 190 | 210 | 230 | 250 |

## Mono

| (11) | (5) | (12) | (6) | (13) | (7) | (1) | (8) | (2) | (9) | (3) | (10) | (4) |
|---|---|---|---|---|---|---|---|---|---|---|---|---|
| 11 | 31 | 51 | 71 | 91 | 111 | 131 | 151 | 171 | 191 | 211 | 231 | 251 |

## Camino

| (12) | (6) | (13) | (7) | (1) | (8) | (2) | (9) | (3) | (10) | (4) | (11) | (5) |
|---|---|---|---|---|---|---|---|---|---|---|---|---|
| 12 | 32 | 52 | 72 | 92 | 112 | 132 | 152 | 172 | 192 | 212 | 232 | 252 |

## Caña

| (13) | (7) | (1) | (8) | (2) | (9) | (3) | (10) | (4) | (11) | (5) | (12) | (6) |
|---|---|---|---|---|---|---|---|---|---|---|---|---|
| 13 | 33 | 53 | 73 | 93 | 113 | 133 | 153 | 173 | 193 | 213 | 233 | 253 |

## Jaguar

| (1) | (8) | (2) | (9) | (3) | (10) | (4) | (11) | (5) | (12) | (6) | (13) | (7) |
|---|---|---|---|---|---|---|---|---|---|---|---|---|
| 14 | 34 | 54 | 74 | 94 | 114 | 134 | 154 | 174 | 194 | 214 | 234 | 254 |

## Águila

| (2) | (9) | (3) | (10) | (4) | (11) | (5) | (12) | (6) | (13) | (7) | (1) | (8) |
|---|---|---|---|---|---|---|---|---|---|---|---|---|
| 15 | 35 | 55 | 75 | 95 | 115 | 135 | 155 | 175 | 195 | 215 | 235 | 255 |

## Búho

| (3) | (10) | (4) | (11) | (5) | (12) | (6) | (13) | (7) | (1) | (8) | (2) | (9) |
|---|---|---|---|---|---|---|---|---|---|---|---|---|
| 16 | 36 | 56 | 76 | 96 | 116 | 136 | 156 | 176 | 196 | 216 | 236 | 256 |

**Tierra**

| (4) | (11) | (5) | (12) | (6) | (13) | (7) | (1) | (8) | (2) | (9) | (3) | (10) |
|---|---|---|---|---|---|---|---|---|---|---|---|---|
| 17 | 37 | 57 | 77 | 97 | 117 | 137 | 157 | 177 | 197 | 217 | 237 | 257 |

**Pedernal**

| (5) | (12) | (6) | (13) | (7) | (1) | (8) | (2) | (9) | (3) | (10) | (4) | (11) |
|---|---|---|---|---|---|---|---|---|---|---|---|---|
| 18 | 38 | 58 | 78 | 98 | 118 | 138 | 158 | 178 | 198 | 218 | 238 | 258 |

**Lluvia**

| (6) | (13) | (7) | (1) | (8) | (2) | (9) | (3) | (10) | (4) | (11) | (5) | (12) |
|---|---|---|---|---|---|---|---|---|---|---|---|---|
| 19 | 39 | 59 | 79 | 99 | 119 | 139 | 159 | 179 | 199 | 219 | 239 | 259 |

**Luz**

| (7) | (1) | (8) | (2) | (9) | (3) | (10) | (4) | (11) | (5) | (12) | (6) | (13) |
|---|---|---|---|---|---|---|---|---|---|---|---|---|
| 20 | 40 | 60 | 80 | 100 | 120 | 140 | 160 | 180 | 200 | 220 | 240 | 260 |

## LOS SIGNOS DEL DÍA

 *Caimán (Imix)*

El Caimán es el signo del día inicial y suele manifestarse en personas que inician nuevos proyectos. Es un signo del día energizante y oriental que utiliza instintos muy fuertes para atraer nuevos fenómenos e ideas creativas desde la profunda corriente del inconsciente colectivo. Sin embargo, normalmente no es su fuerte terminar los proyectos que van surgiendo. Por esta razón es esencial que cooperen con otros para obtener resultados productivos. Los Caimanes suelen tener además un lado afectuoso con una intensa energía estimulante y protectora. Se ocupan de sus hijos y tienden a esforzarse mucho para proporcionar seguridad a sus familiares y amigos, y deben tener cuidado de no volverse sobreprotectores y dominantes.

*Viento (Ik)*

El viento se refiere al espíritu y el aliento; éste es uno de los signos del día claramente espirituales, y a veces incluso etéreos. Suele necesitar una conexión a tierra. El viento es un signo del Norte y por eso presenta ciertos rasgos de frialdad y distanciamiento. El viento representa la capacidad de comunicarse y diseminar buenos pensamientos e ideas. Las personas del signo del viento son soñadores de gran imaginación y pueden llegar a ser excelentes maestros y periodistas. Pueden ser buenos oradores y diseminar la inspiración espiritual "con el viento". Como el viento mismo, estas personas son extremadamente flexibles. Esta flexibilidad puede producirles indecisión y hacerlos parecer demasiado veleidosos e incoherentes ante los ojos de los demás. Las personas del signo del viento pueden ser destructivas, para sí mismos y para otros, cuando asumen un aire altivo. Si encuentran una manera natural de conectarse a tierra, serán muy inspiradores para el prójimo.

 *Hogar (Akbal)*

Este signo del día puede recibir cualquiera de estos nombres: Hogar, Casa o Noche. Se dice que las personas de este signo presentan una forma especial de suavidad femenina. El significado de Casa y Hogar tiene que ver también con la protección del hogar y la familia propios frente a las vicisitudes y a los poderes de la noche. Imagínense a una persona sentada junto al hogar en el centro de la casa, que relata leyendas y cuentos de hadas. Entre los mayas, los portadores de este signo pueden llegar a ser chamanes gracias a su conocimiento de las regiones más sombrías de la psiquis humana. Pueden ayudar a eliminar la incertidumbre y las dudas producidas por la oscuridad del subconsciente. Las personas de este signo pueden encontrar nuevas soluciones e inspiración artística a través de su conocimiento del vacío de la noche. No obstante, si no son capaces de adentrarse valerosamente en la oscuridad, pueden verse abrumados muy fácilmente por la duda y la inseguridad.

 *Lagartija (Kan)*

El sensualismo o la sensualidad son característicos de este signo del día, que también a veces se traduce como Red o Semilla. Todas estas connotaciones contribuyen a su significado. Es un signo del Sur, y su carácter soleado contribuye a su estilo sensual y hasta cierto punto holgado. La lagartija era considerada el signo que controlaba la fuerza sexual del cuerpo. Como son gregarias y comunicativas por naturaleza, las personas del signo de la Semilla procuran liberarse a sí mismos y a otros de las pautas opresivas del pasado, y es con esa intención que las personas de este signo pueden plantar las nuevas simientes o sentirse a gusto consigo mismo. Para crear una verdadera prosperidad, la Lagartija debe aprender a apreciar todos los dones que recibe y a estudiarse profundamente a sí misma.

 *Serpiente (Chicchan)*

Como en tantas otras tradiciones, la Serpiente representa poderes mágicos. Esto significa que puede ser un signo muy espiritual, pero con poderes que son fácilmente objeto de abuso. Es un inteligente signo del Este que puede resultar electrizante con su aporte de energía renovada. Por su sincera disposición a servir a otros, las serpientes pueden contemplar la posibilidad de abrir sus corazones. Es un signo de autoridad. Las serpientes son muy flexibles, o incluso fluidas, mientras no se vean arrinconadas; en ese caso, pueden explotar. Las serpientes de temperamento ponzoñoso pueden envenenarse a sí mismas y a otros al desarrollar actitudes opresivas o incluso destructivas.

 *Muerte (Cimi)*

Hay casi invariablemente cierta suavidad especial en las personas nacidas bajo este signo del día. En las fuentes antiguas, la muerte se consideraba tradicionalmente el día más afortunado y se supone que las personas de este signo sean muy prósperas en los negocios. Sin embargo, también pueden ser excelentes sanadores que orientan calmadamente al prójimo en las transformaciones de la vida debido a su propia fuerza espiritual. Las personas del signo de la muerte ayudan a las mujeres embarazadas y las guían a lo largo de la transición a la maternidad; tienen también la capacidad de pasar por muchas transformaciones duraderas en momentos clave de sus vidas. Entre los mayas, la vida era generada por la muerte y el contacto con los antepasados permitía activar las aptitudes psíquicas inherentes a ellos. El desafío para las personas de este signo consiste en vivir la vida a plenitud y no entregarse al derrotismo.

## Venado (Manik)

El Venado es uno de los signos del día verdaderamente espirituales, pero sería un error identificarlo con un venado tierno y tímido. Debería compararse más bien como un poderoso ciervo. Aunque representan un signo del día pacífico, las personas del signo del Venado pueden expresar su poder en formas muy directas, pero lo hacen con un firme interés en el bienestar de los demás y un gran respeto a la espiritualidad presente en todos. Los de este signo son dominadores y protectores; sacrifican sus propios intereses por el prójimo. Este deseo de dominación, que no siempre es visible para otros, a veces hace que sus relaciones sean complicadas y adopten formas no convencionales. Cuando se le recuerdan promesas que no ha cumplido, el Venado se vuelve testarudo, manipulador y evasivo. Su desafío en la vida consiste en buscar un equilibrio entre el poder del Venado y la humildad y comprensión hacia los demás.

 ## Conejo (Lamat)

La energía del Conejo consiste en el crecimiento y la atracción de la "pura suerte". Es un signo del Sur y, por lo tanto, se caracteriza por cierta facilidad en su vida. Si el Conejo está simplemente dispuesto a entregarse a la vida, todo le saldrá fácilmente. Este signo del día está vinculado con la fertilidad de los conejos, con su capacidad multiplicadora, y en general es un signo que disfruta el crecimiento, trátese de prosperidad monetaria o de tener buena mano para las plantas. Sin embargo, su tendencia natural a buscar la armonía y la comodidad también puede volverse compulsiva y hacer que el Conejo sea demasiado agradable y generoso. Cuando un Conejo piensa que ha dado demasiado, puede debilitarse e incluso colapsar. Las personas de este signo no son muy fuertes y su desafío consiste en crear un núcleo firme en su centro del que emane su poder.

 ## Agua (Muluc)

El Agua es un signo del día más bien difícil para los que nacen bajo él. Tiene una energía Oriental intensificadora que hace que las fuertes emociones que evoca sean difíciles de contener. En las personas de este signo, las emociones pueden desbordarse sin control en todas las direcciones. Son imaginativas y presentan aptitudes psíquicas y cierta inclinación artística. Definitivamente no son de pensamientos rígidos. Esto significa que no sólo son espontáneos, sino que a veces sienten que los demás no los entienden. Otras personas presienten que el Agua tiene motivos ocultos, por lo que les resulta difícil confiar en él. Las personas de este signo pueden evocar fuertes sentimientos sexuales y de violencia en quienes entran en contacto con ellas. Sin embargo, también suelen ser muy encantadoras y entretenidas, y esto es lo que explica su disposición a producir resultados.

 ### Perro (Oc)

Los Perros son leales, perdurables y de buen corazón. Se considera que las personas nacidas bajo este signo del día son cálidas, alertas y osadas y, si encuentran la misión adecuada en la vida en la que puedan concentrar su lealtad, pueden llegar a lograr grandes cosas. A los Perros les gusta trabajar en equipo y muchas veces son líderes. Sin embargo, no suelen ser quienes definen las causas a las cuales se dedican. Las personas nacidas bajo este signo del día pueden ser muy sensuales y saben cómo disfrutar la vida. Entre los mayas, se considera que el Perro es un fuerte signo sexual y, paradójicamente, a pesar de su lealtad espiritual, pueden ser propensos a las escapadas sexuales. Los Perros son ambiciosos y aprovechan las oportunidades que se manifiesten, incluso si se trata de infidelidad. Entre los cheroqui, el signo del día correspondiente al Perro era el del Lobo. El desafío para las personas de este signo consiste en encontrar una tarea en la vida en la que se puedan aprovechar de la manera más beneficiosa sus muchas buenas cualidades, como el buen corazón y la vitalidad.

 ### Mono (Chuen)

Entre los mayas, se conoce al Mono como el tejedor del tiempo. Debido a que es el signo del día que se encuentra en el medio, el Mono suele ser muy creativo, pues conoce muchas cosas distintas y es capaz de establecer vinculaciones entre éstas. Los Monos pueden ser muy divertidos; son encantadores y a veces pierden el control y les gusta hacer travesuras. Saben hacer muchas cosas distintas y suelen poseer aptitudes artísticas. Este carácter encantador también tiene su lado fastidioso, pues a veces sienten una necesidad compulsiva de estar en el centro de la atención de todos. Algunos son incluso capaces de hacer necedades con tal de estar en primer plano. Suelen encontrar dificultad para concentrar la atención por períodos largos y cambian fácilmente de intereses sin llegar a dominar nada a plenitud. No obstante, saben hacer muchas cosas y nunca resultan aburridos.

 ### Camino (Eb)

A veces este signo del día recibe también el nombre de Hierba. Las personas del signo del Camino se dedican de lleno al resto de la humanidad. Se preocupan por su comunidad en general, por las generaciones futuras y por los hijos de la Tierra. Sin embargo, normalmente no buscan reconocimiento y no les gusta ser el centro de la atención por el bien que hacen. A menudo viven discretamente y se destacan por su suavidad y consideración. El carácter meridional de este signo del día hace que sus vidas parezcan placenteras. Muchos se ocupan de los pobres, los enfermos y los ancianos y hacen sacrificios personales por el bien de estos grupos. Este lado compasivo que tienen significa que también se sienten heridos muy fácilmente. Es fácil simpatizar con ellos, son dedicados y esforzados y, por lo tanto, suelen tener éxito en los negocios y los viajes. Sin embargo, si guardan dentro de sí sentimientos negativos y decepciones que no llegan a expresar, pueden verse fácilmente afligidos por enfermedades o por una visión ponzoñosa de otras personas.

 ### Caña (Ben)

Los nacidos bajo el signo del día de la Caña (que a veces también se denomina Junco o Bastón) tienen una relación especial con Quetzalcoatl, el dios de la luz y la dualidad, y por eso son considerados de mucho valor. Suelen ser reconocidos por su estilo y autoridad, simbolizados por el Bastón de la Vida. Entre los mayas, es un símbolo que representa la autoridad espiritual de los ancianos. De hecho, el nombre Junco aplicado a este signo del día es bastante engañoso, pues no suelen ser frágiles en absoluto. En lugar de ello, llevan a menudo consigo una buena dosis de autoridad, y lo saben. La Caña es un signo del Este y, por ese motivo, sus portadores tienen mucha energía acumulada. Los nacidos bajo este signo del día suelen ser líderes en la sociedad y desempeñarse sabiamente como padres o madres. A menudo luchan por una causa que consideran digna. Sin embargo, las personas de este signo necesitan mucha valoración y, debido a sus puntos de vista inflexibles y a sus altas expectativas, no les resulta fácil llegar a la intimidad con otros. Por eso también pueden tener problemas en el matrimonio y los negocios. Su desafío en la vida consiste en cultivar su flexibilidad para que el Junco no se quiebre.

 ## Jaguar (Ix)

El Jaguar es un ser propenso al secreto que se escabulle en la noche. Éste es el signo típico de los profetas entre los mayas y, como son capaces de ver en la oscuridad, las personas de este signo suelen tener aptitudes de clarividencia acompañadas de una buena dosis de inteligencia. Es muy típico que los encargados de llevar la cuenta de los días sean de este signo. Las facultades intelectuales del Jaguar combinadas con su típica veta femenina pueden darle la capacidad de sanación. Su fuerza les ha permitido cultivar la paciencia, que de repente puede dar paso a un gran dinamismo. No obstante, sus intereses suelen concentrarse en un espectro muy reducido y rara vez están abiertos a explorar caminos alternativos en la vida. Tienen la tendencia a dificultar el acercamiento con otras personas y a simplemente dar la vuelta y desaparecer de sus vidas. Sus relaciones suelen ser complicadas y estar dominadas por la preocupación de comer o ser comidos, y su propensión al secreto hace que no sea fácil vivir con ellos. Su desafío consiste en ser humildes y abrirse a otras personas.

 ## Águila (Men)

Las personas del signo del águila son poderosas y ambiciosas y tienen grandes aspiraciones para sus vidas. Las caracteriza una energía de alto alcance y sus vidas se desenvuelven como un vuelo constante en sueños, simbolizado por el animal que los representa en el tótem. Suelen obtener resultados satisfactorios cuando buscan la abundancia material y la fortuna, debido a su perspectiva e inteligencia superior. En la mayoría de los pueblos indígenas norteamericanos, el clan del águila era importante y el Águila era un mensajero que traía consigo la esperanza y la fe en las alas del espíritu. El Águila tiene un fino sentido del detalle y de la orientación técnica. Si aspira a obtener demasiado debido a sus habilidades superiores, esto la puede llevar a caer de las alturas. Las personas de este signo aman la libertad y deben tener presentes los riesgos del escapismo, pues a veces huyen de los problemas cuando deciden verlos simplemente desde una perspectiva elevada.

 *Búho (Cib)*

Los Búhos son personas que encarnan la sabiduría del pasado y tienen habilidades insólitas de carácter psíquico. No es un signo fácil y puede requerir mucha limpieza de su karma. Superficialmente, tal vez los Búhos sean joviales y graciosos, pero por debajo son muy profundos y serios. Normalmente el Búho recibe el nombre de Buitre o Zopilote, lo que indica el lado perezoso de este signo del Sur. Los Búhos son dados a la introspección, de la que derivan una gran sabiduría, y a menudo ayudan a otros seres humanos con sus aptitudes psíquicas. Su desafío en la vida consiste en buscar una manera ética de tomar las cosas con calma.

 *Tierra (Caban)*

En contraste con lo que uno podría pensar espontáneamente del signo de la Tierra, las personas de este signo son muy mentales y hacen hincapié en el valor de los procesos de pensamiento. La Tierra es un signo Oriental lleno de energía, y es típico que estas personas presenten un lado masculino que las hace desear controlar el mundo mediante su comprensión intelectual. Las personas de este signo ayudan a dispersar las malas intenciones, hábitos e ideas. Esto hace que sean buenos consejeros y, cuando se encuentran en sus mejores momentos, sus pensamientos están en resonancia con la Madre Tierra en servicio a la humanidad. Por ser meticulosas e inteligentes, las personas del signo de la Tierra aspiran a que haya una corriente natural en todas las fases de la vida. A veces su sensibilidad experimenta sacudidas, lo que puede dar lugar a perturbaciones emocionales; por eso otro nombre para el signo de la Tierra es Terremoto. Su desafío consiste en no dejar que su intelecto les impida estar en el presente.

*Pedernal (Etznab)*

El Pedernal puede ser un signo del día muy difícil para los nacidos bajo él. Las personas de este signo se valen de sus cualidades internas para distinguir entre la verdad y la falsedad. A menudo los nacidos bajo este signo del día son comparados con el arcángel Miguel, quien separa el bien del mal valiéndose de su espada. Otros nombres de este signo del día son Cuchillo u Obsidiana. De hecho, es probable que muchos sientan que los Pedernales tienen opiniones e ideas muy firmes sobre lo correcto y lo incorrecto. Sin embargo, las personas de este signo son muy honradas y desean servir a otros mediante el discernimiento de la verdad. Pueden detectar a gran distancia los planes ocultos de otras personas. Se decía que los Pedernales podían recibir información sobre problemas interpersonales o sobre los planes perversos de otros con sólo reflejarlos en un espejo de cristal de obsidiana. Su desafío consiste encontrar la armonía y utilizar sus poderes de distinción como un don en lugar de usarlos como un cuchillo.

 *Lluvia (Cauac)*

Las personas del signo de la Lluvia suelen ser muy entretenidas cuando se está en compañía de ellas. No parecen siquiera envejecer en espíritu y mantienen la curiosidad sobre lo nuevo a lo largo de todas sus vidas. Son investigadores que se dedican a estudiar un tema tras otro y de esta manera acumulan muchos conocimientos en la vida. Tienen una gran capacidad de enseñar y aprender. Sin embargo, no siempre les resulta fácil sintetizar los conocimientos que han acopiado de tantas fuentes ni comprometerse a un propósito en la vida. Siempre jóvenes, deben su existencia al disfrute del éxtasis de la libertad. Su constante búsqueda de nuevas experiencias los hace encarar grandes desafíos y tormentas emocionales, y muchos de ellos verán que todas sus vidas no han sido más que una larga tormenta. Poseen una sensibilidad que no siempre les facilita la tarea de hacer frente a las tormentas de la vida. Ver estas dificultades como enseñanzas ayuda a las personas de este signo a encontrar la integridad superior que buscan en la vida.

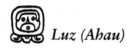 *Luz (Ahau)*

La Luz es el signo del día de la consumación, y siempre tiene consecuencias para las personas que nacen bajo él. Los de este signo suelen ser visionarios entusiastas y románticos con aptitudes artísticas, y es fácil que sean vistos como soñadores. Parece ser que, por haber nacido bajo este signo espiritual de consumación, les resulta difícil entender que el mundo que los rodea aún no ha llegado a un estado tan elevado, sino que está dominado por motivaciones materialistas o por la codicia. Por eso, cuando confrontan "la vida real", muchas veces son vistos como personas irrealistas. Al enfrentar una serie de decepciones, el Sol (Luz) puede rehuir la responsabilidad y no aceptar las medidas correctivas necesarias. No obstante, las personas del signo de la Luz mantienen una espiritualidad natural que es un derecho de nacimiento de éste, el último signo del uinal. Para las personas de este signo, el desafío consiste en ver la vida en forma realista sin transar en relación con sus grandes sueños.

## SU TONO CÓSMICO

El número que encontró entre paréntesis en el calendario sagrado es su tono cósmico. En cierto modo, su tono cósmico influye en la energía presente en el momento de su nacimiento según el calendario sagrado.

En el calendario sagrado, es posible discernir un patrón de energías de *luz* y *oscuridad* que se alternan. Esto no debe interpretarse como algo positivo o negativo. Más bien, el proceso divino de la creación es un movimiento de ondas de energía. De este modo, se alternan la actividad (los campos de luz) y la pasividad (los campos de oscuridad). Su tono cósmico refleja un paso bien definido en una evolución de la semilla al fruto maduro. En los días cuyo tono cósmico es 1, se planta una semilla y, en los días cuyo tono es 13, madura un fruto. Cada día en este proceso de crecimiento representa una energía específica. Por esta razón, cada día en el calendario sagrado tiene una energía especial.

Entre los aztecas, que usaban el mismo calendario sagrado que los mayas, aunque con nombres distintos para algunos de los símbolos, cada uno de los 13 números (o tonos cósmicos) estaba dominado por una deidad especial, lo que nos dice algo acerca de las energías de estos números. La deidad correspondiente produce las diferencias de carácter entre las personas nacidas con cada tono.

1. Dios del fuego y el tiempo — *inicia*
2. Dios de la Tierra — *crea una reacción*
3. Diosa del agua y el alumbramiento — *activa*
4. Dios de los guerreros y del sol — *estabiliza*
5. Diosa del amor y el alumbramiento — *potencia*
6. Dios de la muerte — *crea una corriente*
7. Dios del maíz — *revela*
8. Dios de la lluvia — *armoniza*
9. Dios de la luz — *crea movimiento de avance*
10. Dios de la oscuridad — *reta*
11. Diosa del alumbramiento — *crea claridad*
12. Dios que domina antes del alba — *crea entendimiento*
13. La deidad suprema — *completa*

Si desea más información sobre el calendario maya, le rogamos que visite las siguientes páginas de Internet:

www.mayanmajix.com

www.calleman.com

www.handclow2012.com

# NOTAS

## CAPÍTULO 1:
## EL CALENDARIO MAYA

1. Kearsley, *Mayan Genesis,* 278.

2. Coe, *Breaking the Maya Code,* 123–35.

3. Argüelles, *Mayan Factor,* 45.

4. Hancock, *Fingerprints of the Gods;* Michell, *New View over Atlantis;* y Tompkins, *Mysteries of the Mexican Pyramids.*

5. Lockyer, *Dawn of Astronomy,* 243–48; Mehler, *From Light into Darkness,* 70; Sidharth, *Celestial Keys to the Vedas,* 60.

6. Jenkins, *Maya Cosmogenesis,* 299–311.

7. Freidel et al., *Maya Cosmos,* 59–122.

8. Ibid.

9. Mehler, *From Light into Darkness,* 70.

10. Jenkins, *Maya Cosmogenesis,* 31–35, 253–63, 273–79.

11. Ibid., 73–76.

12. Ibid., 256–63.

13. Ibid., 320.

14. Shearer, *Lord of the Dawn,* 184.

15. Argüelles, *Mayan Factor.*

16. Mann, *Shadow of a Star,* 84–86.

17. Argüelles, *Mayan Factor,* 146–48.

18. Ibid., 116–17.

19. Clow, *Catastrophobia.*

## CAPÍTULO 2:
## EL TIEMPO ORGÁNICO

1. Calleman, *Greatest Mystery of Our Time*, 97.
2. Ibid., 236–37.
3. Clow, *Catastrophobia*.
4. Calleman, *Greatest Mystery of Our Time*, 82.
5. Sidharth, *Celestial Keys to the Vedas*, 60.
6. Calleman, *Mayan Calendar*, 91.
7. Schick y Toth, *Making Silent Stones Speak*, 314.
8. Ibid., 143.
9. Ibid., 284.
10. Ibid., 293.

## CAPÍTULO 3:
## LA CIVILIZACIÓN MARÍTIMA MUNDIAL

1. Goodman, *Ecstasy, Ritual, and Alternate Reality*, 17.
2. Clow, *Catastrophobia*; Hancock, *Fingerprints of the Gods*; y Hapgood, *Ancient Sea Kings*.
3. Goodman, *Ecstasy, Ritual, and Alternate Reality*, 69.
4. Ibid., 70–87.
5. Noticias de National Geographic, "Did Island Tribes Use Ancient Lore to Evade Tsunami?," NationalGeographic.com, 24 de enero de 2005.
6. Goodman, *Ecstasy, Ritual, and Alternate Reality*, 18.
7. Derek S. Allan, "An Unexplained Arctic Catastrophe. Part II. Some Unanswered Questions," *Chronology & Catastrophism Review*, 2005, 3–7.
8. Noticias de National Geographic, "Tribes Use Ancient Lore."
9. Allan y Delair, *Cataclysm!*, 250–54; y Clow, *Catastrophobia*, 39–40.
10. Jenkins, *Maya Cosmogenesis*, 116.
11. Hancock, *Underworld*.
12. Hapgood, *Ancient Sea Kings*, 188.
13. Settegast, *Plato Prehistorian*, 15–20.
14. Ibid., 23.
15. Ryan y Pitman, *Noah's Flood*, 188–201.
16. Blair, *Ring of Fire*, 57, 70–89.

17. Clow, *Catastrophobia*, 83–85.

18. Blair, *Ring of Fire*, 57; y Oppenheimer, *Eden in the East*, 147–55.

19. Allan y Delair, *Cataclysm!*, 40–42.

20. Schoch, *Voices of the Rocks*, 5–6, 33–56, 74–78, 242; y West, *Serpent in the Sky*, 198–209, 226–27.

21. Hancock, *Fingerprints of the Gods*, 357; Clow, *Catastrophobia*, 61–68; y Mehler, *Land of Osiris*, 186–88.

22. Clow, *Catastrophobia*, 61–63.

23. Hapgood, *Ancient Sea Kings*, 1–30, 32–33, 180–82; y Clow, *Catastrophobia*, 171–74, 177–81, 186.

24. Schick y Toth, *Making Silent Stones Speak*, 29.

25. Schick y Toth, *Making Silent Stones Speak*, 286–93; y Collins, *Ashes of Angels*, 247.

26. Schick y Toth, *Making Silent Stones Speak*, 286–301.

27. Goodman, *Ecstasy, Ritual, and Alternate Reality*, 86.

28. Calleman, *Mayan Calendar*, 113.

29. Ibid., 115.

30. Ibid., 115.

31. Ibid., 118.

32. Mavor y Dix, *Manitou*.

33. Ibid., 103–17.

34. Dunn, *Giza Power Plant*.

35. Ibid., 138, 219.

36. Ibid., 109–19, 234.

37. Ibid., 114–15.

38. Clow, *Catastrophobia*, 87; y Settegast, *Plato Prehistorian*, 24–26, 106–11.

39. Settegast, *Plato Prehistorian*, 27.

40. Clottes y Courtin, *Cave Beneath the Sea*, 34–35.

41. Clow, *Catastrophobia*, 87–94.

42. Devereux, *Stoneage Soundtracks*, 110–15; y Clow, *Alchemy of Nine Dimensions*, 111–14.

43. 1989 Viajes de inición maya arreglados por la escuela de misterios maya, Apdo. Postal 7-014, Mérida 7, Yucatán, México.

44. Devereux, *Stoneage Soundtracks*, 76–89.

45. Clow, *Alchemy of Nine Dimensions*, 115–18.

46. Strong, "Carnac, Stones for the Living," 62–79.

47. Clow, *Alchemy of Nine Dimensions*, 117.

48. John Beaulieu, BioSonic Enterprises, P.O. Box 487, High Falls, NY 12440. Dirección de Internet: www.BioSonicEnterprises.com.

49. Cuyamungue Institute, P.O. Box 2202, Westerville, OH 43086. Dirección de Internet: www.CuyamungueInstitute.com.

50. Gore, *Ecstatic Body Postures*, ix.

51. Gore, *Ecstatic Body Postures*, ix; y Goodman y Nauwald, *Ecstatic Trance*, 18–19.

52. Goodman, *Ecstasy, Ritual, and Alternate Reality*, 39.

53. Ibid.

54. Gore, *Ecstatic Body Postures*, 173–78, 202–8, 241–44.

## CAPÍTULO 4:
## LA ENTRADA EN LA GALAXIA DE LA VÍA LÁCTEA

1. Calleman, *Mayan Calendar*, 52.

2. Swimme, *Hidden Heart of the Cosmos*, 80–81.

3. Glanz, "Cosmic Boost."

4. Calleman, *Mayan Calendar*, 117–18.

5. Emoto, *Hidden Messages in Water*.

6. Calleman, *Mayan Calendar*, 107.

7. Gillette, *Shaman's Secret*, 47.

8. Jenkins, *Galactic Alignment*, 249.

9. Clow, *Alchemy of Nine Dimensions*, 144.

10. "The Strange Case of Earth's New Girth," *Discover*, de enero de 2003, 52; y Clow, *Alchemy of Nine Dimensions*, 150.

11. "Earth's New Girth," 52; y Clow, *Alchemy of Nine Dimensions*, 150.

12. Clow, *Alchemy of Nine Dimensions*, 149.

13. Glanz, "Cosmic Boost"; y Clow, *Alchemy of Nine Dimensions*, 149.

14. Clow, *Alchemy of Nine Dimensions*, 149.

15. Ibid.

16. Bentov, *Stalking the Wild Pendulum*, 134–39.

17. Ibid., 137.

18. Clow, *Alchemy of Nine Dimensions*, 145–48.

19. Ibid., 144.

20. Overbye, "Other Dimensions?"

21. Sidharth, *Celestial Keys to the Vedas.*

22. Ibid., 60.

23. Ibid., 25.

24. Yukteswar, *Holy Science,* x–xxi.

25. Sidharth, *Celestial Keys to the Vedas,* 34–38, 107.

26. Kearsley, *Mayan Genesis.*

27. Jenkins, *Galactic Alignment,* 238.

28. Ibid.

29. Ibid.

30. Ibid.

31. LaViolette, *Earth Under Fire,* 306–9; y Allan y Delair, *Cataclysm!,* 209–10.

32. Jenkins, *Galactic Alignment,* 238–48; y Argüelles, *Earth Ascending,* 15–26.

## CAPÍTULO 5:
## EL ÁRBOL DEL MUNDO

1. Calleman, *Greatest Mystery of Our Time,* 35–37.

2. Tedlock, *Popol Vuh.*

3. Gillette, *Shaman's Secret,* 34.

4. Ibid., 30–31.

5. Calleman, *Greatest Mystery of Our Time,* 37.

6. En Internet con Matthew Fox (www.matthewfox.org).

7. Calleman, *Mayan Calendar,* 36.

8. Argüelles, *Mayan Factor,* 109–30.

9. Calleman, *Greatest Mystery of Our Time,* 37.

10. Clow, *Mind Chronicles,* 356–63.

11. Argüelles, *Earth Ascending,* 15–26.

12. Calleman, *Mayan Calendar,* 50–51.

13. Ibid., 51.

14. Van Andel, *New Views,* 135.

15. Calleman, *Mayan Calendar,* 43.

16. Calleman, *Greatest Mystery of Our Time,* 39–46.

17. Calleman, *Greatest Mystery of Our Time,* 39–46; y Calleman, *Mayan Calendar,* 36–45.

18. Calleman, *Greatest Mystery of Our Time*, 44.

19. Calleman, *Mayan Calendar*, 41.

20. Ibid., 42.

21. Calleman, *Greatest Mystery of Our Time*, 46.

22. Ibid., 47.

23. Clow, *Alchemy of Nine Dimensions*, 9.

24. Calleman, *Mayan Calendar*, 54–58.

25. Ibid., 56.

26. Clow, *Alchemy of Nine Dimensions*, 111–12.

27. Calleman, *Mayan Calendar*, 59.

28. Ibid., 58.

29. Ibid.

30. Ibid., 59.

31. Ibid., 60.

32. Ibid., 62.

33. Sidharth, *Celestial Keys to the Vedas*, 35.

34. Goodman y Nauwald, *Ecstatic Trance*, 23–25.

## CAPÍTULO 6:
## EL SUBMUNDO GALÁCTICO Y
## LA ACELERACIÓN DEL TIEMPO

1. Garrison, *America as Empire*.

2. Dirección de Internet: www.commondreams.org/views04/0225-05.htm.

3. Ron Suskind, *The Price of Loyalty*.

4. David Icke, *Alice in Wonderland and the World Trade Center Disaster;* John Kaminski, *America's Autopsy Report;* Michael C. Ruppert, *Crossing the Rubicon;* David Ray Griffin, *The New Pearl Harbor*. Consulte los sitios de Internet www.globaloutlook.ca y www.journalof911studies .com.

5. Ruppert, *Crossing the Rubicon*, 22–150.

6. Calleman, *Mayan Calendar*, 65.

7. Ibid., 149–50.

8. Ibid., 151.

9. Ibid., 151.

10. Bob Drogin, "Through the Looking Glass."

11. Calleman, *Mayan Calendar*, 148.

12. Brown, *Da Vinci Code*.

13. Hancock, *Fingerprints of the Gods*.

14. David Stipp, "Climate Collapse."

15. Clow, *Alchemy of Nine Dimensions*.

16. Dirección de Internet: www.wiseawakening.com.

17. Harvey, *Sun at Midnight*; y www.gracecathedrale.org/archives.

18. Ibid.

19. Calleman, *Mayan Calendar*, 142.

20. Ibid., 161–62.

## CAPÍTULO 7:
## LA ILUMINACIÓN Y LAS PROFECÍAS HASTA 2011

1. Calleman, *Mayan Calendar*, xvii.

2. Ibid., 120–36.

3. Ibid., 139.

4. Ibid., 139.

5. Brown, *Angels and Demons*.

6. Calleman, *Mayan Calendar*, 257.

7. Ibid., 177–78.

8. Ibid., 177.

9. Ibid., xix.

10. Urquhart, *The Pope's Armada*.

11. Kunstler, *The Long Emergency*, 6.

12. Ibid., 5–6.

13. Wente, "Watch Out! More Health Care Can Really Make You Sick."

14. Calleman, *Mayan Calendar*, 157.

15. Ibid., 145.

16. Ibid., 161.

17. Webre, *Exopolitics*.

18. Ibid., 12–13, 16.

19. Ibid., 6.

20. Calleman, *Mayan Calendar*, 158.

21. Dick, *Biological Universe*, 476.

22. Webre, *Exopolitics*, 11.

23. Ibid., 11–12.

24. Ibid., 13.

25. Rudgley, *Lost Civilizations*, 100.

26. Webre, *Exopolitics*, 14.

27. Ibid., 16.

28. Ibid., 17.

29. Ibid., 33.

30. Ibid., 18.

## CAPÍTULO 8:
## CRISTO Y EL COSMOS

1. LaViolette, *Earth Under Fire*.

2. LaViolette, *Message of the Pulsars*, 58.

3. Allan y Delair, *Cataclysm!*, 209.

4. LaViolette, *Message of the Pulsars*, 69–70; y Allan y Delair, *Cataclysm!*, 209.

5. Dirección de Internet: www.crawford2000.co.uk/planetchange1.htm.

6. LaViolette, *Message of the Pulsars*, 143–66.

7. Clow, *Mind Chronicles*.

8. LaViolette, *Message of the Pulsars*.

9. LaViolette, *Message of the Pulsars*, 1–4; y puede consultarse en Internet en Wikipedia (en.wikipedia.org/wiki/Pulsar).

10. LaViolette, *Genesis of the Cosmos*, 181, 222.

11. Ibid., 181.

12. Ibid., 218–21, 288–95.

13. LaViolette, *Message of the Pulsars*, 16.

14. Ibid., 20–27.

15. Ibid., 27.

16. Ibid., 28–29.

17. Ibid., 29.

18. Ibid., 30–32.

19. Ibid., 32.

20. Ibid., 33–43.

21. Ibid., 38.

22. Ibid., 40.

23. Ibid., 98–113.

24. Ibid., 109.

25. Ibid., 143–66.

26. Ibid., 109.

27. Ibid., 143–47.

28. Wansbrough, *New Jerusalem Bible,* Book of Daniel, 4:10–23.

29. Collins, *Ashes of Angels,* 247–48; y Solecki, Shanidar, *The First Flower People.*

30. Collins, *Ashes of Angels,* 248–51.

31. Ibid., 250

32. Ibid., 36, 251.

33. O'Brien, *Genius of the Few,* 122–27.

34. Ibid., 72.

35. Knight y Lomas, *Uriel's Machine.*

36. Ibid., 397.

37. Ibid., 231, 289.

38. Ibid., 287.

39. Ibid., 231.

40. Laurence, *Book of Enoch,* 5–8; y Lawton, *Genesis Unveiled,* 47–49.

41. Knight y Lomas, *Uriel's Machine,* 344.

42. Ibid., 95–100, 220–35, 339–47, 361–68.

43. Gaffney, *Gnostic Secrets,* 20–31.

44. Atwater, *Indigo Children.*

45. Knight y Lomas, *Uriel's Machine,* 324.

46. Ibid., 93–95.

47. Shanks y Witherington, *Brother of Jesus,* 93–125; y Butz, *Brother of Jesus,* 50–103.

48. Knight y Lomas, *Uriel's Machine,* 326.

49. Ibid., 326.

50. Ibid., 95.

51. Ibid., 326.

52. Strachan, *Jesus the Master Builder.*

53. Knight y Lomas, *Uriel's Machine,* 327.

54. Strachan, *Jesus the Master Builder,* 10–11.

55. Ibid., 83, 85, 227.

56. Ibid., 88.

57. Ibid., 118–25.

58. Ibid., 119.

59. Hassnain, *Search for the Historical Jesus,* 168–69; Baigent, *The Jesus Papers,* 17, 121.

60. Strachan, *Jesus the Master Builder*, 120.

61. Lawton, *Genesis Unveiled*.

62. Ibid., 221–35.

63. Ibid., 46–47.

64. Clow, *Catastrophobia*, 138–40, 162–63, 171.

65. Collins, *Ashes of Angels*, 14–16.

66. Lawrence, *Book of Enoch*, 5–8; y Collins, *Ashes of Angels*, 230–39.

67. Lawton, *Genesis Unveiled*, 50.

68. Ibid.

69. Ibid.

70. Ibid.

71. Schick y Toth, *Making Silent Stones Speak*, 81–82, 261–62.

72. Lawton, *Genesis Unveiled*, 108.

73. Ibid., 108.

74. Tedlock, *Popol Vuh*, 79–86, 163–67.

75. Ibid., 85–86.

76. Lawton, *Genesis Unveiled*, 111.

77. Ibid.

78. Ibid., 150.

79. Ibid.

80. Tedlock, *Popol Vuh*, 163–66.

81. Ibid., 166–67.

82. Lawton, *Genesis Unveiled*, 115.

83. Cory, *Ancient Fragments*, 20.

84. Lawton, *Genesis Unveiled*, 121.

## APÉNDICE A:
## REFLEXIONES SOBRE EL EJE INCLINADO DE LA TIERRA

1. J. B. Delair, "Planet in Crisis," *Chronology and Catastrophism Review* (1997), 4–11. Sólo se reproducen algunos fragmentos del artículo.

2. Marshack, *Roots of Civilization*, 9–16.

3. Ibid.

4. Rudgley, *Lost Civilizations*, 102.

5. Ibid., 102–4.

6. Ibid., 104.

7. Brennan, *The Stars and the Stones: Ancient Art and Astronomy in Ireland*.

8. Temple, *The Crystal Sun*.

9. Ellis, *Thoth: Architect of the Universe*, 104–31.

10. Knight y Lomas, *Uriel's Machine*, 152–82.

11. Ibid., 213–32.

12. Lockyer, *Dawn of Astronomy*, 108.

13. Temple, *Crystal Sun*, 412–14.

# BIBLIOGRAFÍA

Allan, D. S. y J. B. Delair. *Cataclysm!* Santa Fe: Bear & Company, 1997.

Argüelles, José. *The Mayan Factor.* Santa Fe: Bear & Company, 1987.

———. *Earth Ascending.* Santa Fe: Bear & Company, 1996.

Atwater, P. M. H. *Beyond the Indigo Children.* Rochester, Vt.: Bear & Company, 2005.

Baigent, Michel. *The Jesus Papers.* San Francisco: HarperCollins, 2006.

Bentov, Itzhak. *Stalking the Wild Pendulum.* Rochester, Vt.: Destiny Books, 1988.

Blair, Lawrence. *Ring of Fire.* Nueva York: Bantam Books, 1988.

Brennan, Martin. *The Stars and the Stones: Ancient Art and Astronomy in Ireland.* Londres: Thames y Hudson, 1985.

Brown, Dan. *Angels and Demons.* Nueva York: Pocket Books, 2000.

———. *The Da Vinci Code.* Nueva York: Doubleday, 2003.

Butz, Jeffrey J. *The Brother of Jesus.* Rochester, Vt.: Inner Traditions, 2005.

Calleman, Carl Johan. *Solving the Greatest Mystery of Our Time.* Coral Springs, Fla.: Garev Publishing International, 2001.

———. *The Mayan Calendar and the Transformation of Consciousness.* Rochester, Vt.: Bear & Company, 2004.

———. *El Calendario Maya y la Transformación de la Consciencia.* Rochester, Vt.: Inner Traditions en Español, 2007.

Clottes, Jean y Jean Courtin. *Cave Beneath the Sea.* Nueva York: Harry Abrams, 1996.

Clow, Barbara Hand. *Catastrophobia.* Rochester, Vt.: Bear & Company, 2001.

————. *The Mind Chronicles*. Rochester, Vt.: Bear & Company, 2007.

Clow, Barbara Hand, with Gerry Clow. *Alchemy of Nine Dimensions*. Charlottesville, Va.: Hampton Roads, 2004.

Coe, Michael D. *Breaking the Maya Code*. Nueva York: Thames & Hudson, 1993.

Collins, Andrew. *From the Ashes of Angels*. Londres: Penguin Books, 1996.

Cory, Isaac Preston. *Ancient Fragments*. Savage, Minn.: Wizards Bookshelf, 1975.

Devereux, Paul. *Stoneage Soundtracks*. Londres: Vega, 2001.

Dick, Steven J. *The Biological Universe*. Nueva York: Cambridge University Press, 1996.

Drogin, Bob. "Through the Looking Glass into the Mind of Saddam." *Austin American Statesman,* 15 de octubre de 2004, sec. A, 25–26.

Dunn, Christopher. *The Giza Power Plant*. Santa Fe: Bear & Company, 1998.

Ellis, Ralph. *Thoth: Architect of the Universe*. Dorset, Reino Unido: Edfu Books, 1997.

Emoto, Masuro. *The Hidden Messages in Water*. Hillsboro, Ore.: Beyond Words Publishing, 2004.

Freidel, David, Linda Schele y Joy Parker. *Maya Cosmos*. Nueva York: William y Morrow, 1993.

Gaffney, Mark H. *Gnostic Secrets of the Naassenes*. Rochester, Vt.: Inner Traditions, 2004.

Garrison, Jim. *America as Empire*. San Francisco: Berrett-Koehler Publishers, 2004.

Gillette, Douglas. *The Shaman's Secret*. Nueva York: Bantam Books, 1997.

Glanz, James. "Theorists Ponder a Cosmic Boost from Far, Far Away." *New York Times,* February 15, 2000.

Goodman, Felicitas D. *Where the Spirits Ride the Wind*. Bloomington, Ind.: Indiana University Press, 1990.

————. *Ecstasy, Ritual, and Alternate Reality*. Bloomington, Ind.: Indiana University Press, 1992.

Goodman, Felicitas y Nana Nauwald. *Ecstatic Trance*. Havalte, Holland: Binkey Kok Publications, 2003.

Gore, Belinda. *Ecstatic Body Postures*. Santa Fe: Bear & Company, 1995.

Griffin, David Ray. *The New Pearl Harbor*. Northampton, Mass.: Olive Branch Press, 2004.

Hancock, Graham. *Fingerprints of the Gods*. Nueva York: Crown Publishing, 1995.

———. *Underworld*. Nueva York: Crown Publishers, 2002.

Hapgood, Charles. *Maps of the Ancient Sea Kings*. Londres: Turnstone Books, 1979.

Hassnain, Fida. *A Search for the Historical Jesus*. Bath, Reino Unido: Gateway Books, 1944.

Harvey, Andrew. *The Sun at Midnight: A Memoir of the Dark Night*. Nueva York: Tarcher, 2002.

Icke, David. *Alice in Wonderland and the World Trade Center Disaster*. Wildwood, Mo.: Bridge of Love Publications, 2002.

Jenkins, John Major. *Galactic Alignment*. Rochester, Vt.: Bear & Company, 2002.

———. *Maya Cosmogenesis 2012*. Santa Fe: Bear & Company, 1998.

Kaminsky, John. *America's Autopsy Report*. Tempe, Ariz.: Dandelion Books, 2003.

Kearsley, Graeme R. *Mayan Genesis*. Londres: Yelsraek Publishing, 2001.

Knight, Christopher y Robert Lomas. *Uriel's Machine: The Prehistoric Technology That Survived the Flood*. Boston: Element Books, 2000.

Kunstler, James Howard. *The Long Emergency*. Nueva York: Atlantic Monthly Press, 2005.

Laurence, Richard, traductor. *The Book of Enoch*. San Diego: Wizards Bookshelf, 1973.

LaViolette, Paul A. *Decoding the Message of the Pulsars*. Rochester, Vt.: Bear & Company, 2006.

———. *Earth Under Fire*. Rochester, Vt.: Bear & Company, 2005.

———. *Genesis of the Cosmos*. Rochester, Vt.: Bear & Company, 2004.

Lawton, Ian. *Genesis Unveiled*. Londres: Virgin Books, 2003.

Lockyer, J. Norman. *The Dawn of Astronomy*. Kila, Mont.: Kessinger Publishing, 1997.

Mann, Alfred K. *Shadow of a Star*. Nueva York: W. H. Freeman and Company, 1997.

Marshack, Alexander. *The Roots of Civilization*. Nueva York: McGraw-Hill, 1967.

Mavor, James W. y Byron E. Dix. *Manitou*. Rochester, Vt.: Inner Traditions, 1989.

Mehler, Stephen S. *From Light into Darkness*. Kempton, Ill.: Adventures Unlimited, 2005.

———. *The Land of Osiris*. Kempton, Ill.: Adventures Unlimited, 2001.

Michell, John. *A New View over Atlantis*. San Francisco: Harper & Row, 1983.

O'Brien, Christian. *The Genius of the Few*. Wellingborough, Northamptonshire, Reino Unido: Turnstone, 1985.

Oppenheimer, Stephen. *Eden in the East*. Londres: Weidenfeld y Nicolson, 1998.

Overbye, Dennis. "Other Dimensions? She's in Pursuit." *New York Times*, 30 de septiembre de 2003.

Rudgley, Richard. *The Lost Civilizations of the Stone Age*. Nueva York: Free Press, 1999.

Ruppert, Michael C. *Crossing the Rubicon*. Gabriola Island, British Columbia: New Society Publishers, 2004.

Ryan, William y Walter Pitman. *Noah's Flood*. Nueva York: Simon and Schuster, 1998.

Schick, Kathy D. y Nicholas Toth. *Making Silent Stones Speak*. Nueva York: Simon and Schuster, 1993.

Schoch, Robert M. *Voices of the Rocks*. Nueva York: Harmony House, 1999.

Settegast, Mary. *Plato Prehistorian*. Hudson, N.Y.: Lindesfarne Press, 1990.

Shanks, Hershel y Ben Witherington III. *The Brother of Jesus*. San Francisco: HarperCollins, 2003.

Shearer, Tony. *Lord of the Dawn: Quetzalcoatl*. Happy Camp, Calif.: Naturegraph, 1971.

Sidharth, B. G. *The Celestial Keys to the Vedas*. Rochester, Vt.: Inner Traditions, 1999.

Stipp, David. "Climate Collapse." *Fortune*, 26 de enero de 2004, 14–22.

Strachan, Gordon. *Jesus the Master Builder*. Edinburgh: Floris Books, 1999.

Strong, Roslyn. "Carnac, Stones for the Living: A Megalithic Seismograph?" *NEARA Journal* 35 (no. 2, invierno de 2001) 62–79.

Suskind, Ron. *The Price of Loyalty*. Nueva York: Simon and Schuster, 2004.

Swimme, Brian. *The Hidden Heart of the Cosmos*. Maryknoll, N.Y.: Orbis, 1996.

Tedlock, Dennis. *Popol Vuh*. Nueva York: Simon and Schuster, 1986.

Temple, Robert. *The Crystal Sun*. Londres: Century Books, 2000.

Tompkins, Peter. *Mysteries of the Mexican Pyramids*. San Francisco: Harper & Row, 1976.

Urquart, Gordon. *The Pope's Armada*. Amherst, N.Y.: Prometheus Books, 1999.

Van Andel, Tjerd. *New Views on an Old Planet*. Nueva York: Cambridge University Press, 1994.

Wansbrough, Henry, editor. *The New Jerusalem Bible*. Nueva York: Doubleday, 1985.

Webre, Alfred Lambremont. *Exopolitics*. Vancouver, British Columbia: Universebooks, 2005.

Wente, Margaret. "Watch Out! More Health Care Can Make You Sick." *Globe and Mail*, May 25, 2006.

West, John Anthony. *Serpent in the Sky*. Nueva York: Harper & Row, 1979.

Yukteswar, Swami Sri. *The Holy Science*. Los Angeles: Self-Realization Fellowship, 1977.

# ÍNDICE